普通高等教育教材

浙江省普通本科高校“十四五”重点立项建设教材

承压设备安全技术

第二版

王 强 孔凡玉 朱 凯 主编

化学工业出版社

·北京·

内容简介

《承压设备安全技术》(第二版) 分为四篇，即锅炉篇、压力管道篇、压力容器篇和检测篇，有针对性地介绍了特种设备中承压类特种设备锅炉、压力管道、压力容器的设计与制造，以及承压设备的检验和无损检测等内容。具体介绍了承压设备用材，锅炉的基础知识、安全运行以及事故处理与预防措施，压力管道的有关知识，压力容器的基础、压力容器的设计以及压力容器的失效分析等安全技术知识，以及常用的承压设备检测方法。

本书适合作为大专院校安全工程及相关专业教材，也可供企业安全技术人员参考。

图书在版编目（CIP）数据

承压设备安全技术 / 王强，孔凡玉，朱凯主编. 2版. -- 北京 : 化学工业出版社, 2025. 5. --（普通高等教育教材）. -- ISBN 978-7-122-48305-8

Ⅰ. TH49

中国国家版本馆 CIP 数据核字第 20252MQ031 号

责任编辑：王海燕　姜　磊　　　　装帧设计：关　飞
责任校对：张茜越

出版发行：化学工业出版社
(北京市东城区青年湖南街 13 号　邮政编码 100011)
印　　装：北京科印技术咨询服务有限公司数码印刷分部
787mm×1092mm　1/16　印张 12½　字数 301 千字
2025 年 10 月北京第 2 版第 1 次印刷

购书咨询：010-64518888　　　　售后服务：010-64518899
网　　址：http://www.cip.com.cn
凡购买本书，如有缺损质量问题，本社销售中心负责调换。

定　　价：42.00 元

前言

承压设备作为广泛应用且具有爆炸危险的特种设备，其安全性始终受到国内外社会的高度关注。随着工业化进程的加快和科学技术的突破性发展，经过国际工程界近百年的持续探索，不仅在承压设备的规格参数和制造工艺方面取得显著提升，更系统揭示了爆炸事故的发生机理及安全防护基本规律，构建起较为成熟的安全技术体系。这些技术成果的积累为承压设备安全技术教育奠定了重要理论基础。

基于上述背景，编写团队系统梳理了承压设备安全技术体系，并于2021年正式出版首版教材，以更好地满足普通高校安全工程等专业的教学需求。本书问世以来，教材内容体系已在国内多所高校的教学实践中得到有效验证，编者在此谨向各使用单位致以诚挚谢意。为积极响应新一轮科技革命与产业变革需求，拟对教材进行修订再版，且第二版入选了浙江省普通本科高校“十四五”第二批新工科、新医科、新农科、新文科（即“四新”）重点教材建设项目。本次修订着力强化教材的学科交叉特性与工程实践导向，致力打造既符合“新工科”建设要求、又契合当代学生认知特点的精品教材。

本次修订的主要内容包括：（1）每篇开始增加引导案例，如“辽宁号”航母锅炉、西气东输、镇海炼化等，章节中间增加事故案例、最新技术等专栏案例。（2）结合技术发展，更新章节内容，统一采用新的国家标准和行业标准，使本书符合时代的需要。（3）面向行业需求，丰富无损检测内容，并单独成章。（4）根据教师和学生对教材的建议完善内容，增加教材的易读性。

本书由中国计量大学王强、孔凡玉、朱凯任主编，中国计量大学刘楠、吴琳琳参与编写。全书共11章，其中第1、2章由朱凯编写；第3、4、10、11章由王强、刘楠编写；第5～9章由孔凡玉、吴琳琳编写。中国计量大学研究生王美红、张艺玮在修订过程中做了大量工作。全书由朱凯进行统稿。中国计量大学刘辉教授对全书进行了学术指导和系统性审核，提升了内容的科学性与适用性。

本书可作为大专院校安全工程及相关专业学生的学习教材，还可作为从事特种作业岗位人员、企业安全管理及技术人员的培训教材，亦可作为从事特种设备检验检测、科研技术人员，以及安全监督、监察人员的参考资料。

本书得到了中国计量大学、化学工业出版社等单位的大力支持，一并表示感谢。由于编者水平有限，时间仓促，难免存在不妥之处，敬请广大读者批评指正。

编者

2025年1月

第一版前言

承压类特种设备是使用广泛而又具有爆炸危险的特种设备，其安全性在国内外均受到社会各方面的关注。随着生产的发展和科学技术的进步，在世界各国近百年的努力下，承压设备规格和制造技术也在不断发展提高，承压设备爆炸事故及安全防护的基本规律已被人们所认识，其安全技术已经逐渐发展成比较系统成熟的技术。

随着我国教育改革的不断深化，素质教育得到了高度重视。高等教育强调加强基础、拓宽口径，由此各专业的专业课教学时数都不同程度地受到压缩。本书的特点主要在于：一是适应少学时（40～60 学时）的教学需要，将之前的教学内容进行了压缩和删节；二是根据教师和学生对教材的建议，完善了部分内容；三是采用了国家新的规范和标准，以适应设计、制造、检验和使用等的要求。

理论研究及实践表明，承压设备安全是以设备安全为中心，理论与实践相结合，技术与管理并重的系统安全工程，涉及产品的设计、制造、安装、使用、检验、维修与改造等诸多环节。本书根据教学及社会需要，总结作者多年教学工作经验，吸收承压设备爆炸事故及案例分析，有重点地介绍了锅炉、压力管道、压力容器安全基本理论与技术。

本书共分为 10 章，第 1、2 章由中国计量大学朱凯副教授编写；第 3、4 章由中国计量大学王强教授编写；第 5～10 章由中国计量大学孔凡玉副教授编写，中国计量大学研究生张皓琦、刘蝶蝶在成书过程中做了大量工作。本书可作为大专院校安全工程及相关专业学生的学习教材，也可作为从事特种作业岗位人员、企业安全管理及技术人员的培训教材，还可作为从事特种设备检验检测、科研技术人员，安全监督、监察人员的参考资料。

本书得到了中国计量大学、化学工业出版社等单位的大力支持，一并表示感谢。由于作者学识水平有限，时间仓促，书中难免存在不足之处，敬请广大读者和专家批评指正。

编者

2021 年

目 录

I 锅炉篇

Ⅱ 压力管道篇

III 压力容器篇

二维码配套资源目录

I

锅炉篇

案例导读

“辽宁号”航母锅炉：国之重器的动力核心

作为我国第一艘服役的航空母舰，“辽宁号”航空母舰是我国海军现代化建设的重要里程碑，其锅炉系统作为核心动力装置，肩负着国家海洋强国战略的重大使命。

自引进“辽宁号”的前身“瓦良格号”起，我国科研人员便坚定地踏上了对航母锅炉系统的攻坚之路。由于“瓦良格号”的动力系统不完整，许多关键部件如控制系统、燃烧系统、辅助设备和阀门仪表等都需要我国自行研制生产。在缺乏图纸以及计算机数据等理论支撑的艰难处境下，我国的科研人员通过实物反推的方式，逐步还原并设计出了一套完整的动力系统。面对锅炉在高负荷运转时出现了裂缝和生锈导致的“跑、冒、滴、漏”问题，技术人员进行了大规模整改，提升了锅炉的安全性和可靠性。无论是致力于提升锅炉燃烧效率、增强系统稳定性，还是着力于优化蒸汽产生机制、确保在复杂海况下可靠运行，每一项突破皆凝聚着我国科研人员的辛勤汗水与智慧结晶。

“辽宁号”航母正式服役以来，在远海训练、联合军演等重大任务中发挥着不可替代的关键作用。它不仅大幅提升了我国海军的远海作战能力，更为维护国家海洋权益、保障国家海上安全奠定了坚实基础。“辽宁号”航母锅炉系统承载着“自主研发、精益求精、团结协作、勇攀高峰”的新时代航母精神，持续进行技术改进与创新，有力推动着中国航母技术不断迈向前进，为后续国产航母建设积累了极为宝贵的经验。“辽宁号”向世界充分展现了中国的海洋实力与科技水平，为促进国际海洋和平与稳定贡献了中国智慧与中国力量。

第 1 章 锅炉基础与安全运行

锅炉是人类生产和生活中的一种常用设备，起源于欧洲的工业革命时代，通过产生蒸汽供应热量或动力。从原理上讲，锅炉是一种将燃料的化学能、电能或其他能源转变为热能的设备。

要使其他形式的能量转变为热能并被有效地利用，需要有某种中间介质才能实现，最常用的介质是水。盛水的容器就形成了锅炉中的“锅”。为了提高能源的转变和热能利用的效率，需要将这只“锅”进行封闭。对水加热后，水会膨胀并变成蒸汽，“锅”内就产生了压力，有一定压力和温度的水蒸气（或热水）就带有相应的热能。

燃料储存的化学能，要通过燃烧才会释放，燃料燃烧需要燃烧设备，这就形成了锅炉中的“炉”。由于锅炉内会产生压力，如果控制不好，或设备存在问题，可能会发生爆炸，危及公共安全。因此，锅炉是一种受到政府强制监督管理的设备。

《特种设备安全监察条例》对必须进行安全监察的锅炉设备限制性定义为：“锅炉，是指利用各种燃料、电或者其他能源，将所盛装的液体加热到一定的参数，并对外输出热能的设备，其范围规定为容积大于或者等于 30L 的承压蒸汽锅炉；出口水压大于或者等于 0.1MPa（表压），且额定功率大于或者等于 0.1MW 的承压热水锅炉；有机热载体锅炉。”

1.1 锅炉的分类

1.1.1 按用途分类

1.1.1.1 工业锅炉

工业锅炉是工业使用锅炉的总称，是用于工业生产、采暖通风、空气调节工程和生活热水供应的锅炉。大多为低参数、小容量锅炉。

1.1.1.2 电站锅炉

电站锅炉又称电厂锅炉，是指发电厂中向汽轮机提供规定数量和质量蒸汽的中大型锅炉。电站锅炉是火力发电厂的主要热力设备之一，常与一定容量的汽轮发电机组相配套，主要用于发电，但在某些特殊场合下也可兼作对外供热之用。其蒸发量较大，蒸汽参数（蒸汽温度和蒸汽压力）很高，需要有一整套的辅助设备，多需配置室燃炉膛，采用强制通风方式，可燃用多种燃料（煤粉、原油或重油、高炉煤气或炼焦炉煤气），结构较复杂，效率较高，多数可达85%～93%，对运行管理水平、机械化程度以及自动控制技术则有相当高的要求。

核电站以核反应堆来代替火电站的锅炉，以核燃料在核反应堆中发生特殊形式的“燃烧”产生热量，使核能转变成热能来加热水产生蒸汽从而推动汽轮机发电。

1.1.1.3 船舶锅炉

亦称船用锅炉，是装在船舶或舰艇上用于向蒸汽发动机等供应蒸汽的锅炉。船舶按用途不同，有主锅炉和辅锅炉两种。主锅炉以所产生的蒸汽来驱动发动机做功，使其机轴连同螺旋桨旋转，从而为舰船提供动力。辅锅炉为满足船舶辅机、生活、舱室供热等方面的需要而供应蒸汽，大都是小容量、低参数的蒸汽锅炉，结构十分简单。船舶锅炉应能经受摇摆、振动和冲击；机动性要好，对重量和体积均有严格要求；水循环回路高度往往受到限制；以燃油为主（亦可用液化天然气或石油气），炉膛热强度较高。

1.1.1.4 生活锅炉

生活锅炉是专为满足人们生活上的需要而提供饱和蒸汽或开水的最小型锅炉，是效率很低、煤耗很高的一种耗能型热工设备。生活锅炉大多数属于人工加煤和自然循环的水火管或火管锅炉，结构一般都很简单。生活锅炉的容量和参数总是比工业锅炉小或低，其中蒸汽锅炉的蒸发量大多不超过1t/h，表压力常低于0.7MPa，热水锅炉的压力则更低。生活锅炉广泛应用于工矿企业、建筑工地、医院、学校和旅馆等场合。

1.1.2 按结构分类

综合锅炉的结构形式，可将其分为锅壳锅炉（火管锅炉）与水管锅炉两大类。所谓“火管”与“水管”都是锅炉上的一种由金属管子构成的受热面。如果管子内流动的是烟气，就称其为火管（或烟管），这时管子外面流动的就是水。反之，管子内流动的是水，就称其为水管，这时管子外面流动的就是烟气。简而言之，火管锅炉（或锅壳锅炉）中包含有火管受热面，而水管锅炉受热面均为水管。

1.1.2.1 锅壳锅炉

人们使用最早的锅炉是锅壳锅炉，其基本结构是双层夹套结构，其本体是双层夹套容器。锅炉的外筒叫锅壳，内筒叫炉胆，环形空间装水，内部是燃烧室。锅壳锅炉有卧式和立式两种形式。它们通常应用在生产规模不大的工业和日常生活领域，主要用于取暖、蒸煮、加热等。

立式锅壳锅炉的锅壳与炉胆是立置的，这种锅炉结构紧凑，整装出厂，运输安装方便，占地面积小，便于使用管理。其蒸发量一般在1t/h以下，蒸汽压力一般在1.25MPa以下。立式锅壳锅炉燃烧室容积小，水冷程度大，排烟温度高，热效率低，为60%～70%。为提高热效率，近年来燃煤锅炉普遍采用双层炉排燃烧装置。

卧式锅壳锅炉，其锅壳是卧置的，具有结构紧凑、操作方便、水位气压较稳定、对水质要求较低等优点，其出力比立式锅壳锅炉大，蒸发量一般不超过4t/h，蒸汽压力不超过1.25MPa。卧式锅壳锅炉是目前常见的一种结构形式。

无论立式和卧式，锅壳锅炉的基本结构单元为：锅壳（锅筒）、炉胆、火管（烟管）等。与其他种类的锅炉相比，在结构上具有以下特点：

第一，系统简单，便于运输安装，便于运行管理，便于检查维修。

第二，对水质要求较低。

第三，炉膛矮小，水冷程度大，燃烧条件差，需优质燃料。

第四，受热面少，蒸发量低，常装水管或火管以增加受热面。

第五，“锅”“炉”没有分开，燃烧受限制。

1.1.2.2 水管锅炉

由于锅壳锅炉结构上的限制，不能满足参数上的要求。随着工业生产规模的不断扩大，特别是电力工业的发展和对能源有效利用认识的提高，出现了水管锅炉。水管锅炉结构复杂、参数高、效率高，现代大型锅炉（特别是发电用锅炉）无一例外都是水管锅炉。现代水管锅炉在总体结构上均属弯水管单锅筒或双锅筒锅炉，其基本结构单元有：锅筒（俗称汽包）、集箱、受热面管、钢架等。

工业上常用的双锅筒锅炉的蒸发量通常在20t/h以下，压力可达2.5MPa，其热效率为65%～80%，单位蒸发率为25～60kg/(m^2·h)，每吨蒸汽钢材耗量在5t左右。根据工艺要求，这类锅炉可以设计有过热器，这样可以提供250～400℃的过热蒸汽。

单锅筒锅炉是现代大型、高参数锅炉的主要形式，一般用于发电或热电联供。这类锅炉结构复杂，是一个完整的系统，其基本组成部分包括：锅筒、集箱、水冷壁、过热器、再热器、省煤器、空气预热器、锅炉范围内管道、钢架、燃烧系统和各类附件。单锅筒锅炉的蒸发量一般在65t/h以上，压力在3.8MPa以上，锅炉系统的热效率可达90%以上。目前一台300MW的发电锅炉，其蒸发量为1028t/h，额定工作压力为13.7MPa，已进入亚临界状态。

1.1.3 按工质分类

1.1.3.1 热水锅炉

热水锅炉是用来生产某一温度的热水的一种锅炉。热水锅炉内的水温低于饱和温度，与蒸汽锅炉相比，热水锅炉的烟气与水的温差较大，水垢少，传热情况较好，而且热水供热系统比蒸汽供热系统的热损失小得多，所以热水锅炉用于供热有较好的节能效果。

1.1.3.2 蒸汽锅炉

蒸汽锅炉是用来生产某种压力、温度的过热蒸汽或饱和蒸汽的一种锅炉，是锅炉最基本的类型。蒸汽锅炉属于特种设备，其设计、加工、制造、安装及使用都必须接受技术监督部门的监管。只有取得锅炉使用证，才能使用蒸汽锅炉。与热水锅炉相比，蒸汽锅炉具有参数高，容量大，锅炉效率高，机械化、自动化程度也较高等优点；但辅助设备及管道系统相对复杂，启动、停炉操作费时，并且对设计、制造、安装等工艺水平以及运行管理、维修保养技术均有较高的要求。蒸汽锅炉广泛应用于火力发电、交通运输（如大型舰船等）、工农业生产以及某些工矿企业的蒸汽采暖或供热系统等方面。

1.1.3.3 有机热载体锅炉

有机热载体锅炉是加热导热油等热载体，通过循环泵强制热载体封闭循环将热能输送给用热设备，然后返回加热炉加热的直流式特种工业炉。有机热载体锅炉有液相、气相之分，常见的多为液相（气相炉国内很少用）。

有机热载体锅炉与蒸汽锅炉相比，具有明显的优势：①运行低压高温，压力较低无爆炸危险；②系统内供热效率较高，可以达到同类工业蒸汽锅炉的3～6倍，有机热载体无需水处理系统，不会产生排污、冷凝水排放以及跑冒滴漏等相应热损失。此外，盘管式有机热载体锅炉热载体容量较小，故加热时升温速度快，停炉时载体散热热损失小，因此锅炉自身的散热热损失也较小。但是有机热载体锅炉由于其结构与介质的特殊性，亦存在特定的问题与缺点有待改进。有机热载体黏度较蒸汽和热水大，从而边界层较厚且温度较盘管式燃气有机热载体锅炉高，若超温会引起管壁过热，造成有机热载体过早老化和失效，甚至管壁过烧泄漏。

1.2 锅炉的基本参数与型号

1.2.1 基本参数

锅炉的技术参数有很多，但能反映锅炉技术特征的参数主要有以下几种：

(1) 额定蒸汽压力（相对蒸汽锅炉而言） 指锅炉在额定运行工况下，其出口处的蒸汽压力。

(2) 额定热功率（相对热水锅炉和有机热载体锅炉而言） 指锅炉在额定运行工况下，在单位时间内输出的热量。

(3) 工作压力 工作压力指锅炉、锅炉受压元件出口处的运行压力。锅炉运行时，不同的受压元件，其承受的工作压力是不同的，同一受压元件，不同部位所承受的工作压力也不同。一般情况下，锅炉的工作压力不超过额定压力。

(4) 介质出口温度 指锅炉在额定运行工况下，锅炉出口处的介质温度。

(5) 燃料种类 锅炉燃料一般有煤、油、气等。

(6) 蒸发量 指蒸汽锅炉每小时所生产的额定蒸汽量，用以表征锅炉容量的大小。蒸发量常用符号D来表示，单位是t/h（吨/时），工业锅炉蒸发量一般为0.1～65t/h。采暖用热水锅炉则用额定产热量来表征容量大小，常用符号Q来表示，单位是kJ/h。

产热量与蒸发量之间的关系，可由式（1-1）表示：

$$Q=D(i_q-i_{qs})\times 10^3 \tag{1-1}$$

式中 D——锅炉的蒸发量，t/h；

i_q，i_{qs}——分别为蒸汽和给水的焓，kJ/kg。

对于热水锅炉，可用式（1-2）计算：

$$Q=G(i''_{rs}-i'_{rs})\times 10^3 \tag{1-2}$$

式中 G——热水锅炉每小时送出的水量，t/h；

i''_{rs}，i'_{rs}——分别为锅炉进、出热水的焓，kJ/kg。

锅炉额定蒸汽量和额定产热量统称额定出力，它是指锅炉在额定参数（压力、温度）和保证一定效率下的最大连续蒸发量（产热量）。

(7) 蒸汽（或热水）参数 锅炉产生的蒸汽参数，是指锅炉出口处的额定压力（表压力）和温度。对生产饱和蒸汽的锅炉来说，一般仅标明蒸汽压力；对生产过热蒸汽（或热水）的锅炉，则需要标明压力和蒸汽（或热水）温度。

工业锅炉的容量、参数，既要满足生产工艺上对蒸汽的要求，又要满足锅炉房的设计。锅炉配套设备的供应以及锅炉本身的标准化，均要求有一定的锅炉参数系列。

（8）受热面蒸发率、受热面发热率 锅炉受热面是指汽锅和附加受热面等与烟气接触的金属表面积，即烟气与水（或蒸汽）进行热交换的表面积。受热面的大小，工程上一般以烟气放热的一侧来计算，用符号 H 表示，单位为 m^2。

每平方米受热面每小时所产生的蒸汽量，就叫作锅炉受热面的蒸发率，用 D/H 表示，但是各受热面所处的烟气温度大小不同，它们的受热面蒸发率也有很大的差异。例如，炉内辐射受热面的蒸发率会达到 80kg/(m^2·h) 左右；又如对流管受热面的蒸发率就只有 20～30kg/(m^2·h)。因此，对整台锅炉的受热面来说，这个指标只反映蒸发率的一个平均值。日常见到的锅炉，其运行参数大都不尽相同，为了便于比较，往往把锅炉实际的蒸发量 D 换算为标准蒸汽（焓值为 2680kJ/kg）的蒸发量 D_{bz}，而受热面蒸发率则用受热面标准蒸发率 D_{bz}/H 来表示，其换算公式如式（1-3）所示：

$$\frac{D_{bz}}{H}=\frac{Q}{640H}=\frac{D(i_q-i_{qs})\times 10^3}{640H} \tag{1-3}$$

式中 D_{bz}——标准蒸汽（焓值为 2680kJ/kg）的蒸发量，t/h；

H——受热面的大小，m^2；

i_q，i_{qs}——分别为蒸汽和给水的焓，kJ/kg；

Q——产热量，kJ/h。

热水锅炉则采用受热面发热率这个指标，即每平方米受热面每小时能生产的热量，用符号 Q/H 表示，单位为 kJ/(m^2·h)。

一般工业锅炉的 D/H＜30～40kg/(m^2·h)；热水锅炉的 Q/H＜836.9kJ/(m^2·h)。受热面蒸发率或发热率越高，则表示传热好；锅炉所耗金属量少，锅炉结构也紧凑。这一指标常用来表示锅炉的工作强度，但还不能反映锅炉运行的经济性；如果锅炉排出的烟气温度很高，D/H 值虽大，但未必经济。

1.2.2 锅炉型号

锅炉的某些主要参数可以通过锅炉型号反映出来，锅炉型号的编制方法有专门的国家标准，现简要介绍如下，如需详细了解，请查阅有关标准。

1.2.2.1 电站锅炉型号

A-B/C-DE

A——制造单位代号，如 SG 代表上锅，WG 代表武锅，HG 代表哈锅等。

B——额定蒸发量，t/h。

C——额定蒸汽压力，MPa。

D——设计燃料代号，M 表示煤，Y 表示油，Q 表示气等。

E——设计序号。

示例：

WG-1025/18.3-M002

该型号表示：武汉锅炉股份有限公司设计并生产的，额定蒸发量为 1025t/h、额定蒸汽压力为 18.3MPa、设计燃料为煤的发电用锅炉，设计序号为 002。

1.2.2.2 工业锅炉型号

ABCDE-FG/HIJ-K

AB——锅炉本体型式，如表 1-1 所示。

表 1-1 锅炉本体型式代号

锅炉本体型式	代号
立式水管	LS
立式火管	LH
立式无管	LW
卧式外燃	WW
卧式内燃	WN
单锅筒纵置式	DZ
单锅筒横置式	DH
双锅筒纵置式	SZ
双锅筒横置式	SH
管架式	GJ
盘管式	PG

注：卧式水火管锅炉本体型式代号为 DZ。

C——燃烧设备型式或燃烧方式，如表 1-2 所示。

表 1-2 燃烧设备型式或燃烧方式代号

<table>
<tr><th colspan="2">燃烧设备型式或燃烧方式</th><th>代号</th></tr>
<tr><td rowspan="7">燃烧设备型式</td><td>固定炉排</td><td>G</td></tr>
<tr><td>固定双层炉排</td><td>C</td></tr>
<tr><td>下饲炉排</td><td>A</td></tr>
<tr><td>链条炉排</td><td>L</td></tr>
<tr><td>往复炉排</td><td>W</td></tr>
<tr><td>倒转炉排</td><td>D</td></tr>
<tr><td>振动炉排</td><td>Z</td></tr>
<tr><td rowspan="2">燃烧方式</td><td>流化床(循环流化床)燃烧</td><td>F(X)</td></tr>
<tr><td>悬浮燃烧(室燃)</td><td>S</td></tr>
</table>

DE——额定蒸发量（t/h）或额定热功率（MW）。

FG——额定蒸汽压力或额定出水压力（MPa）。

HIJ——过热蒸汽温度或出水温度/进水温度（℃），无此内容时，该部分略。

K——燃料种类，如表 1-3 所示。

表 1-3　燃料种类代号

燃料种类		代号
Ⅱ类无烟煤		WⅡ
Ⅲ类无烟煤		WⅢ
Ⅰ类烟煤		AⅠ
Ⅱ类烟煤		AⅡ
Ⅲ类烟煤		AⅢ
褐煤		H
贫煤		P
水浆煤	Ⅰ级	JⅠ
	Ⅱ级	JⅡ
	Ⅲ级	JⅢ
煤粉		F
生物质成型燃料	Ⅰ级	SCⅠ
	Ⅱ级	SCⅡ
	Ⅲ级	SCⅢ
生物质散料		SS
油［柴(轻)油、重油］		Y
气(天然气、液化石油气、人工煤气)		Q

示例：WNG1-0.7-AⅡ

该型号表示：卧式内燃固定炉排锅炉，额定蒸发量 1t/h，额定蒸汽压力 0.7MPa，设计燃料用Ⅱ类烟煤。

1.3　锅炉的构造

通常将构成锅炉的基本组成部分合称为锅炉本体，它包括：汽锅、炉子、蒸汽过热器、省煤器和空气预热器等，典型锅炉结构如图 1-1 所示。一般常将蒸汽过热器、省煤器和空气预热器受热面总称为附加受热面，其中省煤器和空气预热器因装设在锅炉尾部的烟道内，又称为尾部受热面。

1.3.1　炉子

炉子是锅炉的燃烧系统，大型锅炉的炉子由炉膛、燃烧器、烟道等组成。

1.3.2　汽锅

汽锅是指由锅筒（汽包）、水冷壁管、对流管束、烟管、下降管、集箱（联箱）等

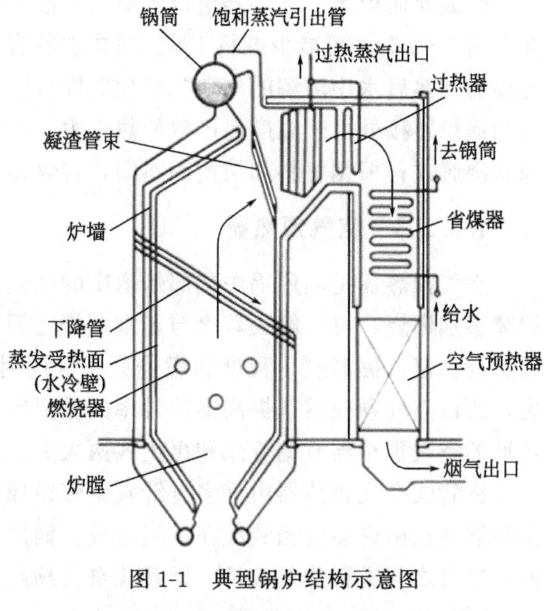

图 1-1　典型锅炉结构示意图

受热面组成的盛装锅水和蒸汽的封闭的受压部分。

水冷壁是敷设在锅炉炉膛内壁，由许多钢管并联组成的受热面，它是锅炉的主要蒸发受热面。水冷壁管垂直布置在炉膛四周壁面上，主要作用是吸收高温烟气的辐射热量，在管内产生蒸汽或热水，同时可以减少熔渣和高温烟气对炉墙的破坏，保护炉墙。

1.3.3 尾部受热面

1.3.3.1 蒸汽过热器

在工业锅炉的饱和蒸汽作业中，饱和蒸汽一般含有约2%的水分，这对于有些工艺过程不适用，当需要时，就得送入专门的装置中进行加热，使其完全蒸发，并将蒸发的饱和蒸汽加热到固定的过热过程，这种装置称为蒸汽过热器（简称为过热器）。过热蒸汽流速高，在流动过程中即使温度稍有下降，也不会在管道内出现凝结水，可以减少对汽轮机（发电用）及其他设备的冲击和盐垢积结。

蒸汽过热器结构是由多根无缝钢管弯制成蛇形管，管子的两端分别连接于两个圆筒形或长方形的集箱上。过热器为热交换器之一，与一般热交换器相似，有立式和卧式之分；从烟气和蒸汽的流动方向来看则有逆流、并流、错流三种；按照传热的方式可分为对流式、辐射式和半辐射式。对流式过热器装置在炉膛出口处后面的烟道内，主要靠烟气流动时对过热器管壁的冲刷面进行热交换；辐射式过热器装置在火焰温度高达1000℃以上的炉膛上部，它主要靠高温辐射进行热交换；半辐射式过热器装置在炉膛出口处，因此换热的方式既有高温辐射，又有烟气和蒸汽的对流换热。

1.3.3.2 省煤器

进入锅炉尾部烟道的烟气，温度常高达500～600℃，带有热量的烟气经烟囱排入大气是一种损失。为了尽量减少这种损失，应采用热交换方法以回收烟气中的热量，这种利用排烟余热加热锅炉给水的装置称为省煤器。

经省煤器可使给水温度提高，降低排烟温度，减少热损失提高锅炉效率，相应的减少燃料，故因此而得名。省煤器出口水温每升高1℃，排烟温度就能平均降低3℃左右；给水温度升高6～7℃，可减少燃料1%。通常加装省煤器的锅炉可提高效率5%～10%。此外，被省煤器加热后水中溶解的氧和二氧化碳即可释放出来，从而减轻对锅炉的腐蚀，并能避免水管和锅炉连接处由于温度而产生的热应力。根据给水预热程度的不同，省煤器可分为沸腾式和非沸腾式；根据材料和结构的不同，省煤器可以分为铸铁式和钢管式。

1.3.3.3 空气预热器

空气预热器是利用锅炉尾部烟道中的余热，来加热空气的一种装置。加热后的空气引进炉膛参加燃烧，可以解决着火与正常燃烧之间的矛盾，加速煤的干燥、着火和燃烧过程，保证燃烧稳定，提高燃尽程度和燃烧效率。同时，装置空气预热器降低了排烟温度和排烟损失，所以空气预热器是提高锅炉效率的重要辅助设备。中大型燃煤锅炉都装有空气预热器。常见的空气预热器有钢管式和再生式两大类。

钢管式空气预热器由许多有缝直钢管组成，钢管两端焊到管板上，称为管箱，一个空气预热器往往由许多管箱装配在一起组成。锅炉运行时，烟气一般流经管内，空气横向冲刷管外，二者之间进行热量交换。钢管式空气预热器结构简单，严密性好，运行管理方便，但其体积较大，耗钢材多，管端部位常易磨损，管中也容易堵灰，在燃用劣质煤时，这些缺点更为严重。

再生式空气预热器也叫作回转式空气预热器，是一种间断换热型交换器。其受热面一时为烟气所通过被烟气加热，另一时为空气所通过被空气冷却，空气与烟气通过受热面的储热和放热，间接地间断进行热交换。再生式空气预热器的传热效果较好，重量可比钢管式空气预热器减少一半以上，体积较小，便于在尾部烟道布置，但其结构复杂，制造和安装比较麻烦，运行中常易漏风，有时会因漏风严重降低锅炉出力和效率，并易堵灰。其使用不普遍，仅用于大容量锅炉。

1.3.4 锅炉安全附件与仪表

安全阀

1.3.4.1 安全阀

每台锅炉至少应装设两个安全阀（不包括省煤器安全阀），对于额定蒸发量≤0.5t/h的锅炉或者额定蒸发量＜4t/h且装有可靠的超压联锁保护装置的锅炉，可只装一个安全阀。可分式省煤器出口处、蒸汽过热器出口处都必须装设安全阀。

锅炉若采用弹簧式安全阀应采用全启式弹簧式安全阀，对于额定蒸汽压力≤0.1MPa的锅炉可采用静重式安全阀或水封式安全装置。水封装置的水封管内径不应小于25mm，且不得装设阀门，同时应有防冻措施。

安全阀应铅直安装，在安全阀和锅筒（锅壳）之间或安全阀和集箱之间，不得装有取用蒸汽的出汽管和阀门，安全阀应装设排汽管，排汽管应直通安全地点，并有足够的流通截面积，保证排汽畅通，同时排汽管应予以固定。安全阀排汽管底部应装有接到安全地点的疏水管。在排汽管和疏水管上都不允许装设阀门。省煤器的安全阀应装排水管，并通至安全地点。在排水管上不允许装设阀门。

在用锅炉的安全阀每年至少应校验一次。安全阀校验合格后，严禁用加重物、移动重锤、将阀瓣卡死等手段随意提高安全阀整定压力或使安全阀失效，锅炉运行中安全阀严禁解列。为防止安全阀的阀瓣和阀座粘住，应定期对安全阀做手动的排放试验。

1.3.4.2 压力表

压力表应根据工作压力选用。压力表表盘刻度极限值应为工作压力的1.5～3倍，最好选用2倍。压力表表盘大小应保证司炉人员能清楚地看到压力指示值，表盘直径不应小于100mm。压力表装用前应进行校验，刻度盘上应画红线指示出工作压力。

压力表应装设在便于观察和吹洗的位置，蒸汽空间设置的压力表应有存水弯管。压力表与筒体之间的连接管上应装有三通阀门，以便吹洗管路、卸换、校验压力表。蒸汽空间压力表上的三通阀门应装在压力表与存水弯管之间。

压力表有下列情况之一时，应停止使用：

① 有限止钉的压力表在无压力时，指针转动后不能回到限止钉外；没有限止钉的压力表在无压力时，指针离零位的数值超过压力表规定允许误差。

② 表面玻璃破碎或表盘刻度模糊不清。

③ 封印损坏或超过校验有效期限。

④ 表内泄漏或指针跳动。

⑤ 其他影响压力表准确指示的缺陷。

点，即需上升一段高度 H_S 才开始汽化。实际上，给水和锅水混合进入下降管时，水温并非都能达到锅筒压力下的饱和温度，所以上升管的下部这一段加热水区段 H_S 总归是存在的。在这一区段中工质依然是水，其密度与下降管中一样，可近似等于锅筒中压力 p_g 下的饱和水密度 r。

当上升管内的水上升时，一边受热一边压力减低，到达汽化点 Q_H 时，水温等于该点压力下的饱和温度，水才开始汽化。Q_H 点以后，压力继续减低，汽化更激烈，工质中含汽量随上升流动越来越多。因此，Q_H 点以后的这段 H_Q 便是上升管的含汽区段，即汽水混合物区段。因此，循环回路的总高度 H 即为加热水区段 H_S 和含汽区段 H_Q 之和如式（1-4）所示：

$$H = H_S + H_Q \tag{1-4}$$

式中　H_S——加热水区段高度，m；

H_Q——含汽区段高度，m。

在水循环稳定流动的状态下，假设此回路中没有装置汽水分离器，则作用力相等的表达式为式（1-5）：

$$p_g + Hr' - \Delta p_{XL} = p_g + H_S r' + H_Q \bar{r}_q + \Delta p_{sh} \tag{1-5}$$

式中　r'——下降管和加热水区段饱和水的密度，kg/m^3；

$\bar{r}_q$——上升管含汽区段中汽水混合物的平均密度，kg/m^3；

Δp_{XL}，Δp_{sh}——分别为下降管和上升管的流动阻力，kg/m^2。

经移项整理，便可得到式（1-6）：

$$H_Q(r' - \bar{r}_q) = \Delta p_{XL} + \Delta p_{sh} \tag{1-6}$$

式（1-6）左边是下降管和上升管中工质密度差引起的压力差，也就是驱动自然水循环的动力，称为水循环的运动压头。等式的右边，恰好是循环回路的流动总阻力。这样，式（1-6）的物理意义十分明确：当回路中水循环处于稳定流动时，水循环的运动压头等于整个循环回路的流动阻力。

由式（1-6）可见，自然循环的运动压头取决于上升管中含汽区段的高度和饱和水与汽水混合物的密度差。显然，增大循环回路的高度，含汽区段高度也增加；加强上升管的受热，可使其中含汽量增加，这些都会使运动压头增高。当锅炉压力增高时，水汽密度差将减少，组织稳定的自然水循环就趋于困难，所以高压锅炉总是设法提高循环回路的高度，以便获得必要的运动压头，或采取强制循环。增加上升管中的含汽量，运动压头增高，使管内循环流速增快，反之循环流速会减慢。因此，要求循环回路的各上升管受热均匀，使其中的含汽量尽量相近，防止有些管中循环流速过低，甚至产生停滞、倒转等故障。

在结构设计上，应尽量简化循环回路，减少循环回路的阻力系数。如采用大直径的下降管、减少上升管和下降管的弯头数等，如此可降低对水循环的运动压头的要求。在循环回路的高度、压力以及上升管的受热强度既定的条件下，对运动压头要求的降低则可使水循环在较大的循环流速下进行，从而提高了水循环的可靠性。

水循环运动压头中，用于克服下降管阻力（Δp_{XL}）的压头 S，数值上即等于运动压头和上升管阻力之差，即：

$$S = H_Q(r' - \bar{r}_q) - \Delta p_{sh} = \Delta p_{XL} \tag{1-7}$$

式中　H_Q——含汽区段高度，m；

r'——下降管和加热水区段饱和水的密度，kg/m^3；

$\bar{r}_q$——上升管含汽区段中汽水混合物的平均密度，kg/m^3；

Δp_{XL}，Δp_{sh}——分别为下降管和上升管的流动阻力，kg/m^2。

如图 1-4 所示为水循环回路的特性曲线，表示在一定的热负荷下，压头 S、阻力 Δp_{XL} 和流量（或相应的循环流速）之间的关系。

对于结构确定的循环回路，下降管阻力是水循环流速 v_q 的函数。v_q 增大，Δp_{XL} 也增大；对上升管而言，在一定热负荷下，增大 v_q 时，管内含汽率减少，阻力也增加。这样，用于克服下降管阻力的压头 S 下降。只有在 S 与 Δp_{XL} 两者取得平衡时，即两曲线的交点才是水循环的工作点。这与通风系统中，风机特性曲线与管路特性曲线相交而得出工作点的原理一样。在水循环回路工作点处可得出实际的循环流速。上升管及下降管阻力的减小，都会使工作点移向右边，提高循环流速。

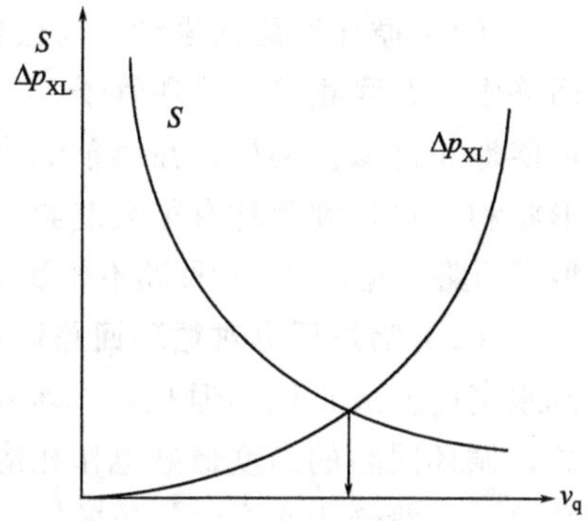

图 1-4　水循环回路的特性曲线

1.4.1.1　循环倍率和循环流速

（1）循环倍率　为了保证在受热管中有足够的水以冷却管壁，在每一循环回路中由下降管进入上升管的水量 G，常常几倍甚至上百倍的大于同一时间内在上升管中产生的蒸发量 D。两者之比值，恰好说明单位重量的水在此循环回路中全部变成蒸汽，需经循环回路的次数，故称循环回路的循环倍率，以 K 表示：

$$K=G/D \tag{1-8}$$

由于水的蒸汽潜热是随压力的升高而降低的，在上升管受热情况不良的条件下，压力越高，K 值越小。蒸发量大的锅炉，上升管受热长度一般都较长或者上升管的热负荷较高，则 K 值也较小。基于工业锅炉的压力和容量都较小，上升管热负荷也不高，所以其循环倍率一般都很大，约在 25～200 这一范围内变动，无须考虑循环倍率过低的问题。对于某些燃油锅炉所采用的双面曝光水冷壁回路，因其热负荷很高，应当注意不使该回路的 K 值过小。增大循环倍率的结构措施，通常是加大该回路的下降管总截面积和使上升管受热长度与直径之比不宜过大。

（2）循环流速　自然水循环的流速，通常指的是循环回路中水进入上升管时的速度 v_g。它是循环倍率以外与水循环关系较大的另一重要特性指标，其计算式为：

$$v_g=\frac{G}{3600r'\sum fsh} \tag{1-9}$$

式中　G——进入上升管的重量水流量，即循环水流量，kg/h；

r'——水进入上升管时的密度，kg/m^3；

$\sum fsh$——循环回路的上升管总截面积，m^2。

一个循环回路的循环流速，在循环倍率范围一定的条件下随热负荷不同而变化。上升管受热较强，其中产生的蒸汽就多，维持循环的水柱压差随之增大，所以回路中循环流动的水量增大，即循环流速增大；反之，循环流速减慢。当上升管受热极微时，循环速度也就很小，以致蒸汽在管中积聚而成气塞，使受热管壁冷却恶化，管子便有烧损的危险。此外，为了避免上升管入口段沉积泥渣，循环流速也不宜过小，一般不宜小于 0.3m/s。

1.4.1.2 水循环回路

水循环回路的布置，要以能提高循环的运动压头、减少上升管和下降管阻力，改善热力均匀性和防止汽水分层等为原则。下面介绍应采取的某些必要措施，以保证循环流动的安全可靠。

（1）循环回路的设计 前已提及，任何一台锅炉都由若干个循环回路组成。每一循环回路中，并联相接的这些管子，其总的高度、受热管段长度、受热负荷以及几何形状等应尽可能地相近似。例如，在链条炉中因布置有前拱、后拱、前墙、后墙和侧墙，水冷壁的几何形状和受热强度等均有很大差异，所以一般均宜各自组成独立的循环回路。每个划分出来的循环回路，应有与其他回路不相联系的独立的下降管和引出管系统，以提高水循环的可靠性。

（2）锅炉压力对循环回路高度的影响 自然水循环的循环运动压头，与回路的高度及汽水密度差成正比。但是，汽水密度差是随锅炉压力的增高而减少，因此，压力较高的锅炉，循环回路的高度最好也作相应的提高。但工业锅炉一般压力不高，这方面的问题就最不突出。一般希望 8 个大气压的锅炉，回路高度不低于 2～3m，8 个大气压以上的锅炉则要求回路高度更高些。但对于诸如快装锅炉一类高度受到结构限制的锅炉，就采用设法降低循环回路阻力的措施来保证正常的水循环，包括选用阻力较低的汽水分离装置等。

1.4.1.3 工业锅炉辐射受热面对水循环的考虑

（1）上升管的布置 为了避免产生如前分析的自由水和蒸汽带入下降管的情况，上升管和来自水冷壁上集箱的汽水引出管，都应尽可能地在锅筒水面以下接入锅筒，且须注意与下降管入口保持必要距离，或装设隔板以分隔上升管和下降管。如果上升管和引出管在锅筒水位面以上引入，也应尽量压低此管段最高点与水位间的距离。上升管和引出管不宜有过多或急剧转弯的弯头。汽水引出管的截面积，工业锅炉一般控制在上升管截面积 35%左右，使之阻力不致过大。循环回路中的各上升管，一般都不宜有水平布置的管段；上升管受热段的倾斜部分，其倾角不可小于 15°。上升管采用的管径，一般须根据水循环的可靠性，管子强度及金属消耗量等多种因素来选择。管径小，有利于承受较高压力，并降低单位受热面的金属消耗。但是，管径过小不仅阻力增大不利于水循环，而且对水质要求也将提高。目前，工业锅炉水冷壁常用的管壁尺寸为 ϕ51mm×2.5mm、ϕ63.5mm×3mm、ϕ70mm×3mm 等多种。

（2）下降管的布置 减少下降管阻力，是良好水循环的重要保证因素之一。为此，在结构上要特别注重下降管的合理布置。下降管的形状要力求简单，不设中间集箱，不用不同管径的管段串接，也不允许有水平管段和锐角弯头。每一独立回路的下降管数目要少，但又不宜少于两根，以防配水不均和偶然阻塞的事故。

下降管应尽可能由上锅筒的底部引出；下降管口与锅筒最低水位要保持有足够高度，该高度一般不低于下降管管径的 4 倍，下降管口与上升管或汽水引出管之间应保持一定距离，或用隔板隔开，以防蒸汽被吸入下降管。下降管与上升管下集箱连接时，应与上升管之间有一接近 90°的交角，并不使二者的轴线相重合（图 1-5），使上升管供水比较均匀。同样，下集箱的排污管也不应与任何一根上升管在同一轴线上，否则排污时，正对排污管孔的上升管会发生缺水现象而烧损。在结构上也有在排污管孔上方设置隔板的措施。

下降管不宜受热，一般多置于炉外，但也不允许散热过多。为此应包扎绝热材料，以不使回路的加热水区段增长。下降管直径一般选用 80～120mm。下降管截面积，一般不小于上升管截面积的 25%～30%，以确保水循环的正常可靠。

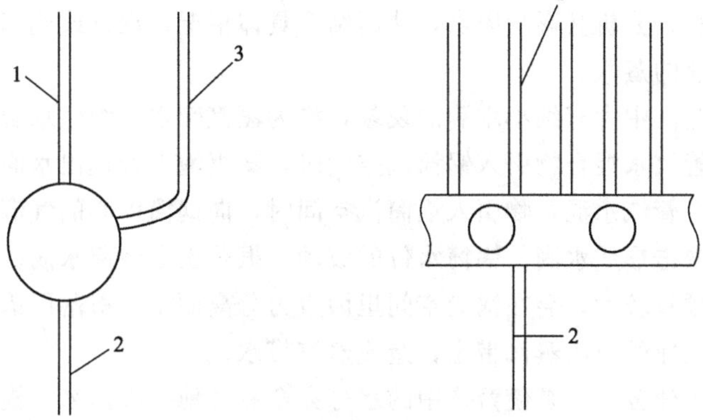

图 1-5　下降管与下集箱的连接

1—上升管；2—排污管；3—下降管

1.4.1.4　工业锅炉对流管束水循环的分析

如图 1-6 所示为 SHL10-13/350 型锅炉的对流管束简图，现以此为例，来分析工业锅炉对流管束的水循环组织。

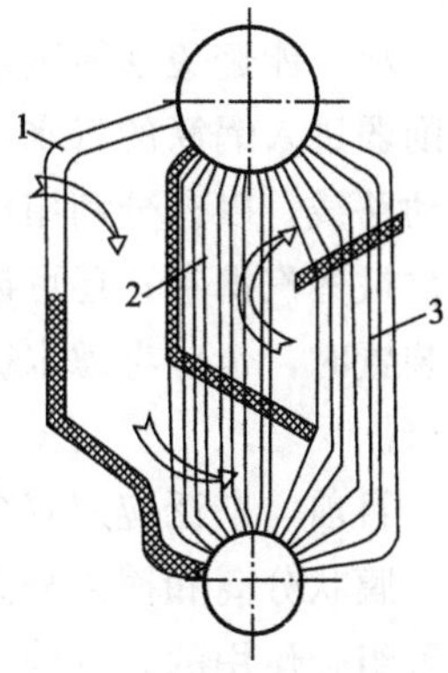

图 1-6　对流管束的布置

1—第一管束；2—第二管束；3—第三管束

工业锅炉的对流管束部分，同一回路的并联上升管的吸热不均匀性，换热量差异一般都比较大。如图 1-6 中的第一管束，因处于炉膛出口，受热最强，第二管束次之，第三管束受热最弱。因此，在对流管束的水循环回路中，第一、第二管束基本上是上升管，第三管束是下降管，但在同一管束中，各排管子的吸热强度也存在着差异。第二管束的后几排及第三管束的前几排的循环工况是变化的。如在高负荷运行时，炉子出口烟气温度较高，第二、第三管束所受的热负荷就大，第三管束的前几排管子可能会变成上升管。反之，在低负荷时，第二管束的后几排管子会变成下降管，甚至个别管子会出现循环停滞。因此，布置循环回路时，要注意循环工况有变化的管子应与上锅筒的水空间相接，并尽可能接近锅筒底部，以免倒流时带进蒸汽；同时，宜将这几排管子的上部置于烟气流程的末尾，以免在产生短时间的循环停滞时烧毁管子，并尽量减少这几排管子的弯头，以减少流动阻力。

1.4.2　汽水分离

从锅炉的汽水过程及水循环中可以清楚地知道，各汽锅受热面产生的蒸汽是以汽水混合物的形态连续汇集于锅筒的。要引出蒸汽，尚需要有一个使蒸汽和水彼此分离的过程和装置。锅筒汽空间及锅筒内部的汽水分离的装置就是为此目的而设置的。

随给水带入锅炉的杂质，大部分沉淀于锅内，部分则被蒸汽带走，主要包括在蒸汽携带的细小水滴之中，而直接溶解于蒸汽的杂质数量很小。所以，从锅筒中引出的蒸汽如果带水，就等于蒸汽带了杂质，带了盐分。因此工业锅炉常以蒸汽干度（或湿度）来衡量蒸汽的品质，必须使它符合一定的要求。不然，如前所述，当装有蒸汽过热器时，蒸汽带入的盐分将结垢于内壁而恶化传热。当带水的饱和蒸汽进入输送管道时，会引起水击、腐蚀，加剧阀门的磨损等不良后果。

蒸汽品质的好坏，很大程度上取决于蒸汽带水的多寡。要提高蒸汽的品质，首先应对蒸汽带水原因有所了解，分析其影响因素，从而结合具体情况，设计或选用行之有效的分离装置，以生产符合要求的蒸汽。

由锅筒引出的蒸汽中含有细小水滴的现象，称为蒸汽带水。细微水滴的来源，不外乎以下几方面：当上升管汽水混合物引入锅筒汽空间时，蒸汽泡上升逸出水面，然后破裂并形成飞溅的水滴；当上升管汽水混合物引入锅筒汽空间时，向锅筒中心的气流会冲击水面或几股平行的汽水流互相撞击形成水滴；锅筒水位的波动、振荡也会激起水滴。

这些水滴，如颗粒较大，会在锅筒空间里因重力分离而重新甩落回锅水之中；那些细小水滴则被具有一定流速的引出蒸汽带走，造成蒸汽带水。

汽水分离装置的任务，就是使蒸汽中的水分完全有效地分离出来，提高蒸汽品质，保证锅炉运行的可靠和满足用户的需要。

分离装置的设计，根据对蒸汽中的水分产生的原因及其影响因素的分析，应考虑以下原则：

尽可能避免锅筒蒸发面和汽空间的局部负荷增高，使蒸汽均匀地穿出水面和引出；有效地削弱进入锅筒的汽水混合物的动能，缓和它对水面的冲击；使汽水混合物具有急转多折的流动路线，以充分利用离心和惯性的分离作用；此外应注意及时把分离下来的水导走，以免再次被蒸汽携带；还可以创造大量的水膜表面积，以黏附更多的水滴。同时，在设计汽水分离装置时，也应考虑水循环工况的良好，使它的阻力不能过大，并注意到便于制造、安装和检修。

目前，广泛应用着多种型式的汽水分离装置，但就其分离的原理来说，不外乎离心分离、膜状分离和撞击分离三种类型。下面介绍几种常见的分离装置，实际应用中也有将几个装置组合使用的，以获得更好的分离效果。

1.4.2.1 水下孔板

蒸汽锅炉的上升管或汽水引出管，一般都尽可能地引接于锅筒的水空间。为使蒸发面上各处的蒸汽发生量分配得均匀一些，常采用在水面以下装设开有多孔的孔板。水下孔板的阻力越大，越易在孔板下形成稳定的气垫，有效地削弱了汽水混合物的动能。这样，蒸汽穿孔的流速也不宜过大，否则阻力太大，形成了过厚的气垫容易引起下降管带汽。

水下孔板通常用厚度为 4～5mm 的钢板制成，其上开孔的孔径在 8～10mm，过小易于阻塞，过大则会造成气流分布不均。在工业锅炉中，通过孔板的蒸汽流速可取 2～5m/s。

水下孔板的装置位置应比锅筒最低水位低 50～100mm。给水均匀地在孔板上面送入，既利于破沫又保证了对蒸汽的冲洗作用。同时，孔板与筒壁之间应留有 150～200mm 的间隙，以便给水能畅快地流入下水管。为防止蒸汽短路，在孔板边缘加装高度为 100～150mm 的水封拦板。

1.4.2.2 挡板

当汽水混合物被引入锅筒汽空间时，在汽水引入管和管口可装设挡板，以形成水膜和削减汽水流；蒸汽在流经挡板间隙时因急剧转弯，又可从气流中分离出部分滴水，起着汽水的粗分离作用。

1.4.2.3 蒸汽出口孔板

蒸汽出口孔板与水下孔板工作原理基本相似，是借小孔节流作用使锅筒汽空间各处负荷均匀。通常孔板均匀开孔，孔径为 10mm 左右。蒸汽穿孔流速为 12～25m/s，工作压力高时，流速可取低值。

1.4.2.4 离心式分离装置

为进一步提高汽水分离的效果，在集气管上加装锅壳，使汽水混合物在其中旋转，借离心力作用把水分离出来，水流经装置底部的散水管导入锅水中。

1.5 锅炉点火前的检查和准备

1.5.1 锅炉检查

为了安全运行，新装或大修后的锅炉必须经过专业技术人员检查合格后，才能使用。启动前的检查应严格按照锅炉运行规程的规定进行，其主要内容有：

① 检查汽水系统受热面、受压元件的内外部，看其是否处于良好状态；

② 检查燃烧系统的各个环节是否处于完好状态；

③ 检查汽水系统和燃烧系统的各类门孔（包括人孔、手孔、看火门、防爆门及各类阀门）、挡板是否正常，并使之处于启动所要求的位置；

④ 检查安全附件是否齐全、完好并使之处于启动所要求的状态；

⑤ 检查锅炉构件、楼梯、平台等钢结构是否完好；

⑥ 检查各种辅助机构特别是转动机械是否完好；

⑦ 检查各种仪表是否完好等。

1.5.2 上水

由于锅筒筒壁较厚，如果上水水温过高或者上水速度过快，沿锅筒壁厚由内向外的不稳定导热比较强烈，沿壁厚的温差可能导致较大的热应力；同时，锅筒上水大约只上到锅筒中心（对卧式锅筒而言）位置，即锅筒下部接触给水而上部接触大气，使得锅筒上下两部分的壁面温度也存在差异。在水温过高或者上水过快时，也可能导致较大的热应力。

从防止产生大的应力出发，上水水温最高不应超过 90～100℃；上水速度要缓慢，全部上水时间在夏季不小于 1h，在冬季不小于 2h。

1.5.3 烘炉

新装、迁装、大修或者长期停用的锅炉，其炉膛和烟道墙壁非常潮湿，一旦接触较高温度烟气，就会产生裂纹、变形，甚至发生倒塌事故。为了防止这种情况，这类锅炉在上水后启动前要进行烘炉。

烘炉就是在炉膛中用文火缓慢加热锅炉，使炉墙中的水分逐渐蒸发掉。

烘炉的第一阶段是在炉排中央（对室燃炉则设置临时炉排）燃烧木柴，适当打开烟气挡板进行自然通风，维持锅水温度在 70～80℃左右，这一阶段的时间长短因炉而异，约为 3～

6 天。

烘炉的第二阶段在木柴燃烧的基础上适当加煤燃烧，并逐渐用煤取代木柴，烟气挡板可适当开大，并开动引风机适当加强通风，允许锅水沸腾并升压到适当压力，但燃烧和沸腾都不应太强烈。整个烘炉时间约为 3～14 天。在烘炉后期，可同时进行煮锅。

1.5.4 煮锅

新装、迁装、大修或者长期停用的锅炉，在正式启动前必须进行煮锅。煮锅可以单独进行，也可以在烘炉后期和烘炉一道进行。

煮锅的目的是清除锅炉蒸发受热面中的铁锈、油污和其他污物，减少受热面腐蚀，提高锅水和蒸汽的品质。

煮锅时，一般是在锅水中加入碱性药剂。如氢氧化钠、磷酸钠或碳酸钠等。步骤为上水至最高水位；加入药剂适量（2～4kg/t）；燃烧和加热锅水至沸腾但不升压（开启空气阀或抬起安全阀排气），维持 10～12h；减弱燃烧、排污，之后适当放水；加强燃烧并使锅炉升到 75%～100%工作压力，运行 12～24h；停炉冷却，排除锅水并清洗受热面。

不难看出烘炉和煮锅虽不是正常启动，但锅炉燃烧系统和汽水系统已经部分或大部分处于工作状态，锅炉已经开始承受温度和压力，必须认真进行。

1.6 锅炉启动与正常运行

1.6.1 点火与升压

锅炉点火应按不同的燃烧设备所规定的操作方法进行，并应注意以下几点：

① 手工炉排和链条炉排可用废木片、木柴或竹片引火。注意应先将废木材中的铁钉拔去，以免木柴烧完后铁钉卡住炉排引起故障。严禁用挥发性强烈的油类或易燃物引火，以免受热后产生可燃性气体而引起爆炸。

② 油炉和煤粉炉可用煤油或煤气引火。点火时，要注意防爆；点火前，必须按规定进行彻底的通风。一次没有点着，不得接着点火，必须再进行不少于 5min 的通风后，方可重新点火。

点火后，升温不得太快，应在弱小的火焰和通风条件下，逐步提高炉膛的温度。有炉墙的锅炉更应缓慢加热，使锅炉内水温均匀上升，当锅炉内最高水温超过 60℃后再投入新煤。

火管锅炉的生火时间一般为 5～6h，水管锅炉为 3～4h，快装锅炉为 1～2h。当蒸汽开始从透气阀中冒出时，即可将透气阀关闭，准备升压。透气阀关闭后，应密切注意压力表，在一定时间内压力表的指针应离开零点（俗称起磅），在起磅时间内如果压力表指针尚无动静，可稍开透气阀（开透气阀时，操作人员应该离开阀门）。用喷射出蒸汽的速度来判断是否已起磅。如判断确实已起磅，应怀疑压力表有问题，则须将火力减弱或将锅炉暂停，再校验压力表，并清洗压力表的管道。待压力表正常后，方可进行升温升压。

当锅炉内压力达到 0.1～0.2MPa 时，应进行下列工作：

① 紧固人孔、手孔及各种法兰螺钉，防止螺杆因受热膨胀而伸长，使人孔盖、手孔盖及法兰松动泄漏；

② 冲洗水位表及压力表一次；

③ 排污一次，以利于水循环；

④ 全面检查受压部分是否正常，观察人孔、手孔是否有漏气、漏水的情况。

升压必须缓慢，防止锅筒上下半部的温差太大而产生热应力。升压速度应保持在每小时蒸汽饱和温度不大于60℃。升压时，进入过热器管束的烟气温度应保持在500℃左右，防止过热器烧坏。

升温前，过热器进口疏水阀应稍开启，看到有蒸汽喷出，即可关闭。但应间歇开启，使蒸汽流通，防止汽阻，在锅炉闷炉到开炉之间也应同样操作，让过热器出口疏水阀开启，使蒸汽在过热器中保持流通，以免过热器烧坏。

升压时，如水位膨胀太高，可进行排污，以免水位高出水位表的玻璃管上部边缘。在蒸汽压力达到工作压力时，应校验一次安全阀，然后方可投入生产。

1.6.2 供气与并炉

当锅炉已升到规定压力，在投入运行前，应再次检查锅炉本体和附件，并试一下给水设备的情况，对一台锅炉，在总蒸汽管道没有蒸汽时，需将锅炉的蒸汽输入到蒸汽管道的过程称为供汽。锅炉供汽有两种方式：

① 自冷炉开始，主汽阀可以开放，将锅炉和管道同时升压。

② 在锅炉升压时，将主汽阀的旁通阀关闭，直到接近工作压力时，再将主汽阀的旁通阀打开进行暖管，待管道中的压力和锅炉压力一样时，再开启主汽阀。

对于两台以上的锅炉，其蒸汽管道可以由其他锅炉输送蒸汽，将该锅炉蒸汽合并的过程称为并炉。其操作要点如下：

① 将主汽阀及旁通阀均关闭，直到锅炉压力接近管道压力时，可开启主汽阀的旁通阀，直到锅炉压力略低于管道压力时，再开启主汽阀。

② 当小型锅炉主汽阀不装旁通阀时，可以先将主汽阀稍开一些，待暖管后再缓慢打开主汽阀。主汽阀开足后应倒回半圈，以免长时间受热后卡死而关不住。

③ 供气前，蒸汽总管上疏水阀应全部开启，以便将管内存水放尽。并炉前，可以将靠近锅炉的一只疏水阀开启，以便排除开主汽阀时所带出的水分。对过热器出口处的疏水阀在确认已连续输出时，才能关闭。在供气之前，锅炉水位应略低一点，以防止开主汽阀时大量蒸汽输出而引起汽水共腾。在主蒸汽开启后，就不断送出蒸汽，水位表中的水位会逐渐下降，这时就要开始进水。进水时，可以关闭省煤器旁通烟道或关闭回流管，使给水经过省煤器进入锅炉。同时，要打开表面排污阀进行表面排污。

④ 最后对所有的仪表再进行一次检查，并对低位水位计、运转水位计，远传压力表和直接装置水位表、压力表进行核对。此外，还需测试高低水位警报器、自动给水装置和蒸汽流量计后，方可投入生产。

1.6.3 正常运行中参数调整

1.6.3.1 锅炉负荷与蒸发量

锅炉负荷是指用户需用蒸汽量的多少，由于生产及生活中用汽量经常变化，因此，锅炉负荷是一个经常变化的量。

单台运行的锅炉，其蒸发量必须随着负荷的变化而变化，适应负荷要求。两台以上的锅炉并列运行时，如果其负荷是一定范围内变化的，则通常让一部分锅炉承担变动负荷，使之按额定蒸发量和额定参数运行，产生的蒸汽送入蒸汽母管；另一部分锅炉承担变动负荷，使之蒸发量与负荷的变动部分相适应，但也应该保证蒸汽参数为额定参数，产生蒸汽也送入蒸汽母管。这样，几台锅炉的总蒸发量与总的用汽负荷是相适应的，但仅有一部分锅炉蒸发量是变化的，另一部分（一般是大部分）锅炉可以在大体不变的蒸发量和蒸汽参数下运行，这不但可以减少运行调节工作量，还可以通过合理的分配负荷，使各锅炉的经济性获得改善。

锅炉负荷的变化会引起蒸汽参数的变化，为了满足用户对蒸汽参数的要求，在负荷变化时，不仅要调节锅炉的蒸发量，也要调节蒸汽参数，使之适应用户的要求，即使某些锅炉在一定时间内是承担基本负荷的，由于给水、燃料、送风等情况的改变，也会造成蒸汽参数和其他运行指标（如效率）的改变，必须随时进行调节。这种调节，不只是为了满足用户在数量和品质上对蒸汽的要求，首先是为了保证锅炉设备在安全和经济的条件下运行。

小型烧锅的运行监督和调节，部分或全部是由人工承担的。中大型锅炉的运行监督调节，已经大部分或全部实现了机械化自动化，不论是手工或自动调节，其项目和内容大体上是相同的，下面介绍自然循环锅炉运行的主要调节项目。

1.6.3.2 锅炉水位调节

锅炉运行中，运行人员应不间断地通过水位表监督锅炉的水位。锅炉水位应经常保持在正常水位线处，并允许在正常水位线下 50mm 之内波动。

小型锅炉通常是间断供水的，中小型锅炉则是连续供水。当锅炉负荷稳定时，如果给水量与锅炉蒸发量（及排污量）相等，则锅炉水位就会比较稳定；如果给水量与锅炉的蒸发量不相等，水位就要变化。间断上水的小型锅炉，由于给水与蒸发量不相适应，水位总在变化，最容易造成各种水位事故，更需要加强运行监督和调整。

对负荷经常变动的锅炉来说，水位的变化是由负荷变化引起的。负荷变动引起蒸发量的变化，蒸发量的变化造成给水与蒸汽量的差异，造成水位升降。例如，负荷增加，蒸发量相应加大，如果给水量不随蒸发量增加或增加较少，水位就会下降。因而，水位的变化在很大程度上取决于给水量、蒸发量、负荷三者之间的关系。

当负荷突然变化时，由于蒸发量一时难以跟上负荷的变化，锅炉压力会突然变化，这种压力的突然变化会引起水位改变。例如，负荷突然增大，锅炉压力会突然下降，饱和温度随之下降并导致部分饱和水的突然汽化，水面以下气体容积会突然增加而造成水位的瞬时上升，形成所谓虚假水位。运行调整中应考虑到虚假水位出现的可能，在负荷突然增加之前适当降低水位，在负荷突然降低之前适当提高水位，但不应把虚假水位当作真实水位，不能根据虚假水位调节给水量。

由于水位的变化和负荷、蒸汽量，以及气压的变化密切相关，水位的调节常常不是孤立进行的，而是与气压、蒸发量的调节联系在一起的，所以我们把水位、气压的调节放在一起，在下面气压调节部分进一步介绍。

为了使水位保持正常，锅炉在低负荷运行时，水位应稍低于正常水位，以免负荷降低时水位升得过高。为了对水位进行可靠的监督，在锅炉运行中要定期冲洗水位表，一般要求每班 2～3 次。冲洗时要注意阀门开关次序，不要同时关闭进水及进汽阀门，否则会使水位表玻璃温度和压力升降过于剧烈，造成破裂事故。

当水位表出现异常不能显示水位时，应立即采取措施，判断锅炉是缺水还是满水，然后酌情处理。在未判明锅炉是缺水还是满水的情况下，严禁上水。

1.6.3.3 锅炉气压调节

锅炉运行中，蒸汽压力应保持稳定，中高压锅炉气压变动的允许幅度为±0.04MPa，低压锅炉气压变动幅度允许大一些。运行人员应通过压力表及压力自动调节装置，严密监视和调节气压。

锅炉气压变动通常是由负荷变动引起的。当锅炉蒸发量与负荷不相等时，气压就要变动：负荷小于蒸发量，气压就上升；负荷大于蒸发量，气压就下降。所以，调节锅炉的气压就是调节其蒸发量，而蒸发量的调节是通过燃烧调节和给水调节来实现的。运行人员根据负荷变化，相应增减锅炉燃料量、风量、给水量，来改变锅炉蒸发量，使气压保持相对稳定。例如，当锅炉负荷降低使气压升高时，如果此时水位降低，可先适当加大进水，使气压不再上升，然后酌情减少燃料量和风量，减弱燃烧，降低蒸发量，使气压保持正常；如果气压高时水位也高，应先减少燃料量和风量，减弱燃烧，同时适当减少给水量，待气压、水位正常后，再根据负荷调节燃烧和给水。当锅炉负荷增加使压力下降时，如果此时水位较高，可适当控制进水量，观察燃烧和蒸发量的情况，如燃烧正常，蒸发量未达到额定值，则可增加燃料量和风量，强化燃烧，加大蒸发量，使气压恢复正常；如果气压低时水位也低，则可先调节燃烧，同时相应调节给水，使气压水位恢复正常。

为了使锅炉气压、水位保持稳定，运行人员应该掌握负荷变化的规律，做到心中有数。

对于间断上水的锅炉，为了保持气压稳定，要注意上水均匀，上水间隔的时间不宜过长，一次上水不宜过多，在燃烧减弱时不宜上水；手烧炉在投煤、扒渣时也不宜上水。

1.6.3.4 气温的调节

饱和蒸汽温度是随气压而变化的，对提供饱和蒸汽的锅炉来说，调节了气压也就调节了气温。这里主要说的是过热蒸汽温度的调节。

锅炉负荷、燃料、给水温度改变，都会造成过热气温的改变。由于过热器本身的传热特性不同，上述因素改变时气温变化的规律也各不相同。调节气温，通常有蒸汽侧调节和烟气侧调节两种方式。这里只介绍一下小型锅炉气温的调节。

小型锅炉对过热温度的限制不太严格，因而它不像大型锅炉那样，具有专门的、复杂的调温装置。小型锅炉控制气温，更多的是防止过热器被烧坏。小型锅炉的过热器都是对流型过热器，其调温手段有：

（1）吹灰 对炉膛中水冷壁吹灰，可以增加炉膛蒸发受热面的吸热量，降低炉膛出口烟温及过热器传热效果，从而降低过热气温；对过热器管吹灰则可提高过热器的吸热能力，提高过热气温。

（2）改变给水温度 当负荷不变时，增加给水温度，势必减弱燃烧才能不使蒸发量增加，燃烧的减弱使烟气量和烟气流速减小，使过热器的对流吸热量降低，从而使过热气温下降；相反地，如果给水温度降低，过热气温反而增高。

（3）增加风量、改变火焰中心位置 适当增加引风和鼓风，使炉膛火焰中心上移，使进入过热器的烟气量增加，烟温上升，可使过热气温增高。

（4）喷气降温 在过热蒸汽出口，适量喷入饱和蒸汽，可降低过热气温。

1.6.3.5 燃烧调节

如上所述，调节锅炉蒸发量和气压时，必须调节燃烧，增减燃料和风量。这是燃烧调节的主要任务。

燃烧调节的任务是：

① 使燃料的燃烧供热适应负荷的要求，维持气压稳定。

② 使燃烧正常，维持一定的过剩系数，尽量减少未完全燃烧损失，减轻金属腐蚀和大气污染。

③ 对负压燃烧锅炉，维持引风和鼓风的均衡，保持炉膛一定的负压，以保证操作安全和减少排烟损失。

锅炉正常燃烧时，炉膛火焰呈现黄色。如果火焰发白发亮，则表明风量过大；如果火焰发暗，则表明风量过小。火焰在炉膛中的分布应尽量均匀。正常运行时，炉膛上部的负压应维持 20～30Pa。

负荷变动需要调整燃烧时，应该注意风与燃料增减的先后次序、风与燃料的协同及引风与鼓风的协调。对层燃炉、燃料量的调节应主要通过变更加煤间隔时间，改变链条转速、改变炉排振动频率等手段，而不要轻易地改变煤层的厚度。在增加风量的时候，应先增引风，后增鼓风，在减少风量时，应先减鼓风后减引风以使炉膛保持在负压下运行。对室燃炉，当负荷增加时，应先增引风后增鼓风，最后增加燃料；当负荷减少时，应先减燃料，其次减小鼓风，最后降低引风。这样可防止在炉膛及烟道中积存燃料，避免浪费和爆炸事故，同时也保证负压运行。

不同燃烧方式、不同燃烧设备，燃烧调节的具体内容、次序及要求各不相同，此处不一一介绍。

1.6.3.6 排污及吹灰

（1）排污 锅炉运行中，为了保持受热面内部清洁，避免锅水发生汽水共腾，蒸汽品质恶化等，除了对给水进行必要而有效的处理外，还必须进行排污。排污分连续排污和定期排污两种。连续排污装置在锅水水面之下约 80～100mm 处，由于靠近水面处锅水盐碱浓度最大，由此处连续排除一部分锅水可降低锅水的含盐量和碱度；定期排污是在锅炉下锅筒及下联箱的底部，定期排除沉渣、水垢及其他污物，以补充连续排污的不足，改善锅水品质。

锅炉排污量应根据水质要求计算确定，通常约为蒸发量的 5%～10%。排污量过小时，不能有效地降低锅水含盐量和碱度，无法保证锅水的品质；排污量过大则会增大排污所造成的损失。运行中应加强对锅水品质的监督和化验，根据锅水品质适当增减排污量。

定期排污至少每班进行一次，应在低负荷时进行，定期排污前锅炉水位应稍高于正常水位。进行定期排污必须同时严密监视水位。每一循环回路的排污持续时间，当排污阀全开时不宜超过半分钟，以防排污过分干扰水循环而导致事故。不得使两个或更多排污管路同时排污。

排污时，快、慢排污阀的先后开启次序应当固定。排污应缓慢进行，防止水冲击。如果管道发生严重振动，应停止排污，消除故障之后再进行排污。排污后应进行全面检查，确定把各排污阀关闭严密。如两台或多台锅炉使用同一排污母管，而锅炉排污管上又无逆止阀时，禁止两台锅炉同时排污。

（2）吹灰 燃煤锅炉的烟气中，含有许多飞灰微粒，在烟气流经蒸发受热面、过热器、省煤器及空气预热器时，一部分烟灰就沉积到受热面上，不及时吹扫清理往往会越积越多。由于烟灰的导热能力很差，受热面上积灰严重影响锅炉传热，降低锅炉效率，影响锅炉运行工况特别是蒸汽温度，对锅炉安全也造成不利影响。

煤粉锅炉中，烟气携带的飞灰含量占总灰量的80%以上，受热面积灰问题更为突出。层燃炉用高灰分煤时，也需要特别注意受热面积灰问题，不仅燃煤锅炉，而且燃油锅炉也有受热面积灰问题。

清除锅炉受热面积飞灰常用的办法就是吹灰。即用具有一定压力的蒸汽或压缩空气，定期吹扫受热面，以减少和清除其上的灰尘。大型锅炉尾部烟道受热面通常布置较密，也有自上而下施放大量钢球，以钢球碰撞震动受热面来除灰的，即所谓“钢珠除灰”。

吹灰是锅炉运行中的基本操作之一。水管锅炉通常每班至少吹灰一次，锅壳锅炉每周至少清除火管（烟道）内积灰一次。

吹灰应在锅炉低负荷时进行，吹灰前应增加引风，使炉膛负压适当增大，操作人员应在吹灰装置侧面操作，以免喷火伤人。吹灰应按烟气流动的方向依次进行。锅炉两侧装有吹灰器，应分别依次吹灰，不应同时使用两台或更多的吹灰器。

使用蒸汽吹灰时，蒸汽压力约为0.3～0.5MPa，吹灰前应首先对吹灰器疏水和暖管，以免吹灰管路损坏并避免把水吹入炉膛或烟道。吹灰后应关闭蒸汽并打开疏水阀，防止吹灰蒸汽经常定位冲刷受热面而把受热面损坏。

用压缩空气吹灰时，空气压力为0.4～0.6MPa。吹灰过程中，如锅炉发生事故或吹灰装置损坏，应立即停止吹灰。

1.6.4 锅炉运行管理制度

由于锅炉是受热承压设备，系统复杂，环节多，又需要维持连续运行，因此，要使锅炉在运行中既安全、又经济，能圆满地实现各种运行指标，除了要求操作人员从技术上了解和掌握锅炉的有关知识、性能、操作要求外，还应认真加强运行管理，要求操作人员有高度的责任感，必须认真贯彻执行各种规章制度。

锅炉运行中的主要管理制度有锅炉运行规程、交接班制度、操作人员岗位责任制度、锅炉房管理制度等。运行人员必须严格地按照各项规章制度进行锅炉运行操作管理。由于运行情况是复杂的，有时会难以作出判断而贻误操作，运行人员必须时时刻刻密切注意锅炉各种测量仪表，特别是安全附件，不断巡回检查受压部件、转动机械、燃烧系统及其他环节的运行情况，遇到异常时，在充分掌握情况的前提下，迅速做出判断，并依据有关规程、制度进行处理。即必须把责任心、业务知识和规章制度有机结合起来，才能管好用好锅炉。

1.7 停炉及保养维护

1.7.1 正常停炉

正常停炉是锅炉定期检修、节假日期间或供暖季节已过，需要停炉。正常停炉应遵照锅炉安全规程所规定的停炉操作步骤，按顺序进行。通常，锅炉的正常停炉是先停止向炉膛供给燃料，停止送风，减低引风，与此同时，逐渐降低锅炉的负荷，相应地减少锅炉负荷，但应维持锅内水位略高于正常水位。对燃油燃气和燃煤粉的锅炉，炉膛停火后，引风机至少要继续引风 5min，锅炉停止供气后，应隔绝与总气管的连接，排气泄压，使锅内的压力不能超过最高允许压力。待锅内无气压时，开启空气阀，以免锅内发生真空。当锅水温度降至70℃以下时方可放水，并清洗和铲除锅内水垢。当炉温降低时，必须及时除灰和清理受热面上的积灰，对燃油和燃气的锅炉，停炉时要特别注意防止炉温的急剧降低，在停炉后应立即将风门、灰门等关闭，以避免冷空气侵入炉膛，另外，燃油锅炉停炉后，为了防止油管内存油凝结，应用蒸汽吹扫管道。

1.7.2 事故停炉

事故停炉又叫紧急停炉。锅炉运行中，遇有下列情况之一时，必须采取紧急停炉措施。

① 锅炉气压迅速上升，压力表的指针超过规定的红线。虽然安全阀已自动排气，通风已减弱，但压力表的指针仍继续上升时。

② 锅炉缺水，虽经“叫水”，仍看不到水位。

③ 不断加大锅炉给水及时采取措施，但水位仍继续下降。

④ 给水设备全部失效，不能给锅内上水。

⑤ 水位计或安全阀全部失效，不能保证锅炉安全运行时。

⑥ 炉墙倒塌或锅炉构架被烧红等，严重威胁人身或设备安全时。

⑦ 锅炉受压元件发生爆破泄漏时。

⑧ 锅炉满水，经放水不能见到水位时。

⑨ 锅炉元件损坏，严重危及运行人员的安全。

紧急停炉时，炉温变化较快，应防止急剧降温。因此，必须根据事故的情况及时采取有效的技术措施，防止出现并发事故及事故继续扩大。

1.7.3 锅炉保养维护

如果在停炉期锅炉保养得不好，则在锅炉内外面都会发生腐蚀，使锅炉的寿命显著缩短。停炉期锅炉的保养法可从锅炉结构和型式、安装场地状况和条件、停炉期长短等综合因素来确定。作为保养法来说，凡是停炉期在 2 个月以上时，称为长期保养法；停炉期在 2 个月以内时，称为短期保养法。锅炉保养分为干式保养法与湿式保养法，具体分类如图 1-7 所示。

- 锅炉保养法
  - 干式法
    - 吸湿剂干燥法
    - 开放式干燥法
    - 充氮式干燥法
    - 涂漆法
  - 湿式法
    - 满水保养法
    - 汽水保养法
    - 充氮式汽水保养法

图 1-7 停炉期锅炉保养法

1.7.3.1 干式保养法

一般来说，干式保养法是停炉 2 个月以上的长期保养方法之一。大多是在中小型锅炉内采用。此外，主要是用在冬季，防止结冻。

在使锅炉放空进行保养的方法中应当排除造成腐蚀主要原因的水分，以此来防止内部腐蚀。若同一锅炉系统中还有其他锅炉在运行时，就容易进行开放式保养。此外还有加入吸湿剂、充入氮、挥发性防锈剂等使锅炉内部密封的保养法，可根据有关条件选择合适方法。

（1）一般干燥式保养法 在同一锅炉系统中还有其他锅炉在运转时，房内的通风是暖和的，或者其湿气较少，适宜使用此种保养法。

① 锅炉内部清扫可按水洗程度而定，不应伤及锅炉表面。锅筒绝对不要进行酸洗。

② 在锅炉本体还处于暖和期间应把炉水完全排出，锅炉本体就能依靠自身热量完全干燥好。

③ 拆下人孔、检查孔和清扫孔等各个孔盖，使锅炉内部通风。把孔盖放入锅炉内部，注意切勿使之丢失。

④ 是否已关闭蒸汽管、给水管、排污管等其他锅炉连接通道，应装入堵封板，勿使蒸汽、水分和疏水漏入锅炉内。

⑤ 对外部的清扫要彻底进行。使锅炉壁面上不再黏附灰分和烟黑。锅炉的炉门和烟道挡板应全部打开，使燃烧室和烟道通风，排除湿气。如果该锅炉烟道是与使用中的锅炉烟道连通起来时，则可让烟道挡板稍许打开一些，使之有轻微的拔风力。在潮湿天气时就把挡板关闭，使烟道密封而防止湿气进入；在天气较干燥时再打开挡板，进行微小通风。

（2）密闭式干燥保养法 当锅水全部排出后，先用木柴维持微火将锅炉烘干，或者向锅内送入热风，使其干燥。烘炉完毕，经过数小时冷却后，即把准备好的干燥剂（如生石灰、硅胶、无水氯化钙或活性三氧化二铝等）放入锅内（锅筒、集箱），然后将人孔、手孔和锅炉相连的阀门关闭严密。对有些渗漏的阀门，应加装堵板，使之与外界大气完全隔绝。放入干燥剂的数量，可按锅内容积来计算，一般说来，如果锅筒内较为干燥，用生石灰按 2～3kg/m^3；用硅胶按 1kg/m^3；用无水氯化钙或活性三氧化二铝按 1.3kg/m^3。

锅内放入干燥剂约一周后，应打开锅筒，检查干燥剂是否已经吸湿而失效。如果失效，则应换入新的干燥剂，或者将受潮的干燥剂取出，并将所有通风阀门、灰门等关闭。在炉膛及烟道内适当地方亦可放置干燥剂。

用干式法保养的锅炉，在投入运行前，必须将锅内盛放的干燥剂连同敞口槽一同取出，并将各管道的堵板去除。

（3）充氮式干燥保养法 该法是在停炉后，把水从锅炉中完全排出，用约 0.06MPa 压力的氮气把锅炉中的空气置换掉，使氮密封锅炉内部以达到防蚀的目的。

（4）涂漆法 选用干式保养法时，对于低压的烟火管锅炉和压力容器内部附件较少的情况，可以使用涂漆法来防止内表面发生腐蚀。此外，在低压水管锅炉的锅筒和集箱中也可采用涂漆法，此种涂料的主要成分是石墨、柏油、煤焦油、沥青和水玻璃等等。此种锅炉用漆在锅炉内表面上做成一层人工表皮膜，使锅炉钢板与炉水隔绝开来，可防止水垢黏附，而且还可防止腐蚀。因此在停炉保养过程中，锅炉用漆可以遮住锅炉钢板免与水蒸气和空气接触，从而起着防锈的作用。

1.7.3.2 湿式保养法

该法有三种方法，但汽水保养法和充氮式汽水保养法一般并不常用，常用的则是满水保养法，此处仅就该法作一扼要的介绍。

满水保养法是用碱度较高的软水灌满锅炉，利用碱液和金属作用生成的氧化物保护膜来防止锅炉金属腐蚀。

碱性防腐液的配制方法很多，国内工业锅炉通常是在每吨给水（处理过的软水）中加入碳酸钠 2kg 或氢氧化钠 1.5kg、磷酸钠 0.5kg 配制而成。也可采用氢氧化钠、磷酸盐与亚硫酸钠三种物质制成防腐液。配比是每吨锅水中加氢氧化钠 1kg、磷酸盐 0.1kg、亚硫酸钠 0.25kg。日本进口的小型锅炉，推荐采用每吨给水中加入 0.45kg 的氢氧化钠、0.1kg 的亚硫酸钠的混合防腐液。不管采用哪一种碱性防腐液，当溶液注入锅内，使锅筒水位至最低水位线时，炉膛内要生火，直至锅内压力升到 0.2～0.3MPa 为止。保压 2～3h，至锅内溶液浓度均匀一致后停火降压。然后再用防蚀溶液经锅筒上部或省煤器等处将锅炉灌满，直到通风孔放出水为止。关闭通气孔的阀门，并用液压泵使炉内维持 0.15～0.4MPa 的压力，在整个保养期一直保持这个压力，以后应每隔一定时间取样化验一次锅水，如果碱液浓度降低应进行补充。

当锅炉准备点火运行前，应将所有溶液放出，或者放出一半再加水稀释，直至符合锅水要求的标准为止。该法保养锅炉的优点是锅炉启动快，可以缩短时间，这种方法适用于保养停炉时间较短的锅炉，但在冬季采用这种方法必须注意保持室温，以免冻坏设备。

课后练习

1. 填空题

(1) 锅炉按用途可分为________、________、________、________。

(2) 锅炉按结构可分为________、________。

(3) 锅炉的水循环可分为________、________。

(4) 锅壳锅炉的基本结构单元有________、________、________等。

(5) 锅壳锅炉中，立式水管的代号为________，卧式外燃的代号为________。

(6) 通常将构成锅炉的基本组成部分合称为________，它包括：汽锅、炉子、________、省煤器和________。

(7) 每台锅炉至少应装设________个安全阀（不包括省煤器安全阀）。

(8) 锅炉的水循环中，依靠工质的密度差循环流动的，称为________；借助水泵的压力使工质循环流动的叫________。

(9) 新装、迁装、大修或者长期停用的锅炉，在正式启动前必须进行________。

2. 简答题

(1) 锅炉检查的主要内容有哪些？

(2) 锅炉的工作压力是指什么？

(3) 压力表存在哪些情况时应停止使用？

(4) 锅炉运行中，遇有哪些情况时，必须采取紧急停炉措施？

(5) 简述空气预热器的作用。

(6) 简述省煤器的作用。

(7) 比较空气预热器和省煤器作用的异同。

第 2 章

锅炉事故及预防处理

工业锅炉是一种受压设备，它经常处于高温下运行，而且还受着烟气中有害杂质的侵蚀和飞灰的磨损。如果管理不严和使用不当，就会发生锅炉事故，严重时甚至会发生破坏性很大的锅炉爆炸事故，造成不可弥补的损失。但只要认识和掌握它的规律，认真对待，加强对锅炉的管理工作，事故是能够防止的。本章就工业锅炉常发生的一些事故与处理及其预防措施扼要作一介绍。

案例展示

某发电厂“3·10”电站锅炉炉膛爆炸特别重大事故

1993 年 3 月，浙江省某发电厂一号机组发生一起锅炉炉膛爆炸特别重大事故，造成 23 人死亡、24 人受伤，直接经济损失 778 万元，导致机组停运 132 天，少发电近 14 亿度。

经过事故调查分析，该电厂锅炉爆炸的直接原因包括：①锅炉严重结渣，静载加上随机落渣造成的动载致使冷灰斗局部失稳，落渣入水产生的水蒸气进入炉膛升温、膨胀使炉膛压力上升，落渣振动造成继续落渣使冷灰斗失稳扩大，最终导致事故发生。②燃烧器长时间下摆运行加剧灰斗结渣，产生可燃气体，遇到炽热碎渣或火炬随机飘入引起可燃气体爆炸，进而使事故扩大。

锅炉设计上的不完善，尤其是冷灰斗的结构设计和布置问题，是造成这次事故的根本原因。运行管理上存在的问题，如未能及时对炉内严重结渣做出正确判断和采取果断停炉措施，是导致事故发生的间接原因。

2.1 锅炉爆炸事故的机理与原因

锅炉爆炸事故是指锅筒、炉胆或燃烧室等锅炉中尺寸较大的受压元件，在破裂后使锅炉压力突然降到等于外界大气压力而引起整个锅炉爆炸的破坏性极其严重的事故。锅炉爆炸后，不仅锅炉的本体遭到破坏，而且周围的设备和建筑也会受到严重的破坏，甚至引起人身的伤亡。尤其是锅炉在爆炸时，形成强大气流的冲击以及大量的飞溅，使伤亡面更加扩大，其后果往往是非常惨重的。

2.1.1 锅炉爆炸机理

锅炉的受压元件破裂后，大量压力水和蒸汽从裂缝中冲击，往往引起整个锅炉发生爆炸，而且爆炸的破坏力巨大。这个机理必须从饱和水及饱和蒸汽的特性说起。表 2-1 是饱和蒸汽特性表，可以具体说明这些特性。

表 2-1 饱和蒸汽特性表

压力/MPa	饱和温度/℃	饱和水的焓/(kJ/kg)	汽化热/(kJ/kg)	饱和蒸汽的焓/(kJ/kg)	饱和蒸汽比容/(m^3/kg)	饱和水比容/(m^3/kg)
0.1	99.1	415.1	2257.3	2672.3	1.7250	0.0010428
0.6	158.1	666.5	2087.4	2754.3	0.3214	0.0010998
1.4	194.1	825.5	1961.9	2787.4	0.1434	0.0011476

锅炉受压元件破裂后，其内部的饱和蒸汽、饱和水从破口处急速冲出来，由于冲势猛烈引起锅内大量的水发生水锤现象，从而把破口扩大继而使全部的水和蒸汽与外界接触，从原来的工作压力急剧下降至零（表压），即 0.1MPa，它们原来的饱和温度及焓（含热量）也相应下降，饱和蒸汽的焓（蒸发热）和比容则增大。例如一台 0.5MPa 的锅炉，从破裂到爆炸过程中，饱和蒸汽和饱和水的有关参数，具体变化如下：

它们的压力都从 0.5MPa 降到 0.1MPa，温度都从 158.1℃降到 99.1℃。饱和蒸汽的焓从 2754.3kJ/kg 降到 2672.3kJ/kg，汽化热从 2087.4kJ/kg 增到 2257.3kJ/kg，比容从 0.3124m^3/kg 增到 1.7250m^3/kg。同时饱和水的焓从 666.5kJ/kg 降到 415.1kJ/kg，其比容从 0.0010998m^3/kg 降到 0.0010428m^3/kg。说明在降压过程中，它们的含热量都减少，因而都放出一定的热量。这些热量提供给降压后的饱和水，它在每千克吸取 2257.3kJ 的蒸发热之后就汽化为蒸汽。

在 0.1MPa 时，饱和蒸汽的比容是 1.7250m^3/kg，而饱和水的比容是 0.0010428m^3/kg。所以饱和水在汽化后，体积会立即膨胀。

1.7250/0.0010428＝1654 倍

上面整个过程是在 0.05～0.1s 的时间内完成的。在这么短的时间里，锅炉中部分的饱和水骤然膨胀 1654 倍，就像火药爆炸时气体急剧膨胀一样，形成破坏力极大的锅炉爆炸事故。这是蒸汽锅炉在破裂后会发生爆炸的基本原理。

2.1.2 锅炉破裂和爆炸的原因

上面指出，锅炉的主要受压元件要破裂后才会引起爆炸。这就是说，造成锅炉爆炸的先决条件是锅炉破裂。从锅炉爆炸的机理可以知道，如果锅炉不破裂，锅炉是不会爆炸的。那么，锅炉为何会破裂呢？原因很多，其主要原因有：

（1）超压 运行压力超过最高许可工作压力，钢板应力增高而破裂。主要是由于安全阀失灵，到规定的压力不自动排气降压，或压力表发生故障，不准确指示工作压力；或其他安全附件失灵。

（2）过热 钢板过热烧坏而破裂。主要是由于严重缺水或水垢太厚或锅水中有油脂。

（3）腐蚀 钢板内外表面腐蚀减薄，强度不够而破裂。

（4）设计、制造中的缺陷 设计的失误，特别在结构上有角焊、方形、平板和水循环不良等，钢板不合适。制造及维修的加工工艺不好，特别是焊接质量不合格。

（5）**水锤** 操作不当使锅水发生水锤冲击现象，把锅筒等构件冲破。

2.1.3 防止锅炉爆炸的措施

针对上述造成锅炉爆炸的原因，除了对锅炉进行定期检验外，锅炉管理部门还应该制定有力措施，由操作人员严格执行。

2.1.3.1 防止超压

（1）**安全阀** 防止日久失灵。应当每天试验一次，保持其灵敏、可靠性。如发现动作呆滞，必须及时修复。

（2）**压力表** 在锅炉运行时，应该常把标准压力表与其对比，定期送到计量部门测试校准。如不准确或动作不正常，必须及时维修校准。

2.1.3.2 防止过热

（1）**水位表** 应当每班冲洗并测试所显示的水位是否正常。应当定期疏通旋塞及连通管，防止阻塞。如发现不正常，必须及时修好。

此外，必须严格监视水位。关键在于加强劳动纪律，操作人员不得擅自离岗，打瞌睡或做其他活动。要集中注意力监视水位。对水位表的操作要熟练，特别在严重缺水时，要能够迅速地“叫水”，作出正确的判断。要懂得在锅炉严重缺水时，绝对不能进水，如果盲目进水，就会引起锅炉爆炸。

（2）**水垢** 防止结垢是积极的措施，要设法不让锅炉内结附水垢，必须配置有效的水处理设备和建立必要的制度。防止积垢、积油脂，应当定期打开锅炉，检查内部的水垢。如有结垢情况，必须敲铲清理，勿使厚积。据统计，锅炉过热烧坏很多是由于水垢厚积引起的，必须注意。锅水中有油脂，积极的办法是防止油脂进入炉内，此外要及时开启上排污阀排油。

2.1.3.3 防止腐蚀

对内部腐蚀，应当用水处理的办法，从根本上加以解决；对氧化腐蚀则另用除氧设备解决。对外部腐蚀，应当注意维护保养，涂用防锈油漆及保持环境通风、干燥。还应当检查内、外部腐蚀的情况，对已经腐蚀的地方，应按其程度用堆补或挖补方法维修。

2.1.3.4 防止设计、制造中的缺陷问题

新造、大修、改造后的锅炉，必须把住安全技术检验这一关，未经检验合格，不得任意点火使用。

2.1.3.5 防止水锤

主要是平时的操作，勿使锅炉水位骤升、骤降；避免锅炉满水、吊水、汽水共腾等情况发生。

2.2 水冷壁及对流管爆破事故

锅炉在运行中，水冷壁或对流管突然爆破而被迫停炉是一种常见的事故。这种事故的性质很严重，需要停炉检修，影响生产。如果爆破裂口较大，就会有大量汽水喷出伤人，甚至

冲塌炉墙，使事故扩大。

2.2.1 破裂时的现象

水冷壁及对流管破裂时有显著的响声，爆破后有喷汽声；燃烧室内负压变为正压，有炉烟和蒸汽从炉墙上各种门孔大量喷出；水位迅速下降，蒸汽气压和给水压力下降，排烟温度下降；炉内火焰发暗，燃烧不稳定或被熄灭；给水流量增加，蒸汽流量明显下降。

2.2.2 破裂后的处理办法

① 炉管破裂，如能维持正常水位，应紧急通知有关部门后再停炉；

② 如气压、水位均无法保持正常时，必须按程序紧急停炉。

2.2.3 破裂的原因

① 给水水质不符合标准，使管壁内结垢，影响传热，导致管壁温度过高而破裂；水中有腐蚀性杂质（包含氧气）逐步腐蚀管壁，使其减薄。

② 下集箱水垢厚积，堵塞排管中的水循环，使管子得不到冷却，造成过热破裂。

③ 管壁受飞灰磨损减薄。

④ 点火过猛，停炉过快，使管子受热膨胀不均，造成焊口破裂。

⑤ 材质、安装和检修不良，如管壁中有分层、夹灰等缺陷；或焊接质量不好；或管内遗留杂物，使管壁局部过热凸变。

⑥ 锅炉负荷过高，炉膛内燃烧不均，或管外严重结焦，造成热偏差，破坏水循环。

2.2.4 预防破裂的措施

① 加强水质管理，定期检查并清除水垢；

② 锅炉的负荷不得随便超越规定的限额，注意炉内燃烧均匀；

③ 按规定程序进水生火、停炉，运行中严密监视水位；

④ 定期对炉管外径进行测定，发现变形或减薄的应预先更换，并注意检修质量；

⑤ 及时清焦，注意渗漏。

2.3 过热器管爆破事故

过热器管破裂后的事故特征虽不如水冷壁管和对流管那样严重，但还是要被迫停炉，因此也是一项锅炉重大事故。因为过热器管装置的管距较密，如一根破裂，则很容易把其相邻的管子吹坏，使损坏的范围扩大。

2.3.1 破裂后的现象

① 过热器附近有蒸汽喷出的响声；

② 蒸汽的流量下降，给水量明显大于蒸汽流量；

③ 燃烧室内负压变为正压，严重时有烟、汽喷出；

④ 排烟温度显著下降。

2.3.2 破裂后的处理办法

如损坏不严重，也应停炉检修；如生产需要，可以待启用备用炉后再停炉，但必须密切注意，不使损坏处进一步恶化扩大。

2.3.3 破裂的原因

① 水质不好，或水位经常较高，或汽水共腾，以致过热器管内结垢造成局部过热而破裂。图 2-1 所示为管内结垢严重，使管内长期过热引起爆管。该管系用 20 钢管制成，规格为 ϕ42mm×3.5mm，破裂后，管径膨胀变粗达 ϕ48mm，外壁有明显的纵向裂纹，断口粗糙。

② 引风量过大，使炉膛出口烟温升高，过热器管长期超温运行，管壁金属强度降低而损坏破裂。也有因烟气偏流或蒸汽偏流产生的热偏差，使过热器管局部短时间超温而破裂。图 2-2 所示为管壁短期超温后发生塑性变形的爆管。该材料为 12CrMoV 钢，管子规格 ϕ42mm×5mm，破裂段壁厚不均，向火面较薄，破口呈菱形，长 75mm，宽 70mm，破口处管壁明显减薄。

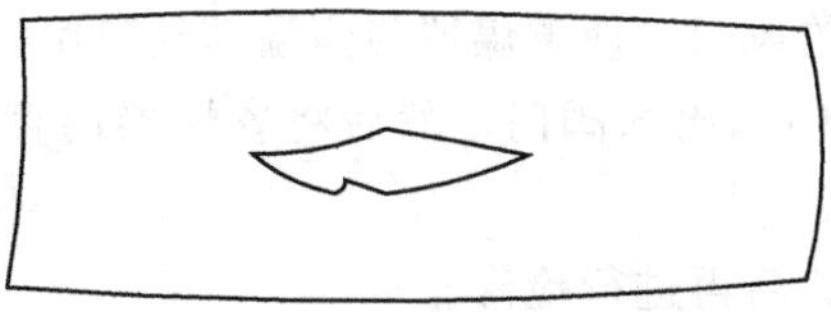

图 2-1 长时间过热引起的爆管示意图

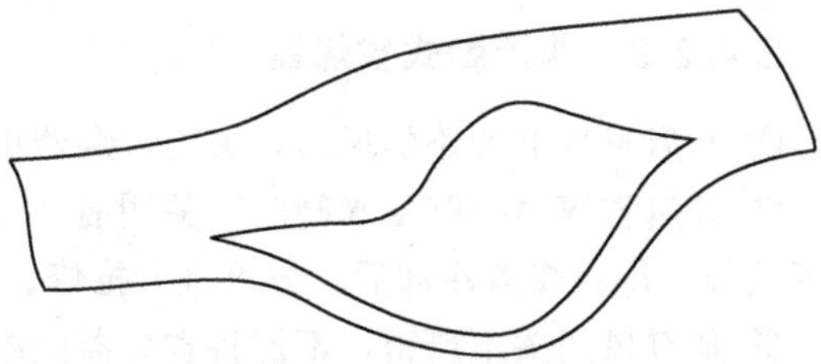

图 2-2 短时间过热引起的爆管示意图

③ 停炉或水压试验后，没有把管内存水放尽，特别是垂直布置的过热器弯头处积水，使管子内壁腐蚀而破裂。

④ 由于检修不良，如管子材质有缺陷、焊口质量不好，吹灰嘴正对过热管，以及管内遗留杂物而引起破裂。

2.3.4 预防破裂的措施

① 控制水和汽的品质：使锅水含盐量在许可范围内，从根本上防止汽水共腾。此外应注意不使水位太高，不使锅炉负荷过高，提高汽水分离的效率，保证蒸汽品质，使过热管内壁不结水垢。

② 防止热偏差：燃烧要均匀，不使高温烟气集中于局部管子而发生热偏差。

③ 注意疏水，不使管子内积水而引起内壁腐蚀，经常做好维护保养工作。

④ 注意安装和检修质量。

2.4 省煤器损坏事故

沸腾式省煤器管出现裂缝和非沸腾式省煤器弯头法兰处泄漏是比较常见的损坏事故。省煤器的损坏最易造成锅炉缺水事故，故应迅速处理。

2.4.1 损坏时的现象

① 水位下降，给水流量大于蒸汽流量。

② 省煤器附近有泄漏声。

③ 省煤器出口处烟气温度下降，省煤器出口处热水温度显著上升。

④ 省煤器下部的灰斗内有湿灰，并在人孔门不严密处有向外冒汽现象；严重时，有水向下流出。

2.4.2 损坏时的处理办法

2.4.2.1 沸腾式省煤器

① 加大给水，维持正常水位，并迅速降低负荷，尽快开启备用炉后停炉检修。

② 如不能维持正常水位时，应紧急停炉。

③ 停炉后，仍应尽力维持水位，譬如利用旁路给水系统上水，但不许把省煤器的再循环系统的阀门打开，并注意把所有的放水阀门关闭。

2.4.2.2 非沸腾式省煤器

① 开启省煤器旁路的风门，关闭省煤器出、入口的风门，使省煤器与高温烟气隔绝。

② 开启省煤器旁路给水阀门，关闭省煤器给水阀门和出水阀门，然后将省煤器内存水立即放掉，待省煤器冷却后，方可进行抢修。

③ 如有风门关不严密，不能将省煤器隔绝，应停炉后再进行检修。

2.4.3 损坏的原因和预防措施

① 给水质量差。水中有溶解氧及二氧化碳等气体，在高温时析出而腐蚀管子内壁。

② 省煤器管的外部经常积有烟灰，遇到潮湿呈酸性，使管壁外部腐蚀；此外管壁外部又经常受到飞灰冲刷，日久把管壁蚀薄，以致强度降低而裂开。

③ 给水温度经常变化引起管子发生裂缝，主要是由于司炉在锅炉点火时没有正确地进行给水或放水，或者由于再循环系统工作不正确，使管中水的流速太慢，把管壁温度提得很高，又突然给水，使管温骤降。经过多次这样剧烈的温度变化，在管子强度或结构薄弱处就会发生裂缝。此外，水位忽高忽低，调节阀门开度忽大忽小，或负荷变化过猛，都会使管子剧烈地变化而产生裂缝。

④ 由于间断给水、汽化产生水击，把管子损坏。

⑤ 材质不好和检修不良。

为了防止省煤器的损坏，应该加强对给水水质的处理和控制，使省煤器管子中不结水垢，又没有氧和二氧化碳等有害气体的侵蚀。蒸发量在10t/h以上的锅炉，应有除氧设备及自动给水调节器。管外的积灰应经常吹铲，并注意把管壁温度保持在露点之上，使管子外部不潮湿。此外，必须进行定期检查和测定，做好维修保养工作。

2.5 空气预热器严重泄漏事故

空气预热器的事故，主要是指局部渗漏，大量的空气从空气侧漏入烟气侧。严重泄漏时，锅炉出力显著下降，送、引风机电流激增，迫使锅炉无法继续运行。此外，由于烟灰日久堵塞，也能使锅炉出力逐渐下降，迫使停炉检修。

2.5.1 常见现象

① 排烟温度下降；
② 阻力增大，引风机负荷增加，电流骤升，空气预热器烟气入口负压突降；
③ 鼓风机风压、风量不足，进风温度上升，锅炉负荷下降；
④ 燃烧工况突变，破坏正常燃烧。

2.5.2 损坏的处理办法

① 如泄漏不严重，可开启旁路烟道门继续运行，安排适当时候检修；
② 如严重泄漏，影响正常运行，应停炉检修。

2.5.3 损坏的原因及预防措施

① 由于点火、停炉有一段低温时期，又由于平时运行不当，使烟气温度低于露点，在管壁积灰处产生酸性腐蚀。

② 飞灰磨损管壁，日久洞穿而泄漏。由于碳粒的硬度比灰粒的硬度大，飞灰中如果因燃烧不良，可燃物（碳粒等）增多后，更易加速磨损，导致泄漏。

③ 烟灰结块而堵塞，影响传热；一般多是局部堵灰，使受热不匀，局部过热，引起局部变形甚至破损。

为了防止事故的发生，在生火及运行中注意调节鼓风量、引风量，观察进、出口温度，一般控制排烟温度不低于150℃。采取防磨套管，经常进行吹灰或冲洗积灰。

2.6 水击事故

2.6.1 省煤器发生水击

2.6.1.1 水击原因

① 省煤器内空气未排除或非沸腾式省煤器内产生蒸汽，给水时气、汽与水相互撞击；
② 非沸腾式省煤器入口给水管上止回阀动作不正常，发生撞击。

2.6.1.2 水击的处理办法

① 开启空气阀门，排净空气；
② 如止回阀动作不正常，应检修或更换；

③ 水击时可开启旁路烟门，关闭省煤器的烟门，停止烟气进入省煤器，待水击消除后再恢复使用省煤器。

2.6.2 蒸汽管道发生水击

2.6.2.1 水击的原因

① 送汽前未进行暖管和疏水；

② 锅炉严重满水或汽水共腾时，蒸汽严重带水进入蒸汽管道内，也会产生水击。

2.6.2.2 水击的处理办法

① 减小供汽，必要时应关闭主蒸汽阀门将水击段疏水阀门开启疏水；

② 水击消除后，检查管道与管架、法兰等处的状况，如无损坏，再暖管一次进行供气。

2.6.3 锅炉内水击

2.6.3.1 水击原因

① 锅炉内水位低于给水管边缘，当给水直接进入时；

② 锅炉内给水槽上的给水法兰有较大泄漏时。

2.6.3.2 水击的处理办法

① 先检查锅筒内水位，当听到水击，可停止给水，或用备用给水管路给水；

② 如无备用给水管，应停炉后排除水击故障，再点火供汽。

2.7 因锅炉水位不正常引起的事故

2.7.1 缺水事故

锅炉事故中，发生最多的是缺水事故，造成锅炉爆炸的主要原因也是由于锅炉缺水。因此锅炉的缺水事故应该引起高度的重视，必须严格加以防止。当水位表中的水位低于最低许可水位时，即属于锅炉缺水现象。如果从水位表中完全看不到水位时，对于水位表，通水管孔高于最高火界的卧式锅炉应该立即采取下面所述的叫水方法进行测试。如果经叫水后能够使水位重新出现，则属于轻度缺水；若水位仍不能出现，则属于严重缺水。必须注意，对这两种缺水情况的处理方法是完全不同的。在判明确实是轻度缺水时，则可以打开水泵，向锅炉进水。否则，如果是严重缺水时，则绝对不准向锅炉进水。因为锅炉严重缺水后，钢板或钢管已过热，甚至烧红。金属所受温度越高，则膨胀越大。如果盲目进水，灼热的金属在遇到给水冷却时，由于温差极大，先接触的金属部位会急剧收缩而撕裂，水汽将从撕裂处冲出来，引起锅炉爆炸。

2.7.1.1 缺水时的常见现象

① 水位表中看不到水位，而且玻璃板上呈白色；

② 虽有水位，但水位不波动，形成假水位；

③ 装有高低水位警报器的低水位发出警报信号；

④ 有过热器的锅炉，过热温度急剧上升；

⑤ 蒸汽流量大于给水流量；

⑥ 严重时，可嗅到焦味。

2.7.1.2 缺水处理办法

① 先校对各水位表所指示的水位，正确判断是否缺水。

② 如果水位表中看不到水位，应该立即采用叫水法（对于水位表通水管孔低于最高火界的卧式锅炉不能采用叫水法，因为即使叫出了水，实际水位仍在最低安全水位以下）。叫水后能见到水在水位表内出现时，或最低安全水位警报（或称极限低水位警报）刚响时，说明是轻微缺水，可以谨慎地向锅炉给水，使之逐步恢复正常水位。

③ 如果采用叫水法，仍然不能见到水位出现时，或最低安全水位警报响过后仍未进水，则是严重缺水。此时应采用紧急停炉措施，严禁向锅炉给水。这种情况下，如果盲目进水，极可能引起锅炉爆炸。

④ 叫水法的程序是：先开水位表的吹洗旋塞，关闭通气旋塞，然后慢慢关闭吹洗旋塞，观察水位表是否有水位出现。从图 2-3 可以看出，在叫水时，通气旋塞是关闭的，水位表的上部就没有压力，如果水位不低于水连通管，则借锅筒内的气压可以把水压入玻璃管。这种情况说明实际水位还不是太低，不算严重缺水。如果水位低于水连通管，虽经叫水，锅筒内的水也无法压入玻璃管中，这种情况是严重缺水。还有一种叫水法：先开启吹洗旋塞，关闭通气旋塞、通水旋塞，再关闭吹洗旋塞，然后迅速开启通水旋塞。观察水是否在水位表里出现。

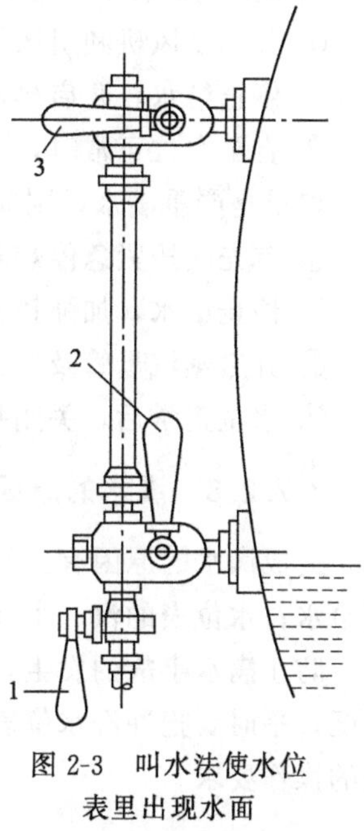

图 2-3 叫水法使水位表里出现水面

1—吹洗旋塞；2—通水旋塞；3—通气旋塞

2.7.1.3 缺水原因和预防措施

造成缺水的原因有：违反岗位操作规程，擅自离岗忽视对水位的监视；冲洗水位表后，吹洗旋塞未调整到正常位置；给水自动调节器失灵，或给水箱缺水，给水管路或给水设备发生故障；排污阀门泄漏或忘记关闭；炉管或省煤器破裂漏水；用气量增大后未及时给水；水质不佳，又长期未进行清洗，使水位表的通水连管的口径日益缩小或阻塞，形成假水位；水位表采用胶质垫圈，由于变质而阻塞气连管、水连管；操作人员对水位表内出现的异常现象，不能做出正确的判断，或水位表透明度差，造成误判。

为了预防缺水事故，可根据上面所述事故产生的各种原因，经常对操作人员进行安全技术教育，提高他们的业务知识和技术水平，加强他们的责任感，使他们能自觉地严格遵守操作规程和执行锅炉安全运行等方面的有关规定。

2.7.2 满水事故

锅炉满水是锅炉常见事故之一。由于锅筒内水位超过最高许可水位，蒸汽空间的垂直距离因而缩小，造成蒸汽大量带水；使过热器中的过热蒸汽温度下降，过热器内结积盐垢，严重满水时，还能使蒸汽管道内发生水击现象，法兰连接处向外冒汽。

2.7.2.1 满水时的常见现象

水位表中看不见水位，玻璃管内颜色发暗；装有高低水位警报器的锅炉，发出高水位警报信号；装有过热器的锅炉，过热蒸汽温度有明显下降；给水流量大于蒸汽流量；严重满水时，蒸汽管道内发生水击。

2.7.2.2 满水处理办法

先冲洗并校对各水位表的水位，以确定水位指示的真实性。如果尚能看到水位，说明是轻微满水；如果看不到水位，则应当用叫水法，判断是轻微满水还是严重满水。

满水叫水的做法是：

① 先按一般顺序，把水位表冲洗一次；

② 冲洗完毕后，把水位表水管上的旋塞关闭；

③ 开启吹洗旋塞。看到有水位从玻璃管的上边下降，则可断定是轻微满水，如果看不到有水位下降而整根玻璃管只见水向下流，则可断定是严重满水。

如果是轻微满水，应采取下列措施：

① 关小鼓风机和引风机的调节阀，使燃烧减弱；

② 停止给水，开启排污阀门放水；

③ 直至水位正常时，关闭所有放水阀门后，恢复正常运行。

如果是严重满水，则应采用下列措施：

① 首先应按紧急停炉程序停炉；

② 停止给水，加强排污阀门放水；

③ 开启蒸汽母管及有过热器的疏水阀门，进行迅速疏水；

④ 水位正常后，关闭排污阀门及各疏水阀门，再点火运行。

2.7.2.3 满水的原因和预防措施

造成满水的原因有：忽略对水位的监视；给水自动调节器的阀门不正常，造成向锅炉大量给水；水位表的汽、水连通管阻塞及泄水旋塞漏水，造成水位指示不正确，使操作错误。

防止满水事故的发生，主要在于对司炉工人加强安全教育，使其能自觉地严格遵守规章制度，平时要把冲洗水位表作为一个制度，经常保持水位表正确指示水位，严格执行正常水位的操作要求。

2.7.3 汽水共腾

汽水共腾是锅筒内水位波动的幅度超出正常情况，水面翻腾的程度异常剧烈的一种反常现象。锅炉发生汽水共腾时，水位表内的水位波动剧烈，难于监视水位。此时供应的蒸汽含有大量的水分，使蒸汽品质下降。有过热器的锅炉，由于蒸汽带水进入过热器内，在过热器壁上就会积附盐垢，影响传热，会使过热管超温，严重时就会烧坏而造成爆管事故。

2.7.3.1 汽水共腾时的常见现象

① 水位表内水位剧烈地上下波动，看不清水位；

② 过热蒸汽温度显著下降；

③ 锅水中含盐量过高；

④ 蒸汽管道内发生水冲击，常引起法兰连接处渗漏，向外冒汽。

2.7.3.2　汽水共腾处理办法

① 降低负荷使蒸发量减少。

② 将表面连续排污阀全开，降低锅筒内水面的含盐量（锅水含盐的浓度最高处一般在水面下100～200mm，故主要应该打开表面排污阀）。

③ 开启蒸汽管道及过热器上的疏水阀门，等到存水放完后再关上。

④ 暂时维持较低水位操作，但要加强注意防止水位过低造成缺水；同时适当增加下排污量，一边相应增加给水量，使锅水不断调换新水，改善锅水品质；此外，还应不断进行锅水的化验分析。

⑤ 待锅水品质合格，汽水共腾消失后，方可恢复正常运行。

2.7.3.3　汽水共腾的原因和预防措施

造成汽水共腾的主要原因是锅水含盐浓度大大超过规定范围，一般是由于平时不注意对锅炉进行排污，同时又不对锅水进行化验分析，特别是，在潮汛期更易发生。这种泡沫实际是包着一层水膜的气泡。当水膜破裂时，蒸汽就逸出。同时把水膜破裂时溅出的水珠带走。此外，泡沫越多，泡沫层越厚，不但使蒸汽带水越多，而且锅水表面张力也越大，水中的蒸汽需要较大的力量才能跳离水面，从而造成水面剧烈波动。锅水含盐量和蒸汽带水量有一定关系。在不同负荷下，含盐量增加，蒸汽带水量就会大幅度增加。水质化验人员应该根据具体情况，拟定一个锅炉在最高负荷时较临界含盐量为低的许可含盐量的标准。

2.8　锅炉水循环故障

自然水循环的动力源于循环回路压头差，在一定的 H_Q 下，锅炉压力越低，这一压头差越大。工业锅炉压力并不高，因此按理易保证水循环的良好。但是，在实际的运行中，发生水循环故障的却不乏其例。现将较常见的几种水循环故障及其原因，略作如下分析。

2.8.1　循环的停滞和倒流

一个循环回路，如水冷壁受热面，它总是有并联的许多根上升管和几根下降管连接于锅筒和集箱而工作的。在同一循环回路中，并联的每根上升管的受热实际强度并非相同，有时甚至相差悬殊。这种受热的不均匀性，主要是由于炉膛和燃烧设备的结构特性，管外挂渣积灰及管子受热段的长短不一等原因造成的。很明显，受热强的上升管中工质流速较高，受热弱的流速较低。如果个别上升管的受热情况非常不良，则会因受热微弱产生的流动压头不足以克服公共下降管的阻力，其中工质的流动速度渐慢，甚至趋于零；汽化量很少，气泡缓缓向上浮动，这种现象称为循环停滞。如循环停滞，而上升管又引于锅筒的蒸汽空间时，则管内将会形成“自由水面”（图2-4）。在自由水面以上的管段中仅有蒸汽在缓慢流动，冷却不良易使管壁过热而爆裂，以下管段中的水则上下微微波动，所以自由水面附近这段管子壁温也随之波动，还易击沉盐垢，都会引起管子的损坏。即使并未发生循环停滞的上升管，当它连接于锅筒的汽空间时，于自然水循环也是十分不利的。由图 2-4 可以看出，在上升管高出锅筒中水位的高度 H'的区段中，其内仍是汽水混合物，而与此管段相对应的所谓“下降管”段内的工质不是水，而是锅筒水面以上空间中的饱和蒸汽。因此在 H'的区段内产生的流动压头是一负值，相当于上升管中增加了阻力。可见，除因结构需要外，上升管尽可能地接锅筒的水空间。

显然，当上升管接入锅筒的水空间时，即使发生循环停滞现象也不会出现稳定的自由水面。这时，上升管中仍产生蒸汽，水从上升管的上端或下端流入以补充蒸发的需要，所以停滞管内的水向下缓慢地流动。由于流速很低，在停滞管的转弯、倾斜段以及接头焊缝处易于积聚气泡。假若该上升管恰好处于高温烟气区段，管子还会有烧坏的危险。如果某根上升管受热极差而完全无蒸汽产生，若相邻上升管的向上流动作用下，这根上升管会被倒抽形成倒流，犹如下降管一样，当倒流速度较大时，可能将上升管中的气泡带着向下流动，这不会发生什么危险，但是如果倒流速度较小时，气泡会停滞，阻塞管子，就会引起管子烧损。在工业锅炉中，有时水冷壁管由上集箱汇集，再由汽水引出管引入锅筒（图 2-5)，在此情况下，不论引出管引入锅筒的汽空间还是水空间，受热极差的上升管在上、下集箱之间都有可能形成停滞或倒流现象。

为防止循环的倒流和停滞，常采用加大下降管截面积及引出管截面积的办法，以减少循环回路的阻力。但是，要从根本上剔除这一弊病，那只有设法减少或避免并联的各上升管受热的不均匀性。

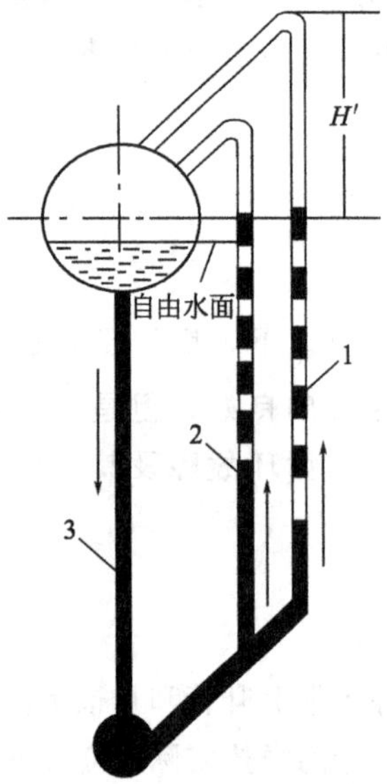

图 2-4　自由水面
1—受热强的上升管；
2—受热弱的上升管；3—下降管

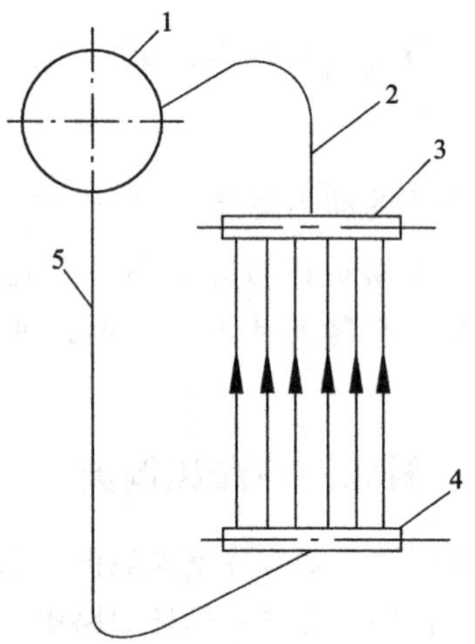

图 2-5　停滞或倒流现象示意图
1—上锅筒；2—汽水引出管；3—水冷壁集箱；
4—水冷壁下集箱；5—下降管

2.8.2　汽水分层

在水平或微倾斜的上升管段，由于水汽的密度不同，当流速低时会出现汽水分层流动。汽水分层的程度取决于流动工况，是否会造成危害则要看这管段的受热情况。不受热的汽水分层管段不会有什么危害，但当受热时，则会引起管壁上下温差应力及汽水交界面的交变应力，管壁上部会结盐垢，使热阻变大，壁温升高。所以在布置锅炉炉膛的顶棚管，前后拱上的水冷壁以及油炉冷炉底受热面时，需特别予以注意。

发生汽水分层的可能性，随着蒸汽压力的升高和蒸发部分管子直径的增大而增加。据研究认为：对目前锅炉制造上常用管径来说，工业锅炉压力不高，只要循环流速不低于0.6～0.8m/s，就不会产生汽水分层现象。为进一步提高锅炉工作的可靠性，管子与水平线之间的倾角不宜小于15°。但对此必须对实际情况作具体分析，如管子上端（出口端）受高温，则要求倾斜角更大，反之则要求小一些，这是由于管子上端的汽水混合物含汽量大的原因；有时在燃用低质煤时，炉子后拱的管子倾角有时仅8°～10°，但因后拱水冷壁管外包有耐火泥或耐火砖时，受热较弱，又处于含汽量较少的管段，所以还是允许的。在链条炉中，两侧的防渣箱是水平布置的，但要尽量避免流动死角。下降管最好由防渣箱两头引入，假若一端实在不便布置下降管时，那么此端也应有上升管引出；而水冷壁管则须由防渣箱的顶部引出。

2.8.3 下降管带汽

锅筒中的水温虽已基本达到相应于锅筒压力下的饱和温度，在下降管的入口处，由于锅筒水位的附加压头，进入下降管的水一般不会沸腾汽化。也就是说，在工况正常时，下降管不会带汽。但是，如果下降管入口阻力过大，为了克服这一局部阻力消耗一定的能量，致使下降管入口段静压力下降，水可能汽化，产生的蒸汽将随水流入下降管，从而使下降管阻力加大，进入上升管的水流量减少。

造成下降管带汽的另一个原因是上锅筒水位过低。此时，在下降管口的上部会形成漩涡斗而将部分蒸汽吸入下降管。因此，锅筒即便不受热，其最低水位也有一定限制，以保证下降管管口上部有必需的水位高度，以补充进入下降管时流速增加所引起的压力下降。此外，下降管受热过强，上升管和下降管与锅筒相接的接口布置过近而又无良好的隔板装置等情况，也可能使下降管带汽。

不论何种原因引起下降管带汽，所造成的后果是相同的。下降管中如流动着汽水混合物，本身阻力将增大，而使循环回路的运动压头降低，这将减弱水的循环，但若下降管带汽不多，一般尚无问题；只有在下降管受热且带汽，又处于较高的烟温区段时，管子才可能被烧坏。

2.9 因燃烧不正常引起的事故

由于燃烧不正常引起的事故，主要表现在烟道尾部发生二次燃烧和烟气爆炸两种情况。这些事故多发生于燃油锅炉及煤粉锅炉，特别是在点火、停炉或其他事故处理的过程中。烟气爆炸后，常会使炉墙和烟道损坏迫使停炉，严重时，甚至倒塌而造成重大伤亡事故。因此，必须高度重视严加防范，不允许发生这类事故。

2.9.1 烟道尾部燃烧或烟气爆炸时的现象

① 烟道排烟温度骤升，严重时发生轰鸣；

② 烟道内负压剧变为正压；

③ 烟囱冒浓烟；

④ 燃烧室内负压变小；

⑤ 烟气爆炸时，有巨大响声，烟道防爆门被打开，并喷出大量烟尘。

2.9.2 烟道尾部燃烧或烟气爆炸后的处理办法

① 立即停止向燃烧室供给燃料，停止鼓、引风机，紧密关闭烟道门，在有条件时，可向烟道内通入蒸汽或 CO_2 进行灭火。

② 待灭火后，检查设备，确认可以继续运行，应先开启引风机 10～15min 后，再重新点火。

③ 如果炉墙倒塌或有其他损坏影响锅炉正常运行，应立即停炉检修。

2.9.3 尾部燃烧或烟气爆炸的原因

① 燃油设备雾化不良，或配风不当，煤粉和风量调整不当，炉膛温度不够，以致油或煤粉在炉膛内未能完全燃烧。未燃尽的油雾或煤粉进入尾部烟道后，在条件适合时，就会发生烟气爆炸或尾部燃烧。

② 燃烧室内负压过大，可燃物积集过多。

2.9.4 尾部燃烧或烟气爆炸的预防措施

① 正确调整燃烧，保持煤粉和油雾细度、配风合适，保持炉膛较高温度，使燃料在炉膛内能够达到完全燃烧；

② 应保持适当的火焰中心位置，不让燃烧中心后移；

③ 定期消除烟道内的积灰或油垢；

④ 应保持各处防爆门处于良好状态，避免卡死。

以上就有关事故作了扼要叙述，根据我国有关承压设备事故的分类，运行或试验中的承压设备发生破裂，压力瞬时降至 0.1MPa 的事故，称为爆炸事故；由于受压元件严重损坏（如变形、渗漏）、附件损坏或炉膛爆炸等，被迫停止运行必须维修的事故，称为重大事故；受压元件或附件等损坏，不需要停运维修的事故，称为一般事故。

课后练习

1. 填空题

(1) 运行压力超过最高许可工作压力，钢板应力增高而破裂，这种情况称为________。

(2) 锅筒内水位波动的幅度超出正常情况，水面翻腾的程度异常剧烈的一种反常现象称为________。

(3) 自然水循环的动力源于________。

(4) 对目前锅炉制造上常用管径来说，工业锅炉压力不高，只要循环流速不低于 0.6～0.8m/s，就不会产生________现象。

(5) 由于燃烧不正常引起的事故，主要表现在烟道尾部发生________和________两种情况。

(6) 根据我国有关承压设备事故的分类，运行或试验中的承压设备发生破裂，压力瞬时降至0.1MPa的事故，称为________；由于受压元件严重损坏（如变形、渗漏）、附件损坏或炉膛爆炸等，被迫停止运行必须维修的事故，称为________；受压元件或附件等损坏，不需要停运维修的事故，称为________。

2. 简答题

（1）产生锅炉爆炸事故的机理与原因是什么？

（2）锅炉缺水时的常见现象有哪些？

（3）预防爆管的措施有哪些？

（4）省煤器发生水击的原因是什么？对于水击有什么处理办法？

II 压力管道篇

案例导读

西气东输：气贯神州的能源大动脉

“西气东输”是西部开发的标志性工程，使用的压力管道是中国距离最长、管径最大、投资最多、输气量最大、施工条件最复杂的天然气管道。全线采用自动化控制，供气范围覆盖西北、华中、华东地区。西起塔里木盆地的轮南，东至上海，全长 4200km，把位于西部新疆等地丰富的天然气输往能源紧缺的上海等东部地区，成为横贯中国的能源大动脉。

2000 年 2 月国务院第一次会议批准启动“西气东输”工程，这是仅次于长江三峡工程的又一重大投资项目，是拉开“西部大开发”序幕的标志性建设工程。 2021 年 9 月 23 日，西气东输三线中段（中卫—吉安）工程在宁夏中卫正式开工建设。 2022 年 9 月 28 日，西气东输四线工程正式开工，工程起于新疆乌恰县，止于宁夏中卫市，管道全长约 3340 公里。 2024 年 6 月，西气东输管道系统（包含西气东输一、二、三线）累计向长三角地区输送天然气突破 5000 亿立方米。

改革开放以来，中国能源工业发展迅速，但结构很不合理，大量燃煤使大气环境不断恶化，发展清洁能源、调整能源结构已迫在眉睫。中国西部地区的塔里木、柴达木、陕甘宁和四川盆地蕴藏着 2.6 万立方千米的天然气资源，约占全国陆上天然气资源的 87%。根据天然气的资源状况和勘探形势，国家决定启动西气东输工程，加快建设天然气管道，除了建成的陕京天然气管线，还要再建设 3 条天然气管线，即塔里木—上海、青海涩北—西宁—甘肃兰州、重庆忠县—湖北武汉的天然气管道，以尽快把资源优势变成经济优势，满足西部、中部、东部地区群众生活对天然气的迫切需要。

实施西气东输工程，有利于促进中国能源结构和产业结构调整，带动东部、中部、西部地区经济共同发展，改善管道沿线地区人民生活质量，有效治理大气污染。这一项目的实施，为西部大开发、将西部地区的资源优势变为经济优势创造了条件，对推动和加快新疆及其他西部地区的经济发展具有重大的战略意义。

第3章 压力管道基础知识

3.1 压力管道概述

3.1.1 压力管道定义

随着全球工业化程度的逐步提高，压力管道作为物料输送的一种特种设备，已经在现代工业生产以及人类日常生活中，起到了不可忽视的作用。从炼油化工装置到长输管道，从工厂、油田到城镇、居民小区无处不在。

1996年原劳动部颁布实施的《压力管道安全管理与监察规定》对压力管道明确定义为："压力管道是指在生产、生活中使用的可能引起燃爆或中毒等危险性较大的特种设备。"2014年国家原质检总局发布的《质检总局关于修订〈特种设备目录〉的公告（2014年第114号）》所附特种设备目录8000项中将压力管道定义如下："压力管道，是指利用一定的压力，用于输送气体或者液体的管状设备，其范围规定为最高工作压力大于或者等于0.1MPa（表压），介质为气体、液化气体、蒸汽或者可燃、易爆、有毒、有腐蚀性、最高工作温度高于或者等于标准沸点的液体，且公称直径大于或者等于50mm的管道。公称直径小于150mm，且其最高工作压力小于1.6MPa（表压）的输送无毒、不可燃、无腐蚀性气体的管道和设备本体所属管道除外。"

具体来说，压力管道指具有下列属性的管道：

① 输送GBZ 230—2010《职业性接触毒物危害程度分级》中规定的毒性程度为极度危害介质的管道。

② 输送GB 50160—2008《石油化工企业设计防火标准（2018年版）》及GB 50016—2014《建筑设计防火规范（2018年版）》中规定的火灾危险性为甲、乙类介质的管道。

③ 最高工作压力≥0.1MPa（表压），输送介质为气（汽）体、液化气体的管道。

④ 最高工作压力≥0.1MPa（表压），输送介质为可燃、易爆、有毒、有腐蚀性的或最高工作温度高于等于标准沸点的液体的管道。

⑤ 前四项规定的管道的附属设施及安全保护装置等。

不包括下述管道：

① 设备本体所属管道。

② 军事装备、交通工具上和核装置中的管道。

③ 输送无毒、不可燃、无腐蚀性气体，其管道公称直径<150mm，且其最高工作压力<1.6MPa 的管道。

3.1.2 压力管道介质

压力管道介质涉及可燃流体、可燃液体、有毒流体、剧毒流体、有毒液体、易爆流体等。

（1）可燃流体 指闪点高于 45℃的流体（在生产操作条件下，可以点燃和连续燃烧的气体或可以汽化的液体，如－35# 轻柴油、重柴油、变压器油、甘油等）。

（2）可燃液体 指闪点高于 45℃的液体。

（3）有毒流体 指某种物质一旦泄漏，被人吸入或与人体接触，若治疗及时，不至于对人体造成不易恢复的危害。相当于 GBZ 230—2010《职业性接触毒物危害程度分级》中Ⅱ级以下危害度的毒物。

（4）剧毒流体 指如有少量这类物质泄漏到环境中，被人吸入或与人体接触，即使迅速治疗，也能对人体造成严重的危害和难以治疗的后果的物质。相当于 GBZ 230—2010《职业性接触毒物危害程度分级》中Ⅰ级危害度的毒物，如汞、苯、砷化氢、氯乙烯等，最高允许浓度≤0.1mg/m³。

（5）有毒液体 指经过呼吸道、皮肤或口腔进入人体而对健康产生危害的液体或蒸汽。

（6）易爆流体 指闪点低于环境温度的流体，如汽油、乙醇、丙酮等。

3.1.3 压力管道主要参数

压力管道的主要参数有管道的设计压力、工作压力、设计温度、工作温度、公称直径等。

（1）设计压力 是指在正常操作过程中，在相应设计温度下，管道可能承受的最高工作压力。管道的设计压力应不大于该管道中所有管道组成件按规范规定的设计温度下的最大允许工作压力的最小值。

（2）工作压力 是指管子、管件、阀门等管道组成件在正常运行条件下承受的压力。

（3）设计温度 是管道在正常操作过程中，在相应设计压力下，管道可能承受的最高或最低温度。

（4）工作温度 是指管道在正常操作条件下的温度。

（5）公称直径 又称平均外径，是指用标准的尺寸系列表示管子、管件、阀门的通用口径。其不是内径，也不是外径，而是近似普通管路内径的一个名义尺寸。

3.1.4 压力管道特点

管道输送作为与铁路、公路、水运、航运并列的五大运输行业之一，管道输送的作用不言而喻。在石油、化工、冶金、电力行业及城市燃气和供热系统中，以及现代工农业生产、交通运输、物质化生活中，管道都发挥了广泛的作用。可以说，离开了管道，现代化的工农业生产和人民的日常物质文化生活就难以正常进行或将遇到很大困难。

在实际的工业生产中，所使用的压力管道种类是很多的，以一套石油加工装置为例，它所包含的压力容器不过几十台，多者百余台，但它包含的压力管道将多达数千条，所用到的各种管道附件将达上万件，归纳起来，压力管道与压力容器相比较，具有以下主要特点：

① 种类多、数量多、标准多，设计、制造、安装、应用管理环节多，多种多样的压力管道及大量的运作环节，包含大量信息，同时造成压力管道安全管理和安全监察的多元性和复杂性。

② 管道体系庞大，由多个组成件、支承件组成，任一环节出现问题都会造成整条管线的失效。

③ 管道长细比大，跨越空间大，边界条件复杂；长距离却经过复杂多变的地理、天气环境；在一个环境里，但是其立体空间变幻莫测。

④ 腐蚀机理与材料损伤的复杂性，易受周围介质或设施的影响，容易受诸如腐蚀介质、杂散电流影响，容易遭受意外伤害。

⑤ 失效模式多样化。

⑥ 载荷多样性，除介质压力外，还有重力载荷以及位移载荷、温度载荷等；另外，管道的强度计算不能仅仅根据设计条件利用成熟的薄膜应力公式来计算，还应考虑与它相连的机械设备对它的要求，中间支承条件的影响，自身热胀冷缩和振动的要求等。

⑦ 材质多样性，材料应用种类多，选用复杂，可能一条管道上需要用几种材料，压力容器用得较多的是板材和锻材，而且也比较成熟。压力管道除用到板材和锻材之外，还经常配套用到管材和铸件，在一些操作工况下要想配齐这些材料是比较困难的；基于这样的原因，工程上有时不得不对同一管路上不同的元件取不同的材料，从而导致异材连接等不利现象的出现。另外，因为压力容器长细比较小，它可以采用复合板材成堆焊层来解决防腐问题，而管道则不易做到。有时，同一根管道可能同时连接两个或两个以上的不同操作条件的设备，因此管道选材要考虑对各设备的材料都能适应。

⑧ 安装方式多样，有架空安装、埋地安装、穿越及跨越安装，且现场安装工作量大，环境条件较差，因此安装质量相对较差，从而要求投入更多的管理与监察。

⑨ 管道型式多样，有带夹套的、伴热的、真空绝热保温的管道等。

⑩ 输送距离长、常穿越多个行政区甚至国界，设有加压泵站，因此，在管道布置设计时除应满足工艺流程要求外，还应综合考虑各相关设备、支撑条件、地理条件（对长输管道）、城市整体规划（对城市公用管道）等因素的影响。

⑪ 实施检验难度大，如对于高空和埋地管道的检验始终是难点。

⑫ 管道及其元件生产厂的生产规模较小，产品质量较差。许多管道元件的生产技术并不复杂，生产设备要求也不高，许多小的生产厂也能生产。但它们当中有些技术力量较差，生产设备配置不全，生产管理也不健全，所以产品质量不易得到保证。

3.1.5 压力管道的基本要求

（1）安全性 操作运行风险小，安全系数大，不致因失效而产生重大事故；其次是运转平稳，没有或者少有跑、冒、滴、漏现象，不至于造成装置短生产周期的停车或频繁停车。设计合理、操作正确、运行平稳、运行中加强在线监测、停工时及时进行保护并加强检阅和评估等，都将有利于压力管道的安全运行。

（2）经济性 指压力管道的一次投资费用和操作维护费用的综合指数低。一般情况下，如果一次投资较高的话，其可靠性好，操作、维护费用低。

压力管道及其元件立足于国产化以降低成本，减少装置的占地面积以降低基建投资，都是提高压力管道经济性的重要举措。

(3) 进行标准化、系列化设计 它将有效地减少设计、生产、安装投入的人力和物力，同时给维护、检修、更换带来方便。

(4) 便于制造和施工 在材料选用时应有良好的机加工性能和焊接性能，在压力管道及其元件的结构型式上要有可实现性，在现场安装环境和空间上要方便。

(5) 压力管道的设计应美观 一个层次分明、美观实用的压力管道布置是反映设计水准高低的一个很重要指标。

3.2 压力管道分类、分级与结构

3.2.1 压力管道分类

① 根据管道承受内部压力的不同，可以分为真空管道、中低压管道、高压管道、超高压管道。

② 根据输送介质的不同，可以分为蒸汽管道、燃气管道、工艺管道等。

③ 根据使用材料的不同，可以分为合金钢管道、不锈钢管道、碳钢管道、有色金属管道、非金属管道、复合材料管道等。

④ 根据管道敷设方式的不同，可以分为地下管道和架空管道。

⑤ 根据用途的不同，可以分为 GC 类工业管道、GB 类公用管道和 GA 类长输管道。工业管道是指企业、事业单位所属的用于输送工艺介质的工艺管道、公用工程管道及其他辅助管道，包括延伸出工厂边界线，但归属企业、事业单位管辖的工艺管线。公用管道是指城市或乡镇范围内用于公用事业或民用的燃气管道和热力管道。长输管道是指产地、储存库、使用单位间用于输送商品介质的管道。

3.2.2 压力管道分级

3.2.2.1 长输管道（GA 类）

(1) 符合下列条件之一的长输管道为 GA1 级

① 输送有毒、可燃、易爆气体介质，设计压力 $p>1.6$MPa 的管道；

② 输送有毒、可燃、易爆液体流体介质，输送距离（指产地、储存库、用户间的用于输送商品介质管道的直接距离）≥200km 且管道公称直径 DN≥300mm 的管道；

③ 输送浆体介质，输送距离≥50km 且管道公称直径 DN≥150mm 的管道。

(2) 符合下列条件之一的长输管道为 GA2 级

① 输送有毒、可燃、易爆气体介质，设计压力 $p\leqslant1.6$MPa 的管道。

② GA1 级中②范围以外的管道。

③ GA1 级中③范围以外的管道。

3.2.2.2 公用管道（GB 类）

① GB1：燃气管道。

② GB2：热力管道。

3.2.2.3 工业管道（GC 类）

（1）符合下列条件之一的工业管道为 GC1 级

① 输送 GBZ 230—2010《职业性接触毒物危害程度分级》中规定毒性程度为极度危害介质的管道；

② 输送 GB 50160《石油化工企业设计防火标准》及 GB 50016—2014《建筑设计防火规范（2018 年版）》中规定的火灾危险性为甲、乙类可燃气体或甲类可燃液体介质且设计压力 $p \geqslant 4.0\mathrm{MPa}$ 的管道；

③ 输送可燃流体介质、有毒流体介质，设计压力 $p \geqslant 4.0\mathrm{MPa}$ 且设计温度≥400℃的管道；

④ 输送流体介质且设计压力 $p \geqslant 10\mathrm{MPa}$ 的管道。

（2）符合下列条件之一的 GC2 级管道为 GC3 级管道

① 输送可燃流体介质、有毒流体介质，设计压力 $p < 1.0\mathrm{MPa}$ 且设计温度＜400℃的管道。

② 输送非可燃流体介质、无毒流体介质，设计压力 $p < 4.0\mathrm{MPa}$ 且设计温度＜400℃的管道。

3.2.3 压力管道结构

压力管道作为管道中的一部分，是用以输送、分配、混合、分离、排放、计量、控制或制止流体流动的，由管子、管件、法兰、螺栓连接、垫片、阀门和其他组成件或受压部件的装配总成。总而言之，各种组成件及支承件共同构成了压力管道，如图 3-1 所示。

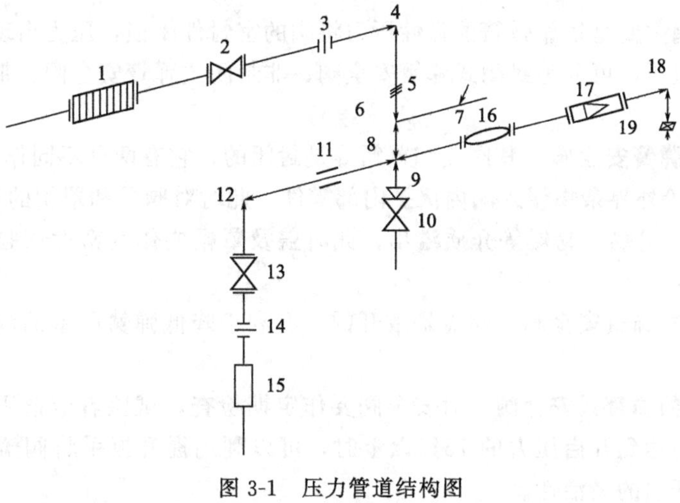

图 3-1 压力管道结构图

1—波纹管；2，10，13—阀门；3—“8”字形盲通板；4，12，18—弯头；5—节流孔；6—三通；7—斜三通；8—四通；9—异径管；11—滑动支架；14—活接头；15—疏水器；16—视镜；17—过滤器；19—阻火器

（1）管道组成件 用于连接或装配管道的元件，包括管子、管件、法兰、垫片、紧固件、阀门及膨胀接头、挠性接头、耐压软管、疏水器、过滤器和分离器等。

（2）管道支承件 管道安装件和附着件的总称，主要用于控制管道的应力水平，保证管道长期安全运行，它的功能主要在于：承受管道载荷、限制管道位移和控制管道振动。

① 安装件：将负荷从管子或管道附着件上传递到支承结构或设备上的元件，包括吊杆、

弹簧支吊架、斜拉杆、平衡锤、松紧螺栓、支撑杆、链条、导轨、锚固件、垫板、滚柱、托庄和滑动支架等。

② 附着件：用焊接、螺栓连接或夹紧等方法附装在管子上的零件，包括管吊、吊（支）耳、圆环、夹子、吊夹、紧固夹板和群式管座等。

在不同位置，压力管道有着不同的结构与功能，所需要的元件也存在差异。

3.3 压力管道安全装置

在生产中，要避免管道内介质的压力超过允许的操作压力而造成灾害性事故的发生。在设计中，一般是利用泄压装置来及时排放管道内的介质，使管道内介质的压力迅速下降。管道中采用的安全泄压装置主要有安全阀、爆破片、视镜、阻火器，或在管道上加安全水封和安全放空管。

3.3.1 安全阀

安全阀在压力管道上作为超压保护装置，根据管道内压力情况自动启闭，当管道压力升高超过规定值时，安全阀打开自动泄压，进行全量排放，以防止管道压力继续升高而超过允许值，保护设备和管路的安全运行，尽可能避免意外事故的发生。弹簧式安全阀和隔离式安全阀是压力管道中较为常见的安全阀。更多类型的安全阀将在5.4.1小节中详细介绍。

3.3.1.1 弹簧式安全阀

弹簧式安全阀主要是依靠弹簧的弹性压力将阀的密封件闭锁，压力出现异常后，高压克服弹簧压力进行泄压，可分为封闭式弹簧安全阀、非封闭式弹簧安全阀、带扳手的弹簧式安全阀等。

（1）封闭式弹簧安全阀 其阀盖和罩帽等是封闭的，它有两种不同作用：

① 防止灰尘等外界杂物侵入阀内保护内部零件，此时对阀盖和罩帽的气密性不做要求；

② 防止有毒、易燃、易爆等介质溢出，此时盖及罩帽要作气密性试验，气密性试验压力一般为0.6MPa。

（2）非封闭式弹簧安全阀 阀盖是敞开的，有利于降低弹簧腔室的温度，主要用于蒸汽等介质的场合。

（3）带扳手的弹簧式安全阀 对安全阀要作定期检查，试验者应选用带提升扳手的安全阀。当介质压力达到开启压力的75%以上时，可以利用提升扳手将阀瓣从阀座上略微提起，以检查阀门开启的灵活性。

（4）特殊型式弹簧安全阀 特殊型式弹簧安全阀分为带散热器的安全阀和带波纹管的安全阀两种。带散热器的安全阀用于封闭式弹簧安全阀使用温度超过300℃或非封闭式弹簧安全阀使用温度超过350℃时的情况，而带波纹管的安全阀用于当背压变动时且其变动量超过整定压力（开启压力）的10%时，利用波纹管把弹簧与导向机构等与介质隔离以防止这些重要部位受介质腐蚀而失效。

3.3.1.2 隔离式安全阀

隔离式安全阀就是在安全阀入口处串联爆破片装置，将爆破片和安全阀串接起来，就克服了各自的缺点，保留了各自的优点，两者的组合称为隔离式安全阀，其目的是利用爆破片隔离介质与安全阀，以此保护安全阀免受腐蚀、堵塞等。

不过，采用隔离式安全阀，对爆破片有一定的要求。首先要求爆破过程不得产生任何碎片，以免损伤安全阀，或影响安全阀开启或起跳与回座的性能；其次是要求爆破片抗疲劳和承受背压的能力强，以防止爆破片承受背压后影响爆破压力等。

3.3.1.3 安全阀的选用原则

（1）确定安全阀公称压力 安全阀的公称压力应根据阀门材料、工作温度和最大工作压力选用，在同一公称压力下，当工作温度提高时，其最大工作压力相应降低。

（2）确定工作压力级 安全阀的整定压力（即开启压力）可通过弹簧预紧缩量进行调节，但每一根弹簧都只能在一定的开启压力范围内工作，超出该范围就要另换弹簧。选用安全阀时，应根据所需开启压力值，确定阀门工作压力级。

3.3.2 爆破片

爆破片是由爆破片组件和夹持器等零部件组成的安全泄压装置，爆破片组件是爆破泄压的元件，夹持器则是在适当部位夹持爆破片的辅助元件。当压力管道中的介质压力大于爆破片的设计承受压力及温度时，爆破片破裂或脱落，介质被释放出管道，压力迅速下降，起到保护主体设备和压力管道的作用。

爆破片的品种规格很多，有反拱带槽型、反拱带刀型、反拱脱落型、正拱开缝型、普通正拱形，应根据操作要求允许的介质压力、介质的相态、管径的大小等来选择合适的爆破片。有的爆破片最好和安全阀串联，如反拱带刀型爆破片；有的爆破片还不能和安全阀串联，如普通正拱形爆破片。从爆破片的发展趋势看，带槽型爆破片的性能在各方面均优于其他形式。尤其是反拱带槽型爆破片，具有抗疲劳能力强、耐背压、允许工作压力高和动作响应时间短等优点。详细的爆破片结构将在5.4.2小节中展开。

3.3.3 视镜

视镜是压力管道的主要附件之一，多用在排液或受槽前的回流、冷却水等液体管路上，以观察液体、气体等介质的流动情况，监视生产，避免事故的发生。

管道视镜安装尺寸小且驱动力矩小，易于操作，同时具备良好的流量调节功能和密封性能，常用于石油、化工、制药等生产管路中。

（1）视镜的种类 常用的视镜有钢制视镜、不锈钢视镜、铝制视镜、硬聚氯乙烯视镜、耐酸酚醛塑料视镜、玻璃管视镜等。

（2）视镜的选用 视镜可根据输送介质的化学性质、物理状态及工艺对视镜功能的要求来选用。视镜的材料基本上和管子材料相同。如碳钢管采用钢制视镜，不锈钢管子采用不锈钢视镜，硬聚氯乙烯管子采用硬聚氯乙烯视镜，需要变径的可采用异径视镜，需要多面窥视的可采用双面视镜，需要它代替三通功能的可选用三通视镜。视镜的操作压力≤0.25MPa。钢制的视镜，操作压力≤0.6MPa。

3.3.4 阻火器

阻火器通常安装在易燃易爆气体管路上，其作用是当某段管道发生事故时，防止外部火焰蔓延并串入存有易燃易爆气体的设备、管道内，而不致影响另一段的管道和设备。大多数阻火器是由能够通过气体的许多细小、均匀或不均匀的通道或孔隙的固体材质所组成。某些易燃易爆的气体如乙炔气，充灌瓶与压缩机之间的管道，要求设 3 个阻火器。

(1) 阻火器的种类 阻火器的种类较多，主要有碳素钢壳体镀锌铁丝网阻火器、不锈钢壳体不锈钢丝网阻火器、钢制砾石阻火器、碳钢壳体铜丝网阻火器、波形散热片式阻火器、铸铝壳体铜丝网阻火器等。

(2) 阻火器的选用

① 阻火器的壳体要能承受介质的压力和允许的温度，还要能耐介质的腐蚀。

② 填料要有一定强度，且不能和介质起化学反应。

③ 主要是根据介质的化学性质、温度、压力来选用合适的阻火器。一般介质，使用压力≤1.0MPa、温度＜80℃时均采用碳钢镀锌铁丝网阻火器。特殊的介质如乙炔气管道，特别是压力＞0.15MPa 的高压乙炔气管道上，采用特殊的阻火器。

3.3.5 其他安全装置

压力管道的安全装置除了爆破片、安全阀、视镜及阻火器之外，还有压力表、安全水封及安全放空管等。压力表的作用主要是显示压力管道内的压力大小。安全水封既能起到安全泄压的作用，又能在发生火灾事故起到防回火的作用，阻止火势蔓延。放空管主要起到把管道中危害正常运行的介质排放出去的作用。

3.4 压力管道相关资质及监督检验

国家原质检总局（现国家市场监督管理总局）要求，自 2006 年 9 月 1 日起，凡未取得压力管道相应许可的单位，不得从事压力管道设计、制造、安装工作，严格禁止边取证边生产。

3.4.1 设计资质

国家原质检总局颁发的《压力容器压力管道设计单位资格许可与管理规则》规定，从事压力管道设计的单位必须具备相应类别和级别的设计资格，取得国务院特种设备安全监督管理部门和省级特种设备安全监督管理部门颁发的《设计许可证》，方可从事相应的设计活动。

压力管道《设计许可证》共分三大类六个级别：

① GA 类（长输管道）：GA1 级、GA2 级。

② GB 类（公用管道）：GB1 级、GB2 级。

③ GC 类（工业管道）：GC1 级、GC2 级。

其中 GA 类、GC1 级（含 GA 类＋GB 类，GC1 级＋GB 类，GA 类＋GC 类，GA 类＋GB 类＋GC 类）压力管道设计单位的《设计许可证》由国务院特种设备安全监察管理部门批准、颁发；GB 类、GC2 级压力管道设计单位的《设计许可证》由省级特种设备安全监察管理部门批准、颁发。

3.4.2 安装资质

国家原质检总局颁发的《压力管道安装单位资格认可实施细则》规定：从事《压力管道安全管理与监察规定》（下称《规定》）适用范围内压力管道安装单位，必须具有安装相应类别级别压力管道的资格，取得《压力管道安装许可证》。

《压力管道安装许可证》同设计分类一样，分三大类：

① GA类（长输管道）：GA1级、GA2级。

② GB类（公用管道）：GB1级、GB2级。

③ GC类（工业管道）：GC1级、GC2级、GC3级（该类别设计资格中无）。

安装资格实行分级管理，《压力管道安装许可证》分级颁发，全国有效。GA类、GC1级（含GA类+GB类、GA类+GC类、GA类+GB类+GC类、GC1级+GB类）安装资格由国家市场监督管理总局受理申请、组织评审和颁发《压力管道安装许可证》；GB类、GC2级、GC3级（含GB类+GC2级、GB类+GC3级）安装资格由安装单位所在地的省级市场监督管理部门受理申请、组织评审和颁发《压力管道安装许可证》。

3.4.3 制造资质

① 按照《压力管道元件制造单位安全注册与管理办法》要求，生产《规定》所属范围内的压力管道元件制造单位，应按产品组别、品种和安全注册级别，进行安全注册。

②《特种设备安全监察条例》（国务院令第373号）第十四条规定，压力管道元件制造单位，经国务院特种设备安全监督管理部门许可，方可从事相应活动。

3.4.4 安装质量监督检验

国质检锅［2002］83号：关于印发《压力管道安装安全质量监督检验规则》的通知。

《压力管道安装安全质量监督检验规则》适用范围：新建、改建、扩建的压力管道（含附属设施及安全保护装置）安装安全质量监督检验。

《压力管道安装安全质量监督检验规则》第十六条第5款：压力管道施工前，安装单位和监理单位应向安全监察机构备案（开工告知）；跨省、自治区、直辖市长输管道，向国家安全监察机构办理备案手续；其他压力管道向地方安全监察机构办理备案手续。

3.5 发展现状及作用

目前，以提高管道输送能力的经济性和应对恶劣环境的安全性要求，成为当代管道工程面临的两大主题。通过从压力管道法规标准体系建设和安全保障技术研发及推广应用等多方面开展工作，建立全方位、多层次的安全保障技术体系，涉及压力管道的生产（材料、设计、制造、安装、改造、维修）、经营、使用、检验、检测以及监督管理等各个方面。

3.5.1 材料方面

随着天然气管道建设规模的快速发展，我国自主研制开发高强钢的步伐也不断加快。西气东输四线中使用的天然气管道材质主要是L485M钢和X80高钢级大应变钢管。

在西气东输四线（吐鲁番—中卫）项目线路工程施工中，一般地段采用的是材质为L485M的钢管。L485M钢板是一种用于石油、天然气等管道输送领域的管线钢板，具有较高的抗拉强度（≥485MPa）和屈服强度，能够承受较大的压力和载荷，同时在低温环境下仍能保持良好的韧性，还具有良好的焊接性能和一定的抗腐蚀能力，适合在各种复杂环境下使用。

而在西四线吐鲁番—中卫段沿线的7处地震断裂带，首次采用了管径1219mm、厚度33mm、级别为X80的大应变管线钢管。X80钢属于高强度管线钢，其最小屈服值为555MPa。大应变钢管具有足够大的变形能力，能承受因地震、滑坡等较大规模的地面位移引发的变形，有效提高了大输量长输管道在复杂地区应对地震变形的能力。

复合管和非金属管材方面，在能源、化工及市政工程等领域需求的推动下，国产柔性管道行业发展态势良好。自2020年以来，该行业以年均超10%的复合增长率增长，2024年市场规模已超1200亿元。国内企业研发出高阻隔柔性复合管，完成高压输氢管测试，打破国外技术垄断。增强热塑性管道（RTP）构成的柔性复合输氢管也通过纯氢爆燃试验，实现国产化重大突破，这类管道特别适用于高压和高温环境下输送高腐蚀性介质。随着“双碳”目标推进，环保政策趋严，柔性管道凭借耐腐蚀、重量轻等特性，在环保材料市场份额有望进一步扩大。

拓展阅读

聚乙烯（PE）管道发展趋势

近几年我国天然气的产量明显提升，从2012年的1106.1亿立方米增长到2023年的2324.3亿立方米。聚乙烯（PE）管以其优异的综合力学性能成为天然气管道的最佳选择。

PE管是以聚乙烯树脂为主要原料，经挤出成型的管材，由于其具有耐腐蚀、柔韧性强、重量轻、易于安装等特点，在给排水、燃气输送等领域应用越来越广泛。相对于金属管道，PE管道具有良好的耐化学腐蚀性能、良好的力学和焊接性能等，同时经济环保，因此在我国燃气领域，聚乙烯等新型环保材料逐渐替代传统的金属管道和混凝土管道。目前超过90%的新建城镇燃气管道都使用聚乙烯管。以浙江省能源集团城市燃气有限公司为例，其运营管理的城镇燃气管道总公里数已超过7700公里，其中近150公里为金属埋地管道，7550公里为PE管道。

随着高分子材料科学的不断发展，新型的PE管材料不断涌现。这些新型材料具有更优异的性能，能够满足不同领域的需求。智能化技术的应用使得PE管的生产和使用更加智能化。通过自动化生产和安装，提高了生产效率和产品质量。同时，智能化技术还可以实现对PE管在使用过程中的实时监测和维护，提高了管道系统的安全性和可靠性。技术进步和市场需求的增长带动PE管材的产量也稳步提升。据统计，截至2023年，中国聚乙烯管材市场规模已达到数百亿元人民币，预计未来几年仍将保持较快的增长。技术创新是推动PE管行业发展的重要动力。未来，随着新材料、新工艺和新技术的不断涌现，PE管的性能将得到进一步提升，应用领域也将不断拓展。

3.5.2 设计与制造方面

在管道设计方面，国内参考国外相关标准并结合工程实际，目前已基本建立、健全了压力管道的法律、法规和标准体系。这些标准对压力管道的设计参数、选材、结构设计等方面做出了详细规定，为设计工作提供了明确的依据，保障了管道设计的安全性和可靠性。基于风险的设计理念逐渐得到重视和应用，设计人员在设计过程中更加注重对管道运行风险的评估，通过合理的设计降低风险。同时，“绿色设计”理念也在逐步推广，考虑管道在全生命周期内的环境影响和资源利用效率，例如采用节能材料、优化管道布局以减少能源损耗等。随着计算机技术的发展，数值模拟、有限元分析等先进的设计手段在压力管道设计中得到广泛应用。设计人员可以通过这些方法对管道的应力分布、流体流动等进行精确分析，优化设计方案，提高设计质量。

制造方面，国内压力管道制造企业不断向专业化、规模化和智能化方向发展，一些大型企业具备了先进的生产设备和完善的质量管理体系，能够实现大规模、高质量的生产。部分企业开始将信息化技术与现代智能制造技术嫁接到传统制造工艺上，实现生产过程的自动化控制、质量在线监测和数据追溯等，提高了生产效率和产品质量的稳定性，如一些企业采用智能机器人进行管道的焊接和装配工作。此外，焊接技术、热处理技术、无损检测技术等在压力管道制造中不断发展和完善。

3.5.3 使用方面

截至 2024 年底，全国压力管道（含长输管道、公用管道和工业管道）总里程达 117.48 万公里（在册）。其中，我国长输油气管道建设稳步推进，已基本形成贯穿全国、连通海外的油气输送管网。

在油气管道全过程安全完整性方面面临众多问题和挑战，具体表现在：

① 对于一些复杂环境下的管道，如深埋管道、穿跨越特殊地段的管道，检测精度和可靠性仍需提高。部分老旧管道缺乏有效的在线监测手段，难以及时发现腐蚀、变形等隐患。快速有效的管道修复技术和装备还需进一步研发和完善。

② 随着油气管道技术的发展和新问题的出现，一些现有的法律法规和标准未能及时更新，无法涵盖新的技术要求和安全问题，如对于新兴的油气输送介质或新的管道建设技术，相关标准不够完善。

③ 管道安全保障相关技术研究和工作投入不足。我国有大量的老旧油气管道仍在服役，容易发生腐蚀穿孔等问题，存在泄漏和爆炸的风险。管道沿线的施工活动频繁，如道路建设、城市开发等，也给管道安全带来挑战。

④ 油气管道安全监管与应急技术体系尚存在短板，与管道新材料新技术相匹配的维修抢修技术、新应急装置和产品有待研发。

⑤ 管道制造、安装行业产能过剩。

在热力管道方面，一方面是作为工业园区的产品配套；另一方面是为民用用户供暖。我国目前严寒和寒冷地区的 19 个省、自治区、直辖市 100 多个地级以上的大、中城市都有集中供热配套设施。城市热力网从单热源供热发展到多热源联网运行；管网形式从枝状管网发展到环状管网；与热力网用户的连接方式从直接连接发展到间接连接。

3.5.4 失效与事故分析方面

我国在管道事故调查和失效分析工作方面仍有较大的发展空间。事故调查责任追究的比重偏大，对技术原因分析和建议措施跟踪落实较少；没有建立专门的管道事故数据库；需要在事故调查和事故致因分析方面更加科学化，重视从技术、标准等层面发现存在的问题，并提出改进措施。还需要加大在事故致因等方面的研究和分析，多从法规、标准等方面分析存在的问题，不断完善处理措施，将事故教训改进措施写进法律、法规和技术标准中。

在失效事故统计分析和数据库建设方面，我国压力管道事故统计也一定程度上存在数据分散、数据壁垒等问题。

3.5.5 检测与评价方面

在油气管道检测方面，我国主要采用引进吸收转化以及科研项目资助的方式开展内检测技术研究、设备研制、工程服务以及检测标准制定。对于外检测技术及装备研制，开发研究了功能相对单一的杂散电流检测仪、普通防腐层检测仪，但尚未见穿越段管道防腐层和埋深检测仪器研制的报道。国内高校和国外机构对三维形貌及变形测量均做了大量研究并取得了阶段性进展，为该技术在大型储罐变形等检测方面的应用奠定了技术基础，但在高精度视觉系统标定算法和三维重建算法上有待进一步创新。

中国石油管道公司管道科技研究中心联合高校做了大量基础工作，开发了风险评价和完整性管理系统。中国特种设备检测研究院联合高校在管道检测和完整性评价方面开展了大量科学研究，并建立了一整套长输油气管道检验和评价安全技术规范和国家标准。

在油气管道风险评估方面，在借鉴国外研究成果的基础上，综合运用指标体系法、故障树法和模糊数学等方法，建立了油气管道风险评价体系，并制定了相关标准，但这些研究主要还停留在半定量风险评估阶段，急需精确的定量风险评估技术及科学的隐患分级技术指导隐患治理工作。

在油气管道完整性评价方面，国内在体积型缺陷和裂纹型缺陷的剩余强度评价方法方面，吸收国外技术，已形成标准；剩余寿命方面，除疲劳裂纹扩展寿命的研究较为成熟外，腐蚀寿命和损伤寿命研究都远不成熟。今后，管道适用性评价应研究解决的关键技术难点为：高强度高韧性管道的断裂评估图技术、管道地质灾害评估和预警技术、基于应变和可靠性的管道失效评估准则、管道应力腐蚀开裂寿命预测方法，以及管道损伤数据库建立等。

在管道废置管理方面，国内长输油气管道报废研究属于起步阶段。2014 年，中石化集团公司印发了《中国石化长输管道报废管理实施细则（试行）》，对长输管道报废管理进行了明确规定；2015 年，中国特种设备检测研究院开展了对长输管道报废条件及年限的研究。目前国内有关管道废弃的研究、实践较少，尚未形成系统科学的管道废弃处理技术体系。

课后练习

1. 填空题

(1) 压力管道介质主要涉及可燃流体、________、________、________、有毒液体、易爆流体等。

(2) 压力管道的设计压力是指在正常操作过程中，在相应设计温度下，管道可能承受的________。

(3) 根据管道承受内部压力的不同，可以分为________、________、________、________。

(4) 压力管道根据用途的不同，可以分为________、________、________。

(5) 由爆破片组件和夹持器等零部件组成的安全泄压装置称为________。

(6) 常用的视镜主要有________、________、________、________、________、________等。

(7) 隔离式安全阀就是在安全阀入口处串联________，两者的组合称为隔离式安全阀。

(8) 弹簧式安全阀主要是依靠弹簧的________将阀的密封件闭锁，压力出现异常后，高压克服弹簧压力进行泄压，可分为________、________、________等。

2. 简答题

(1) 压力管道有哪些基本要求?

(2) 阻火器的选用有哪些要求?

(3) 安全阀的选用原则有哪些?

(4) GC 类工业管道中，符合哪些条件之一的工业管道可评为 GC1 级?

第 4 章 压力管道的设计

4.1 压力管道设计概述

4.1.1 设计资格

压力管道的安全涉及设计、制造、安装、检验、使用、维修等多个环节，其中设计是“优生”的基础，是能否确保压力管道安全运行的最重要一环。为确保压力管道设计质量，必须做到对设计方面的严格把关，对设计单位进行资格认证。设计单位的压力管道设计资格证由省级以上有关主管部门颁发，并报省级以上质量技术监督行政部门备案。取得省级主管部门颁发的压力管道设计资格证书的设计单位，到省级质量技术监督行政部门备案；取得部级主管部门颁发的压力管道设计资格证书的设计单位，到国家质量技术监督局备案。未经备案的压力管道设计单位不准从事压力管道设计工作。质量技术监督部门接受备案后进行设计资格编号并发给备案标记印模，该印模应盖在设计总图上。

各级主管部门对设计单位提出的设计资格申请要组织有关部门负责人和专家进行审批，为做到审批工作客观、科学地进行，各主管部门都作出了相应的规定。如中国石化总公司专门制定《压力管道设计单位认证与管理办法》，对压力管道按危险程度分成三类。对只能从事二、三类压力管道设计工作和可以从事一、二、三类压力管道设计工作的单位应具备的条件作了详细的规定。

4.1.1.1 设计单位资质

申请压力管道设计的单位必须具备的条件如下。

① 具有法人代表或法人代表委托人；

② 具有专门的压力管道设计机构和工作场所；

③ 具有与所承担设计的压力管道类别、品种范围相适应的固定岗位的设计、校核、审核和审定的人员；

④ 具有相适应的设计装备和设计手段，并应具备计算机辅助设计条件；

⑤ 具有健全的设计管理制度和质量保证体系；

⑥ 具有一定的压力管道设计经验和独立承担设计的能力。

4.1.1.2 设计人员资质

压力管道设计单位各级设计人员应具备的基本条件和主要技术职责如下。

① 技术负责人由院、公司、所主管领导（副总工程师以上）担任，应具有压力管道专业知识，熟悉有关标准、规程、规范、规定、导则，并能指导各级设计人员正确贯彻、执行，熟悉国内外压力管道技术动态；

② 审核、审定人员应具有较全面的压力管道专业知识，熟悉有关标准、规程、规范、规定、导则，并能指导设计校核（审核）人员正确执行，具有 8 年以上设计经历且其中不少于 3 年的校核经历的高级工程师或工程师。审定人应为高级工程师；

③ 校核人员应具有较全面的压力管道专业知识，熟悉有关标准、规程、规范、规定、导则并能指导设计人员正确执行，具有 3 年以上设计经历的高级工程师、工程师或助理工程师；

④ 设计人员应具有一定的压力管道专业知识，熟悉有关标准、规程、规范、规定、导则，并能正确使用，具有专业技术职称和一年设计经历，能独立从事压力管道设计工作。

在该管理办法中对各级设计人员的职业资质也有明确规定。

4.1.1.3 二、三类压力管道设计单位应具备的条件

① 有 8 名以上从事压力管道设计工作的专职人员，其中审核人员不少于 2 人，并有相应的设计业绩；

② 设计单位应有 5 年以上压力管道设计历史；

③ 设计单位应具备应用计算机进行设计计算和绘图的能力，并达到有关装备规定的要求。

4.1.1.4 一类压力管道设计单位应具备的条件

① 有不少于 15 名从事压力管道设计工作的专职人员，其中审定、审核人员不少于 5 人，并有相应的设计业绩；

② 设计单位应具有二、三类压力管道设计资格；

③ 设计单位应具备用计算机计算和绘图的能力，并达到有关装备规定的要求。

在该管理办法中还规定《压力管道设计单位批准书》有效期为 5 年，满 5 年后要换证。届时对发生重大设计质量事故、设计人员不稳定、长期不从事压力管道设计的单位要取消其设计资格。

各压力管道设计单位要取得压力管道设计资格并实现按时换证。为确保压力管道设计的质量，需根据质量技术监督部门和主管部门的要求，认真制定《压力管道设计管理制度》，对各类压力管道设计技术人员要提出明确的要求，并定期进行严格的考核；对压力管道设计工作程序作出具体规定；对图纸、文件的管理制定切实可行的制度。

4.1.2 设计程序和主要内容

在我国，工程设计一般分两步进行，首先根据已批准的项目建议书和可行性研究报告（设计前期工作）进行初步设计。初步设计经上级主管部门组织审查、批准后再进行施工图设计。

在化工、制药、炼油、轻工、食品、石化、市政等工程设计中，均要进行各种压力管道

的设计。在初步设计阶段，压力管道的设计人员主要根据生产规模，进行物料衡算、热量衡算和水力计算等。按照物料的流量及该物料允许的流速确定管径，按不同介质的物理化学性质、压力等级、工作温度等因数确定管子的材料和阀门、法兰等管道附件，初估材料数量，绘制流程图（系统图）、布置图，绘制主要管道走向草图，并对主要管道进行应力计算等。

施工图设计阶段先绘制详细的管道流程图和设备布置图再设计管道平立面布置图，对温度较高的重要管道进行应力计算，绘制单管图、管口方位图、蒸汽伴热管系图等。在此基础上编制管道安装一览表、综合材料表、油漆保温一览表等。

所有设计文件必须进行校对、审核，部分图纸还要进行审定，最后还要进行各有关专业参加的综合会签，确保设计的质量。

4.1.3 标准规范

压力管道的初步设计和施工图设计，都必须按标准和规范设计。

各行业的主管部门对设计深度均有具体要求。如原化学工业部有《化工工厂初步设计内容深度的规定》《化工工艺配管施工图设计规定》《化工企业给排水设计施工图内容深度统一规定》等，在规定中，对设计内容要求均有详细说明。

在进行某个特殊介质的压力管道设计时，除了按一般通用的标准、规范进行设计外，还要参照该产品的设计规范。如在进行氧气管道设计时，必须符合《氧气站设计规范》（GB 50030—2013）要求；进行城市煤气管道或液化气管道设计时，必须符合《燃气工程项目规范》（GB 55009—2021）要求。不按标准、规范进行压力管道设计，将会给管道工程留下事故的隐患。

总之，压力管道的设计，必须确保安全，必须由有设计资格的单位按有关标准规范进行设计，以免造成重大的经济损失及人员伤亡。

4.2 压力管道总体布置及安全规范

4.2.1 压力管道总体设计的基本原则

压力管道都与设备、机器相连接，是整个装置的重要组成部分。除长输管道是工程的主体外，各种压力管道的设计必须与装置一起综合考虑。压力管道部分设计时应主要考虑以下几个方面：

① 满足工艺要求、材料、结构形式、柔性、抗振能力，各种组件、附件等适当组合；

② 管道设计保证充足的空间范围，要保证安装施工、操作管理、维护检修的便利；

③ 满足防火、防爆等方面安全规范的要求，尽可能创造安全运行环境；

④ 管道走向合理，避免不必要的往返和转折，使总体设计经济合理；

⑤ 在保证安全性的前提下，管道排列尽可能规范、美观，框架、管廊立柱对齐、纵横成行，管道横平竖直，除特殊需要外，不用歪斜管道布置方式；

⑥ 对于动设备的管道，应注意控制管道的固有频率，避免产生共振；

⑦ 管道布置应符合现行的国家、地方或行业标准、规范和规程的规定。

4.2.2 管道总体设计及规范

4.2.2.1 管道敷设要求

管道的敷设主要有架空和埋地两种类型，在选择何种敷设时可根据具体情况确定，长输管道一般采用埋地敷设，它利用了地下空间，缺点是有腐蚀，检查和维修困难，尤其是须排液的管道，困难更大。工业管道地下敷设得较少，就是地下敷设也大都用管沟，而不是直接敷设在地下。化工和石油化工企业的工业管道大都采用架空敷设，便于施工、操作、检查、维修，也较为经济，大中型装置的架空管道都用管廊、管架和管墩成排敷设。

4.2.2.2 防火安全设计

当管道敷设在管廊上时，为充分利用空间，一般机泵就置于管廊下，管廊的上面放置引风机，管廊的两侧是主体设备。管廊与它们要保持一定的距离，这个距离要满足有关防火的规范标准。在 GB 50160—2008《石油化工企业设计防火标准（2018 年版）》中对石油化工企业总平面布置防火间距有规定，如地上可燃液体储罐，储存物质为甲 B 类、乙类危险性（危险性分类见表 4-1），罐容积≤500m³ 或卧式罐，与全厂性重要设施之间的防火间距为 30m，其他不同情况有不同的防火间距。

表 4-1 液化烃、可燃液体的火灾危险性分类

类别		名称	特点
甲	A	液化烃	15℃时的蒸汽压力大于 0.1MPa 的烃类液体及其他类似液体
	B	可燃液体	甲 A 类以外，闪点小于 28℃
乙	A	可燃液体	闪点大于等于 28℃至小于等于 45℃
	B	可燃液体	闪点大于 45℃至小于 60℃
丙	A	可燃液体	闪点大于等于 60℃至小于等于 120℃
	B	可燃液体	闪点大于 120℃

4.2.2.3 防爆安全设计

产生爆炸一般需要具备以下三个条件：

① 存在可燃气体、易燃液体的蒸汽或薄雾；

② 上述物质与空气混合，其浓度达到爆炸极限；

③ 存在足以点燃爆炸性混合物的火花或高温。

只要设法使这三个条件不同时出现，就基本可以防止出现爆炸。一般情况下可通过防止设备和管道泄漏、用惰性气体将易燃物质与空气隔离、联锁保护等措施来达到。

GB 50058—2014《爆炸危险环境电力装置设计规范》中对爆炸性气体环境和爆炸性粉尘环境作了十分详细的规定。标准将爆炸性气体环境危险区划分为三种：

0 区：连续出现或长期出现爆炸性气体混合物的环境；

1 区：在正常运行时可能出现爆炸性气体混合物的环境；

2 区：在正常运行时不可能出现爆炸性气体混合物的环境，或即使出现也仅是短期存在的爆炸性气体混合物的环境。

通风良好的室内布置的输送重于空气的可燃气体或蒸汽的管道，其阀门、法兰和螺纹管件处，其爆炸危险区域范围如图 4-1 所示。露天布置的输送重于空气的可燃气体或蒸汽的管道，其阀门、法兰和螺纹管件有可能泄漏，在通风良好的生产区，可以认为属于非爆炸区。通风不良的生产区，其爆炸危险区域范围如图 4-2 所示。

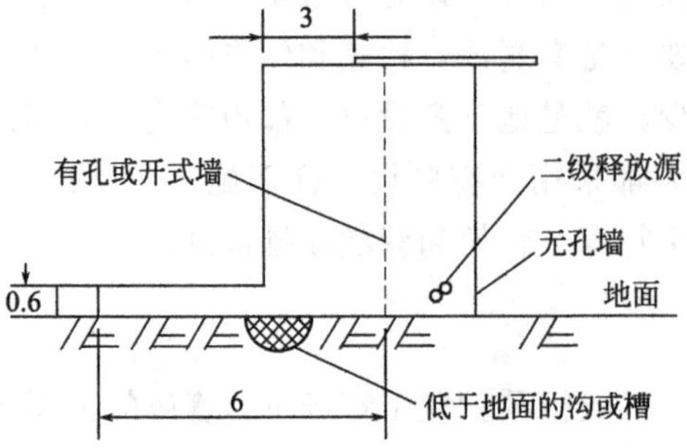

图 4-1 室内布置管道泄漏处爆炸危险区域范围图（单位：m）

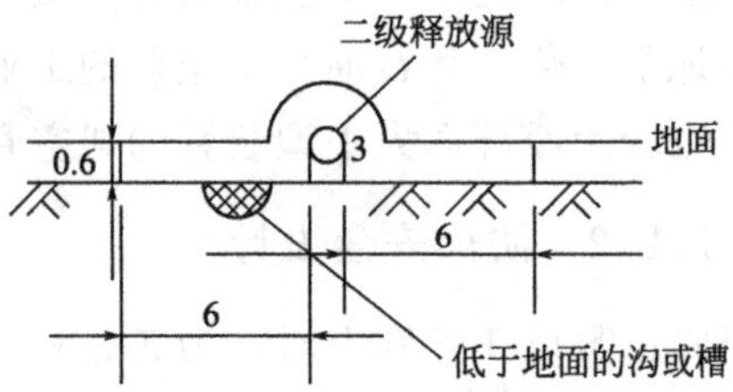

图 4-2 露天布置管道泄漏处爆炸危险区域范围图（单位：m）

4.2.2.4 其他安全设计

① 输送易燃易爆介质的埋地管道需要穿越电缆沟，且管道温度较高时，必须采取隔热措施，以使外表面温度低于 60℃。

② 经过道路的管道必须有一定的架空高度。只有人员通行的净高不小于 2.2m；通行大型车辆的净高要留 4.5m；跨越铁路的净高则不小于 5.5m。以免在车辆通行时撞到管道，万一出现意外事故有利于车辆出入。

③ 法兰的位置避免处于人行通道和机泵上方，输送腐蚀性介质管道上的法兰要设安全防护罩。

④ 便于检修、运行操作。

管廊的下面一般布置泵，这样可以有效利用空间，而且泵与管廊的距离缩短，节省管材。为便于泵安装、操作、检修，至少要有 3.5m 的净空高度，在管廊下布置设备的还要增加管廊下的净空高度。

管廊在道路上空穿越时，净空高度应为：装置内检修道不低于 4.5m；主干道和铁路不低于 5.5m；管廊下的检修通道不低于 3m。

4.3 压力管道管材选用

在进行压力管道设计时，管径经计算确定以后，需根据所输送介质的操作条件（如压力、温度）及其在该条件下的介质特性，选择合适的管子的材料。材料选择不当，可能会造成浪费或对事故造成隐患。

在选择管子材料时，要求设计人员首先要了解管子的种类、规格、性能、使用范围，包括了解该管子在其他类似的压力管道的应用情况，再根据以下的原则确定管子的材料。

4.3.1 优先选用的管材

金属材料是在选用管子材料时优先考虑采用的，当金属材料不适用时，再考虑非金属材料。金属材料优先选择钢制管材，后考虑选用有色金属材料。钢制管材中，先考虑采用碳钢，不适用时再选用不锈钢。在考虑钢材时，先考虑焊接钢管，不适用时再选用无缝钢管。

4.3.2 介质压力的影响

输送介质的压力越高，管子的壁厚就越厚，对管子材料的要求一般也越高。

介质压力大于1.6MPa时，可选用无缝钢管或有色金属管子。压力很高时，如在合成氨、尿素和甲醇生产中，有的管子介质压力高达32MPa，一般选用材料为20$^{\#}$钢或15MnV的高压无缝钢管。在真空设备的管子及压力大于10MPa时的氧气管子，一般用铜管和黄铜管。

介质压力小于1.6MPa时，可考虑采用焊接钢管、铸铁管或非金属管子。但铸铁管子承受介质的压力不得超过1.0MPa。非金属管子所能承受的介质压力，与非金属材料品种有关，如硬聚氯乙烯管子，使用压力小于或等于1.6MPa；增强聚丙烯管子，使用压力小于或等于1.0MPa；ABS（丙烯腈-丁二烯-苯乙烯共聚物）管子，使用压力小于或等于0.6MPa。

对水管，当水的压力在1.0MPa以下时，通常采用材料为Q235A的焊接钢管；当水的压力大于2.5MPa时，一般采用材料为20$^{\#}$钢的无缝钢管。

4.3.3 介质温度的影响

不同材料的管子，适用于不同的温度范围。关于不同材料的管子及其使用温度范围具体如表4-2所示。表4-2中受压管的介质为1.0MPa的氢气，当氢气的温度小于350℃时，一般采用20$^{\#}$无缝钢管，当氢气的温度在351～400℃范围时，一般采用15MnV或12CrMo无缝钢管。

表4-2 不同材料的管子及其使用温度范围

材料牌号	受压管子使用温度范围/℃	材料牌号	受压管子使用温度范围/℃
Q235AF	0～250	纯钛	≤350
Q235A	0～350	铅	−268～150
20R	−20～475	铜、黄铜	−196～200
20g	−20～475	纯铝	≤120
16MnR	−14～475	硬铝	≤140
16Mn	−40～475	灰铸铁	≤250
0.5Mo	≤520	球墨铸铁	≤350
Cr18Ni9	−196～700		

4.3.4 介质化学性质的影响

输送不同介质时，需要根据介质不同的化学性质，选择不同的管材。对于中性介质，一般对材料要求不高，可选用普通碳钢管，例如输送水及水蒸气；有的介质呈酸性或碱性，就要选择耐酸或耐碱的管材，如在尿素装置中输送二氧化碳的管子，一般采用不锈钢管。因为二氧化碳遇水形成碳酸，碳酸对一般钢管有腐蚀作用。

管子的材料还需要根据介质酸碱性的强弱进行选择，同样的酸或碱，浓度不同对管子的材料要求也有区别。

4.3.5 管子本身功能的影响

有些管子除需具备输送介质的功能外，还需具有吸振的功能、吸收热胀冷缩的功能，并且需要具有能够在工作状况下可以经常移动的功能。如民用液化石油气、氧气、乙炔气在灌瓶的部位，管子常采用高压钢丝编织胶管，而不能使用移动不方便的硬质钢管。

4.4 压力管道阀门选用

4.4.1 阀门的选用

4.4.1.1 闸阀

闸阀是一个启闭件闸板，闸板的运动方向与流体方向相垂直，密封性能好，流体阻力小，适用的压力、温度范围大，介质流动方向不受限制，具有一定的调节性能。可按阀杆上螺纹位置和闸板的结构特点进行分类。

按阀杆上螺纹位置分：

（1）**明杆式** 可根据阀杆升降高低调节启闭程度，缺点是结构较截止阀复杂，密封面易磨损，不宜维修。

（2）**暗杆式** 结构紧凑小巧，使用范围广泛，克服了传统闸阀漏水、生锈或密封不良等缺陷。

按闸板的结构特点分：

（1）**弹性闸阀** 易在受热后被卡住。适用于蒸汽、高温油品及油气等介质，及开关频繁的部位，不宜采用易结焦的介质。

（2）**楔式闸阀** 密封面与阀杆中心线成一角度，并大多制成单闸板。楔式单闸板闸阀结构简单，适用于易结焦的高温介质；楔式闸阀中双闸板式密封性好，密封面磨损后易维修。

4.4.1.2 截止阀

截止阀依靠阀杆压力，使阀瓣密封面与阀座密封面紧密贴合，阻止介质流通。与闸阀相比，其开闭过程中密封面之间摩擦力小所以比较耐用，且调节性能好、结构简单、制造维修方便、价格便宜，但截止阀只允许介质单向流动，安装时有方向性，且截止阀结构长度大于闸阀，流体阻力较大，所以长期运行时密封性能差。适用于蒸汽等介质，不宜用于黏度大含有颗粒易沉淀的介质，也不宜作放空阀及低真空系统的阀门。

按阀杆上螺纹位置可将截止阀分为上螺纹阀杆截止阀和下螺纹阀杆截止阀，按通道方向可将其分为直通式截止阀、直流式截止阀和角式截止阀。

4.4.1.3 节流阀

节流阀是通过改变节流截面和节流长度以控制流体流量的阀门。节流阀的外形尺寸小、重量轻、调节性能较盘形截止阀和针形阀好，但调节精度不高，由于流速较大，易冲蚀密封面，不能作切断介质用，不宜作隔断阀，适用于温度较低、压力较高的介质，以及需要调节流量和压力的部位，不适用于黏度大和含有固体颗粒的介质。

节流阀按通道方式可分为直通式节流阀和角式节流阀，按启闭件形状可分为针形、沟形和窗形三种。

4.4.1.4 止回阀

止回阀是指启闭件为圆形阀瓣并靠自身重量及介质压力产生动作来阻断介质倒流的一种阀门，只允许介质向一个方向流动，而且阻止反方向流动。

止回阀按结构可分为升降式和旋启式两种。升降式止回阀较旋启式止回阀的密封性好，流体阻力大，卧式的宜装在水平管线上，立式的应装在垂直管线上；旋启式止回阀，不宜制成小口径阀门，它可装在水平、垂直或倾斜的管线上，如装在垂直管线上，介质流向应由下至上。

止回阀

止回阀一般适用于清净介质，不宜用于含固体颗粒和黏度较大的介质。

4.4.1.5 球阀

球阀的结构简单、耐磨、使用寿命长、开关迅速、操作方便、体积小、重量轻、零部件少、流体阻力小，结构比闸阀、截止阀简单，密封面比旋塞阀易加工且不易擦伤，密封性能可靠。适用于低温、高压及黏度大的介质，不能作调节流量用，目前已广泛应用于石油、化工、造纸、航空等领域。球阀主要可分为气动球阀、电动球阀和手动球阀。

4.4.1.6 柱塞阀

柱塞与密封圈间采用过盈配合，通过调节阀盖上的法兰螺栓，使密封环压缩所产生的径向分力大于流体的压力，从而保证了密封性，杜绝了内外泄漏，同时较小的开启力矩，能够使阀门实现迅速的开启及关闭。

4.4.1.7 旋塞阀

旋塞阀由塞子、填料压盖、填料、阀体组成，用带通孔的塞体作为启闭件的阀门，通过旋转 90°使阀塞上的通道口相通或分开，从而实现开启或关闭。

旋塞阀的结构简单，开关迅速，操作方便，流体阻力小，零部件少，重量轻，适用于温度较低、黏度较大的介质和经常操作且要求开关迅速的部位，一般不适用于蒸汽和温度较高的介质。一般来说，旋塞阀按结构形式可分为紧定式旋塞阀、自封式旋塞阀、填料式旋塞阀和注油式旋塞阀四种。按通道形式分，可分为直通式旋塞阀、三通式旋塞阀和四通式旋塞阀三种。

4.4.1.8 蝶阀

蝶阀的启闭件是蝶板，由阀杆带动，在阀体内绕其自身的轴线旋转 90°，从而达到启闭或调节的目的。蝶阀与相同公称压力等级的平行式闸板阀比较，其尺寸小、重量轻、开闭迅速、具有一定的调节性能，适合制成较大口径阀门，用于温度小于 80℃、压力小于 1.0MPa 的原油、油品及水等介质。

4.4.1.9 隔膜阀

隔膜阀用隔膜作启闭件封闭流道、截断流体，并将阀体内腔和阀盖内腔隔开。隔膜阀结构简单，只由阀体、膜片和阀盖组合件三个主要部件构成，其启闭件是一块橡胶隔膜，夹于阀体与阀盖之间。一般情况下，隔膜阀按结构形式可分为屋式、直流式、截止式、直通式、闸板式和直角式六种，按驱动方式可分为手动、电动和气动三种。

隔膜阀密封性能好，流体阻力小，适用于温度小于200℃，压力小于1.0MPa的油品、水、酸性介质和含悬浮物的介质，不适用于有机溶剂和强氧化剂的介质。

4.4.2 减压阀的选用

减压阀是凭借启闭件的节流，将进口的高压介质的压力降低至某个需要的出口压力水平，在进口压力及流量变动时，能自动保持出口压力基本不变的自动阀门。

① 减压阀的选用需要根据工艺确定减压阀流量，根据阀前、阀后的压力及阀前流体温度等条件来确定阀孔面积，并按此选择减压阀的尺寸及规格。

② 在设计中，减压阀组不应设置在靠近移动设备或容易受冲击的地方，应设置在振动较小、周围较空之处，以便于检修。

③ 蒸汽系统的减压阀组前应设置排凝液疏水阀，为防止长距离输送的蒸汽管道中夹带一些杂物，应在切断阀（闸阀）之前，设置管道过滤器。

④ 阀组前后应装设压力表，以便于调节时观察。阀组后应设置安全阀，当压力超过时能起泄压和报警作用，保证压力稳定。

4.4.3 疏水阀的选用

4.4.3.1 疏水阀的作用

疏水阀是保证各种加热工艺设备所需温度和热量，并能使蒸汽加热设备达到最高工作效率的一种节能产品。

疏水阀最重要的功能主要有以下三个方面：

① 能迅速排除产生的凝结水；

② 防止蒸汽泄漏；

③ 排除空气及其他不可凝气体。

4.4.3.2 疏水阀的种类和性能

疏水阀分别基于密度差、温度差和相变三个原理，可将其分为：机械型、热静力型和热动力型。

（1）机械型疏水阀 机械型也称为浮子型，依靠浮子（球状或桶状）随凝结水液位升降的动作实现阻汽排水作用。机械型疏水阀有自由浮球式、自由半浮球式、杠杆浮球式、倒吊桶式等，小口径阀的灵敏度较大口径的高，浮球式灵敏度高于浮桶式疏水阀。

① 自由浮球式疏水阀：结构简单，灵敏度高，能连续排水，漏气量小，但抗液击、抗污垢能力差。根据浮力原理使阀体内浮球随水位变化，浮球升降运动，达到阀门启闭排水阻气作用。

② 杠杆浮球式疏水阀：灵敏度略低、体积小、制造工艺较简单，主要用于大型加热设备。特点与自由浮球式相同，但结构较复杂，是依靠浮球连接杠杆带动阀芯，随凝结水的液位升降进行开关阀门。

③ 浮桶式疏水阀：制造工艺简单，灵敏度不高，间断排水，不能排除空气，可排出饱和水，抗液击、抗污垢性比浮球式强，但体积比浮球式大。

④ 倒吊桶式疏水阀：倒吊桶为液位敏感件，吊桶开口向下，倒吊桶连接杠杆带动阀芯开启阀门，循环工作，间断排水。其灵敏度高，体积小，漏气量也小，可在工作开始和中间排除一定量的冷热空气。

（2）热静力型 利用蒸汽和凝结水的不同温度引起温度敏感元件动作，从而控制启闭件工作，可装在用汽设备上部单纯作排空气阀使用。主要品种及性能如下：

① 液体膨胀式疏水阀：适用于要求降热温度较低的伴热管线排凝及采暖用管线，结构复杂，灵敏度不高，能排除 60～100℃的低温水，也能排除空气。

② 蒸汽压力式或平衡压力式疏水阀：结构简单，动作灵敏，可连续排水、排空气，性能良好，过冷度 3～20℃，漏气量小，抗污垢及抗液击性差，可作为蒸汽系统的排空气阀。

③ 波纹管式疏水阀：结构简单、动作灵敏、能连续排水，过冷度 20℃左右，抗污垢及抗液击性差，广泛用作采暖系统疏水用，也可作为蒸汽系统排空气阀。

④ 双金属片皮水阀：双金属片皮水阀抗污垢抗液击性强，可作为蒸汽系统排空气阀。动作灵敏度不高，能连续排水、排水性能好，过冷度较大且可调节，从低压到高压都适用，最高使用压力可达 2MPa，最高使用温度可达 550℃。

（3）热动力型 利用蒸汽、凝结水通过启闭件时的不同流速引起被启闭件隔开的压力室和进口处的压力差来启闭疏水阀。这类疏水阀处理凝结水的灵敏度较高，启闭件小，惯性也小，开、关迅速。其主要品种及性能如下：

① 脉冲式疏水阀：结构简单、能连续排水，但有较大的漏气量。背压度较低，适用于回转干燥滚筒的虹吸管排水，能排除一定量的冷热空气。最小过冷度为 6～8℃。

② 圆盘式疏水阀：结构简单、造价低。间断排水有噪声，允许最小过冷度为 6～8℃，有一定的漏气量，排空气性能不佳，耐液击，在冷冻及过热蒸汽场合适用范围较广。

③ 迷宫式或微孔式疏水阀：迷宫式或微孔式疏水阀结构简单且能连续排水、排空气，利用凝结水通过迷宫式通道的多节膨胀降压或通过微孔的一次膨胀所产生的二次蒸汽来阻止或减少蒸汽的泄漏。

4.4.3.3 疏水阀的选用方法

疏水阀必须根据进出口的最大压差和最大排水量进行选用。

在凝结水一经形成后，必须立即排除的情况下，不宜选用脉冲式和波纹管式疏水阀（因两者均要求一定的过冷度，约 17～25℃），而应选用浮球式疏水阀。

在凝结水负荷变动到低于额定最大排水量的 15%时，不应选用脉冲式疏水阀。因它在低负荷下，将引起部分蒸汽的泄漏损失。

4.4.3.4 疏水阀的设计要求

① 疏水阀都应带有过滤器，或在阀前易拆卸的位置安装管道过滤器。

② 疏水阀前后要装切断阀。

③ 内螺纹连接的疏水阀一定要在疏水阀前或后的连接管上安装活接头，便于检修、拆卸。

④ 疏水阀组应尽量靠近蒸汽加热设备，以提高工作效率，减少热量损失。

⑤ 用汽设备到疏水阀这段管路，应沿流动方向有－4%的斜度，管路的公称通径不应小于疏水阀的公称通径，以免形成蒸汽阻塞，造成排水不畅通。

⑥ 不同蒸汽压力的不同用汽设备，不能共用一个疏水阀。

⑦ 同一蒸汽压力的几个同类型用汽设备，也不允许共同使用一个疏水阀。

⑧ 寒冷地区室外安装疏水阀时应注意防冻。因为凝结水在疏水阀内冻结，会使疏水阀失去阻汽排水的功能。防止方法是：加强疏水阀前后管路的保温；对经常停车或间断使用的疏水阀要在停车时进行人工放水或安装自动放水阀。

⑨ 对同一设备先后使用蒸汽加热与冷却时，建议应分别设置加热与冷却两套完整装置，以保证疏水阀的功能并防止蒸汽、凝结水受到混杂。

4.5 压力管道绝热设计

4.5.1 绝热的功能及范围

为防止生产过程中管道向周围环境散发或吸收热量，应采取适当的绝热措施，其中包括保温与保冷。

4.5.1.1 绝热的功能

① 减少管道及其附件的热（冷）量损失。

② 防止烫伤和减少热量散发到操作区，改善劳动条件。

③ 在冬季，用保温来延缓或防止管道内液体的冻结。

④ 当管道内的介质温度低于周围空气露点温度时，采用绝热可防止管道的表面结露。

4.5.1.2 绝热的范围

需采取绝热措施的管道及其附件的情况如下：

① 外表面温度＞50℃，以及外表面温度≤50℃但工艺需要保温的管道及其附件；

② 介质温度低于周围空气露点温度时，以及在环境温度下，为防止管道外表面凝露时；

③ 减少冷介质在生产或输送过程中的冷量损失以及制冷系统中的冷管道。

不需要采取绝热措施的管道及其附件主要有：

① 要求散热或必须裸露的管道，要求及时发现泄漏的管道法兰；

② 要求经常监测、防止发生损坏的部位；

③ 工艺上无特殊要求的放空、排凝管道。

4.5.2 常用绝热材料性能

4.5.2.1 绝热层材料的性能要求

① 绝热层材料应选择能提供具有随温度变化的导热系数方程式或图表的产品。对于松散或可压缩的绝热材料，应选择能提供在使用密度下的热导率方程式或图表的产品。

② 保温材料在平均温度低于350℃时，热导率不得大于0.12W/(m·℃)，保冷材料在平均温度低于27℃时，热导率应不大于0.064W/(m·℃)。

③ 保温硬质材料密度一般不得大于300kg/m^3；软质材料及半硬质制品密度不得大于200kg/m^3；保冷材料密度不得大于200kg/m^3。

④ 耐振动硬质材料抗压强度不得小于0.4MPa；用于保冷的硬质材料抗压强度不得小于

0.15MPa。

⑤ 吸水率要小。保温材料的质量含水率不得大于7.5%；保冷材料的质量含水率不得大于1%。用于直埋管道上的保温材料，含水率应小于3%。

⑥ 绝热层材料应选择能提供具有允许使用温度和不燃性、难燃性、可燃性性能检测证明的产品；对保冷材料需提供吸湿性、吸水性、憎水性检测证明。

⑦ 化学性能稳定，不会腐蚀被绝热的金属表面。

⑧ 价格低廉、施工方便，尽可能选用板、瓦及毡等制品和半成品材料。

4.5.2.2 防潮层材料的性能要求

① 抗蒸汽渗透性好，防水防潮力强，吸水率须小于1%。

② 化学稳定性好，无毒或低毒耐腐蚀，并不得对绝热层和保护层材料产生腐蚀或溶解作用。

③ 防潮层材料在夏季不软化、不起泡、不流淌，低温使用时不脆化、不开裂、不脱落。

④ 涂抹型防潮材料软化温度不低于65℃，黏结强度不小于0.15MPa，挥发物不大于30%。

4.5.2.3 保护层材料的性能要求

① 保护层材料应具有防水、防潮、抗大气腐蚀性能，化学性能稳定，不会腐蚀或溶解接触的防潮层或绝热层。

② 保护层材料具备强度高，在使用环境下不软化、不脆裂的特点，使用寿命不得小于设计使用年限。

③ 保护层材料应采用不燃或难燃性材料。尤其是输送易燃、易爆物料的设备及管道以及与其邻近的管道，其保护层必须采用不燃性材料。

案例展示

某社区重大燃气爆炸事故

2021年6月13日6时42分许，某社区的集贸市场发生重大燃气爆炸事故，41厂菜市场被炸毁，造成26人死亡，138人受伤，其中重伤37人，直接经济损失约5395.41万元。事故直接原因为天然气中压钢管严重腐蚀导致破裂，泄漏的天然气在集贸市场涉事故建筑物下方河道内密闭空间聚集，遇餐饮商户排油烟管道排出的火星发生爆炸。

事发地铺设有中压、低压共5根燃气管道。涉事故管道为向某小区供气的中压支管，采用D57mm×4mm无缝钢管，设计压力0.4MPa，工作压力0.25MPa，属于特种设备。管道泄漏点位于涉事故建筑物下方河道墙体南侧排水口附近。受河道内长期潮湿环境影响，且管道弯头外防腐未按防腐蚀规范施工，导致潮湿气体在事故管道外表面形成电化学腐蚀，腐蚀产物物料膨胀致使整个防腐层损坏，造成管道腐蚀，加上管道企业未及时巡检维护，整改事故隐患，导致管道壁厚逐步减薄造成部分穿孔。泄漏的天然气在河道内密闭空间蓄积，形成爆炸性混合气体。泄漏点上方的聚满园餐厅炉灶处于燃烧状态，炉灶上方吸油烟机将炉灶火星吸入直径40cm的PVC排烟管道直排至河道密闭空间，引爆密闭空间内爆炸性混合气体，致事故发生。

4.5.2.4 黏结剂、密封剂和耐磨剂主要性能要求

① 保冷用黏结剂能在使用的低温范围内保持良好的黏结性，黏结强度在常温时大于0.15MPa，软化温度大于65℃。泡沫玻璃用黏结剂在－190℃时的黏结强度应大于0.05MPa。

② 对金属壁不腐蚀，对保冷材料不溶解。

③ 固化时间短，密封性好，在设计使用年限内不开裂。

④ 有明确的使用温度范围和有关性能数据。在伸缩振动情况下，耐磨剂应能防止泡沫玻璃因自身或与金属相摩擦而受损。

4.5.3 绝热结构设计

4.5.3.1 对绝热结构的要求

正确选择绝热结构，直接关系到绝热效果、投资费用、能量耗损、使用年限及外观整洁美观等。绝热结构应有足够的机械强度，能承受自重及外力的冲击，且要有良好的保护层，使外部的水蒸气、雨水以及潮湿泥土的水分不能进入绝热材料内。绝热结构要简单，使用寿命要长。此外还要考虑施工方便、外表整齐美观，尽量就地取材，减少建设投资。

4.5.3.2 绝热结构的种类

一般绝热结构的组成如下：

（1）**保温**　绝热层、保护层（埋地管道应设防潮层，地沟内管道宜设防油层）。

（2）**保冷**　防锈层、绝热层、防潮层、保护层。

根据采用保温材料的性质及保温层的结构形式和安装方法的不同，可将保温结构的种类分为以下几种。

（1）**填充结构**　常用于表面不规则的管道、阀门的保温，一般采用圆钢或扁钢做支承环，将环套上或焊在管道外壁，在支承环外包镀锌铁丝网或镀锌铁皮，在中间填充疏松散状的保温材料（如矿渣棉、玻璃棉、超细玻璃棉及珍珠岩散料等）。

（2）**包扎结构**　是利用半成品保温材料（如矿渣棉毡或席、玻璃棉毡、超细玻璃棉毡、石棉布等），在现场剪成所需要的尺寸，然后包扎于管道上。包扎时要求接缝严密，厚薄均匀，保温层外面用玻璃布缠绕扎紧。

（3）**复合结构**　适用于较高温度（如65℃以上）管道的保温。施工时将耐热度高的材料作为里层，耐热度低的材料作为外层，组成双层或多层复合结构，既满足保温要求，又可以减轻保温层的质量。

（4）**浇灌式**　常用于地沟内的管道，是将发泡材料在现场浇灌入被保温的管道的模壳中，发泡成保温层结构，目前常用聚氨酯泡沫塑料原料在现场发泡，以形成良好的保冷层。

（5）**喷涂法**　为了使保冷施工方便，是将聚氨酯泡沫塑料原料在现场喷涂于管道外壁，使其瞬时发泡，形成闭孔泡沫塑料保冷层。

（6）**预制块结构**　是将保温材料预制成硬质或半硬质的成型制品，如管壳、板、块、砖及特殊成型材料，施工时将成型预制块用钩钉或铁丝捆扎在管道壁上构成保温层。如果设计厚度大于80mm时，可以分两层或多层捆扎。多层绝热层的伸缩缝相互要错开，但也不宜大于100mm。

4.6 压力管道伴热设计

在工程建设中如液态沥青等易凝结的介质，在管路输送过程中，黏度会随着温度的逐步降低而增大，甚至会由于凝固影响工程建设。所以在此类介质输送过程中，必须采取相对应的保温措施，如在该物料管道附近加蒸汽伴管，以维持物料一定的温度。

伴热设计，主要是选择伴热类型、伴热介质和保温结构。

4.6.1 伴热类型

按伴热结构不同，伴热可分为伴管、夹套管和电热带三种类型。

① 伴管、夹套管保护：在加热保护管道的周围有蒸汽管路或者介质有防火、防爆要求；

② 电热带保护：在加热保护管道的周围无蒸汽管路且介质没有防火、防爆的要求。

4.6.2 伴热介质

热水、水蒸气、联苯、联苯醚等是压力管道输送中常选用的伴热介质，即热载体，具体选用情况如下：

① 热水或低压蒸汽：物料操作温度较低，则要求热载体的温度也不高，可以选用热水或低压蒸汽作为热载体；

② 水蒸气：物料操作温度较高，则要求热载体的温度也较高，此时可采用水蒸气；

③ 导热油：物料操作温度很高，要求热载体的温度也很高时，此时采用其他的载热体，如导热油伴热，在高温、低压下操作较为安全适用。

一般在生产中，蒸汽伴管的用途相对较为广泛，伴管的直径一般在15～70mm。当输送凝固点低于50℃的物料时，则可采用压力为0.3MPa的蒸汽伴管保温；当输送凝固点高于50℃的物料时，可采用压力为0.3～1.0MPa的单根或多根伴管保温；当输送凝固点≥150℃的物料时，应采用蒸汽夹套管加热。夹套管保温层厚度，按夹套中蒸汽温度进行有关计算。

4.6.3 保温结构

软质保温材料是带蒸汽伴管的物料管路经常采用的一种保温材料，例如用超细玻璃棉毡等将其包裹保温。设计中一般采用铁丝网作骨架，在伴管与物料管间应形成加热空间，使热空气易于产生对流传热，以提高加热效果，一般有如下几种情况：

① 自然加热角：物料管的壁与热空气接触面小于180°，适用于介质温度不高（50～80℃）时；

② 半加热角：物料管的壁与热空气接触面等于180°，适用于介质温度较高时；

③ 全加热：管道的管壁完全被热空气包围。

考虑到安全性、便利性，一般考虑采用前两种加热方法，必要时，采用全加热或夹套管加热保温。

当输送物料为腐蚀性介质或热敏性强且易分解的介质时，应注意不能将伴热管紧贴于物料管管壁，应在伴管上焊一绝热板或在物料管与伴管之间衬垫一绝热片。

在蒸汽伴热设计中，压力管道中的输送介质为易燃、易爆、有毒等危险物料时，则在易泄漏的部位，如人孔、手孔、阀门、法兰等处不应采取绝热措施。在选用绝热材料时，最好选用热导率小、耐振性能好、吸水率低、化学性质稳定的材料。绝热材料还要考虑价格低廉、施工方便。

4.7 压力管道设计技术文件

压力管道的设计过程与设备设计、土建、分析化验等多方面的设计都有十分密切的关系，其彼此之间的联系都必须以书面形式确定。为确保质量，对每一步的工作也都有十分详细的规定，各类人员的职责、文件传送程序等都是很明确的。下面将对工程建设中的相关技术文件做一个简单介绍。

（1）管道设计说明 管道设计说明主要有两个部分：一是一般资料，二是设计说明。

① 一般资料：主要涉及的内容有项目名称、编号、设计依据、设计的基本原则，遵循的规范、规程和标准等。

② 设计说明：对某些重要设计内容作特殊的说明，对管道制造、安装、施工中一些对质量影响特别重要的项目予以规定和说明，尤其在一般标准、规范中没有明确规定，或者因使用面狭窄而无法找到对应的现存条款，或者现有条款不能充分体现设计要求等情况下，更有必要作较为详细的说明。例如，管道的安装检验一般都采用 GB 50235—2010《工业金属管道工程施工规范》，这个规范并非专门为压力管道的施工、验收编制的，它的适用面更广。所以，一些具体条款就不一定与压力管道的施工、验收要求一致。在一些具体场合就需要提一些更为具体的要求，如该标准中“管道焊缝的内部质量，应按设计文件的规定进行射线照相检验或超声波检验”说明焊缝质量检验要求要有设计文件予以规定。

（2）图纸目录 设计结束后，需编制一套完整的图纸目录，图纸目录的编制方法要便于查找。图纸目录应包括图纸编号、所在图图号、图纸幅面、图纸类型、图纸名称、数量等。

（3）材料汇总表 为实现规范化、标准化，设计范围内所用材料全部按一定的规定汇总，编制成册，按装置分别编制管道安装材料汇总表，包括管子、阀门、法兰、垫片、螺栓、螺母、管件、特殊管件与其他材料。每一种都包括公称直径 DN（或规格）、公称压力 PN、型号、标准号、材料和数量等数据。

（4）管道涂漆、绝热材料汇总表 管道涂漆汇总表中，环境特性按大气腐蚀、酸性气体、碱性粉尘或盐类粉尘等不同类型填写。一般保温管外表面可不涂漆，但施工期长、环境潮湿的须涂 1～2 遍底漆，保冷管外壁必须涂 1～2 遍防锈底漆或涂 2 遍冷底子油，或涂 2 遍环氧沥青漆。

绝热材料汇总表，与之配套的还有绝热材料分类汇总表、保护层或防潮层材料分类汇总表、辅助材料分类汇总表、管道绝热设计安装一览表等。

（5）采购说明书 采购说明书是工程建设中为保证采用的各种设备、机器、管道、管件、附件不出差错，对由生产厂家制造或市场采购的产品的相关规定。采购说明书包括的内容有主要技术参数、材料、制造技术要求、所遵循的标准等，此外，还须对热处理要求、标记、装运等环节作一个简要说明，对于无法达到规定要求的产品进行拒收处理。

采购说明书根据需要编制，管道方面主要有：碳钢和合金钢法兰连接螺栓采购说明书，预制管架采购说明书，阀门采购说明书，碳钢和合金钢预制管道采购说明书，弹簧安全阀、安全泄压阀采购说明书等。

课后练习

1. 填空题

(1) 输送不同介质时，需要根据介质不同的化学性质，选择不同的管材。对于中性介质，一般对材料要求不高，可选用________，例如输送水及水蒸气。

(2) 闸阀是一个启闭件闸板，可按阀杆上螺纹位置将其分为________和________，根据闸板的结构特点将其分为________和________。

(3) ________是通过改变节流截面和节流长度以控制流体流量的阀门。

(4) 隔膜阀用________作启闭件封闭流道、截断流体，并将阀体内腔和阀盖内腔隔开。隔膜阀结构简单，只由________、________、________三个主要部件构成。

(5) 在选用管子材料时，应优先考虑采用________。

(6) 疏水阀分别基于密度差、温度差和相变三个原理，可将其分为________、________、________。

(7) 根据采用保温材料的性质及保温层的结构形式和安装方法的不同，可将保温结构分为________、________、________、________、________、________。

2. 简答题

(1) 申请压力管道设计的单位必须具备哪些条件？

(2) GB 50058—2014《爆炸危险环境电力装置设计规范》中对爆炸性气体环境和爆炸性粉尘环境作了十分详细的规定，标准将爆炸性气体环境危险区划分为哪三种？

(3) 疏水阀最重要的功能主要有哪几个方面？

(4) 绝热的功能主要是什么？

(5) 须采取绝热措施的管道及其附件的有哪些情况？

III

压力容器篇

案例导读

3000 吨级的“大国重器”

压力容器是石油、化工、能源等国民经济命脉行业的关键设备，随着石化生产行业的大型化和集约化发展，压力容器的单台规模越来越大，运行环境也越来越严苛。原油到轻质燃油的高效清洁转化是当前重点关注的领域，渣油加氢是其中重点发展的工艺之一。

2020 年 6 月 1 日，由中国一重集团承制的首台 3000 吨级锻焊加氢反应器完工发运、列装起航。该设备重达 2400 吨以上，直径 5m，立直高度 70m，约 20 层楼高，壁厚超过 300mm，是目前我国乃至全球最大的渣油加氢设备，也是全球体形最大的石化设备和最大的反应容器。

为了安全顺利地制造出这台大国重器，我国相关领域的企业和科研院所创造性地研发出多种具有自主知识产权的新技术，连续创下了多项石化设备吊装的世界纪录，例如可用于 3500 吨自顶升式数字化托辊、万吨级锻造水压机等。

该装备有利于最大程度提高渣油转化率，降低延迟焦化负荷，减少大气污染。其成功制造标志着我国在压力容器的设计、制造、安装等方面处于国际领先水平，展示了中国质造和大国工匠的实力。

第5章 压力容器基础知识

5.1 压力容器概述

5.1.1 压力容器概念

5.1.1.1 定义

容器按所承受压力的高低可分为常压容器和压力容器两大类，压力容器和常压容器的压力分界是人为规定的，因而在不同规范中其数值可能略有差异。按照《压力容器》（GB/T 150）规定，当容器承受的内压大于0.1MPa时，称为压力容器；当容器承受的内压小于0.1MPa时，称为常压容器；当容器所承受的内压与外压之差小于零时，称为外压容器；当承受内压小于外界压力时，往往称为真空容器。

压力、容积、介质特性是影响压力容器安全的三个重要指标，因此《固定式压力容器安全技术监察规程》（TSG 21—2016）定义具备下列三个条件的容器可作为压力容器：

① 最高工作压力≥0.1MPa（不含液柱静压力）；

② 内直径≥0.15m，且容积≥0.03m^3；

③ 盛装介质为气体、液化气体或最高工作温度大于等于标准沸点的液体。

可以将压力容器的定义总结如下：盛装气体或者液体，承载一定压力的密闭设备，其范围规定为最高工作压力大于或者等于0.1MPa（表压），且压力与容积的乘积大于或者等于2.5MPa·L的气体、液化气体和最高工作温度高于或者等于标准沸点的液体的固定式容器和移动式容器；盛装公称工作压力大于或者等于0.2MPa（表压），且压力与容积的乘积大于或者等于1.0MPa·L的气体、液化气体和标准沸点等于或者低于60℃液体的气瓶、氧舱等。

压力容器不仅是工业生产中的常用设备，同时也是一种比较容易发生事故的特种设备。压力容器的安全问题，一直受到社会各界的广泛重视。

5.1.1.2 主要用途

压力容器的用途极为广泛，最初主要用于石油化学工业，如今广泛用于现代化工业、军工等许多行业，在科学研究的许多领域都起着重要的作用。目前来看，石油化学工业应用得最为普遍，占压力容器总数的一半左右。

在石油化工领域，压力容器可用于储存有压力的气体、蒸汽或液化气体，如液氨储罐、氢气储罐、氮储罐等。压力容器也可作为其他石油化工设备的外壳，为各种化工单元操作（如化学反应、传热、传质、蒸馏、萃取、分离等）提供必要的压力空间，诸如石油化学工业中普遍应用的各类反应设备、换热器、塔器、分离设备等。

在其他民用工业领域，压力容器的应用也极为普遍。例如各城市、各企业所用的煤气或液化气储罐；各种动力机械的辅机如换热器、分离器等；制糖、造纸所用的各类蒸煮釜等。

在航天、军工等新兴领域，压力容器又有了更加广泛的应用。航天和军事上所用的各类动力火箭均属于高温高压容器，飞机上的各种专用气瓶以及研制新飞机的多种专用试验装置也属于压力容器。

核能、石油、煤炭、天然气、水力这些重要能源的应用，都离不开压力容器。因此，压力容器在社会各行各业的生产、储存、运输等方面具有不可取代的地位。

5.1.2 压力容器主要参数

压力容器，顾名思义是在有压力条件下工作的容器。在严峻的工作条件下，要保证容器长期安全运行，就必须在设计、选材、制造、检验和使用管理上有一整套严格的要求。否则容器一旦发生爆炸，在爆炸瞬间将猛烈地释放出巨大的能量，其摧毁力之大是惊人的。而压力容器爆炸时所释放能量的多少是和容器的容积（几何尺寸）、操作工况（压力、温度）及内部介质特性直接相关的。

5.1.2.1 压力

在物理学中和工程上关于压力的概念是不相同的。在物理学中，压力是指垂直作用于物体表面的力，也称为压力强度，简称压强。

工程上压力的概念实质上就是物理学中的压强，即工程上把垂直作用于物体单位面积上的力称为压力，这是一种习惯性叫法。工程上压力的国际单位用帕斯卡（Pa）或MPa来表示。

此处主要讨论压力容器工作介质的压力，即压力容器工作时所承受的主要载荷。压力容器运行时的压力是用压力表来测量的，表上所显示的压力值为表压力，它是表示容器内部流体超过0.1MPa的压力值。容器内的绝对压力应为压力表显示的压力值与周围的0.1MPa压力之和。在各种压力容器的规范中，经常出现工作压力、最高工作压力和设计压力等概念，现将其定义分述如下：

① 工作压力：也称操作压力，指容器顶部在正常工艺操作时的压力（不包括液体静压力）。

② 最高工作压力：指容器顶部在工艺操作过程中可能产生的最大表压力（不包括液体静压力）。容器最高工作压力的确定与工作介质有关。

③ 设计压力：指在相应设计温度下，用以确定容器计算壁厚及其元件尺寸的压力，一般不小于最高工作压力。

④ 计算压力：是指在相应的设计温度下，用以确定受压元件厚度的压力，包括液柱静压力。

⑤ 公称压力：石油化工领域引用了公称压力的概念，所谓公称压力是一种经标准化后压力的数值。即把压力范围按等级区分成一定数目的系列。该系列中的各压力值称为公称压力，它是制定石油化工设备通用零部件标准的重要参数之一。

常用压力容器的工作介质是各种气体、水蒸气或液体，压力主要来源于以下几个方面：

① 压力产生于压缩机：工作介质为压缩气体的容器。气体压缩机主要有容积型（活塞

式、螺杆式、转子式、滑片式等）和速度型（离心式、轴流式、混流式等）。除气体在容器内温度大幅度升高或产生其他物理化学变化使压力升高的情况外，这些容器所承受的压力大小主要决定于压缩机出口压力。

② 压力产生于蒸汽锅炉：工作介质为水蒸气的压力容器。

③ 液化气体的蒸发压力：工作介质为液化气体的容器。

④ 化学反应产生压力：在某些化工容器中，两种或两种以上物质经过化学反应后，其容积显著增加导致容器内产生压力或使原来的压力升高。这些容器的压力决定于参加反应物料的数量、反应进行的速度以及反应产物排出的情况。

由于气体介质在容器内受热而产生或显著增加压力的情况一般是少见的，只有因特殊原因，气体在容器内吸收了大量的热量，温度大幅度升高时压力显著增加的情况才会发生。另外，常用的压力容器中，气体压力在容器外增大的较多，在容器内增大的较少，后者危险性较大，对压力控制的要求也更严格。

除上述外，由于各种不正常的原因使低沸点的液体（常见的如水）和高温物料相遇，急剧汽化，体积剧增而产生很高的压力。除压缩机外，各种加压泵也能使液体获得压力。

5.1.2.2 温度

温度是压力容器材料选用的主要依据之一，也是压力容器设计和使用中需要考虑的因素。

（1）金属温度 指沿金属截面温度的平均值。在任何情况下金属温度不得超过金属材料的允许使用温度。

（2）设计温度 指容器在正常操作情况、相应设计压力下，设定的受压元件的金属温度，其值不得低于元件金属可能达到的最高金属温度。对于0℃以下的金属温度，则设计温度不得高于元件金属可能达到的最低金属温度。标准《压力容器 第1部分：通用要求》（GB/T 150.1—2024）规定，压力容器铭牌上的设计温度应是壳体设计温度的最高值或最低值。

（3）试验温度 指在耐压试验时容器壳体的金属温度。

5.1.2.3 介质

介质的有毒、剧毒和易燃的界限划分如下：

有毒介质是指进入人体的量≥50g即会引起人体正常功能损伤的物质，如二氧化硫、氨、一氧化碳、氯乙烯、甲醇、环氧乙烷等。

剧毒介质是指进入人体的量＜50g即会引起肌体严重损伤或致死作用的介质，如氟、氰化氢、光气等。

易燃介质是指与空气混合时，其爆炸极限的下限小于10%，或其上、下限之差大于20%的介质，如乙烷、氢、一甲胺、甲烷、氯甲烷、环丙烷、丁烷、丁二烯等。

压力容器中的介质为混合物质时，应以介质的组分并按上述毒性程度或易燃介质的划分原则，由设计单位的工艺设计或使用单位的生产技术部门提供介质毒性程度或是否属于易燃介质的依据，无法提供依据时，按毒性危害程度或爆炸危险程度最高的介质确定。

内部介质的特性对容器的运行安全和使用寿命影响很大。尤其是石油化工容器，其内部介质具有强烈的腐蚀性（如氢腐蚀、硫化氢腐蚀，各种浓度的酸、碱腐蚀等），从而对容器材料的选用提出了苛刻的要求。此外，很多介质本身还是易燃、易爆或有毒的气体，如果容器在运行中损坏或泄漏，除了由于容器本身爆炸所造成的损坏外，还可能产生由于内部介质向外扩散而引起的化学爆炸（又称二次爆炸）、着火燃烧，有毒气体将会污染环境，使人中毒。近年来，随着石油化工生产向高效、低耗及单机处理能力大型化发展，压力容器的规格越来越大，操作条件日趋苛刻。容器的规格增大，不仅给制造、运输、安装带来一系列困难，更重要的是由于厚钢板的质量和深厚焊缝的存在，增加了容器发生脆性破坏的危险性。

5.1.2.4 几何尺寸

（1）直径 一般所说的容器直径指其内径，单位用 mm 表示。出于标准化的需要，把容器的直径按尺寸大小排列成一定数目的系列，该系列中的各尺寸称为公称直径。

（2）厚度

① 计算厚度：指容器受压元件为满足强度及稳定性要求，按相应公式计算得到的不包括厚度附加量的厚度。

② 设计厚度：指计算厚度与腐蚀裕量之和。

③ 名义厚度：指设计厚度加上钢材厚度负偏差后，向上圆整至钢材标准规格的厚度，即标注在图样上的厚度。

④ 最小厚度：容器壳体加工成型后不包括腐蚀裕量的最小厚度。

⑤ 厚度附加量：由钢材的厚度负偏差和腐蚀裕量组成，不包括加工减薄量。

⑥ 有效厚度：名义厚度减去厚度附加量（腐蚀裕量与钢材厚度负偏差之和）。

5.1.3 压力容器基本要求

对于压力容器设计的基本要求是保证其安全性和经济性。由材料力学可知，安全和经济是矛盾的，在保证安全的前提下尽可能经济，安全性作为核心，压力容器应满足以下几个方面的要求。

（1）强度要求 压力容器的受压元件应具有足够的强度（指容器在外力作用下不失效和不被破坏的能力），以保证在压力、温度和其他外载荷作用下不发生过度的塑性变形、破裂或爆炸等事故。

（2）刚度要求 刚度是指容器在外力作用下，保持原来形状的能力。由于过度的变形会丧失正常的工作能力，即使不会使容器破坏，但能够发生密封泄漏，使密封失效。

（3）稳定性要求 稳定性是指容器在外力作用下，保持其几何形状不发生突然改变的性能。

（4）密封要求 压力容器的介质一般是易燃、易爆或有毒介质，一旦泄漏，会造成环境污染、财产损失、人员伤亡等，因此密封性能要求至关重要。

（5）使用寿命 压力容器应具有足够的使用寿命。压力容器的设计使用寿命一般为10～15 年，重要的容器设计使用寿命为 20 年。容器的设计使用年限与实际使用年限不同，操作使用得当，检验维修好，使用年限会延长很多。

（6）结构要求 压力容器应具有合理的结构。不仅要满足工艺要求，还要有良好的承载特性，而且还要方便制造、检验、运输、安装、操作及维修。尽可能采用标准化的零部件、设置尺寸适宜的人孔和检查孔。

5.2 压力容器分类

为了便于管理以及掌握容器的危害程度，压力容器一般可按材质、制造方法、受压情况、壁厚、设计压力和工艺用途等使用特性进行分类。

5.2.1 按工艺用途分

（1）反应容器（代号 R） 主要用来完成工作介质的物理、化学反应的容器称为反应容器。如反应器、发生器、聚合釜、合成塔、变换炉等。

（2）换热容器（代号 E） 主要用来完成介质的热量变换的容器称为换热容器。如热交换器、冷却器、加热器、硫化罐、消毒锅等。

（3）分离容器（代号 S） 主要用来完成介质的流体压力平衡，气体净化、分离等的容器称为分离容器。如分离器、过滤器、积油器、缓冲器、储能器、洗涤塔、干燥器等。

（4）储运容器（代号 C，其中球罐代号 B） 主要用来盛装生产和生活用的原料气体、液体、液化气体的容器称为储运容器。如储槽、储罐、槽车等。

5.2.2 按设计压力分

按照设计压力（p）的大小，压力容器可分为以下四类。

① 低压容器（代号 L）：$0.1\text{MPa} \leqslant p < 1.6\text{MPa}$；

② 中压容器（代号 M）：$1.6\text{MPa} \leqslant p < 10\text{MPa}$；

③ 高压容器（代号 H）：$10\text{MPa} \leqslant p < 100\text{MPa}$；

④ 超高压容器（代号 U）：$p \geqslant 100\text{MPa}$。

对气瓶而言，设计压力 $p < 12.5\text{MPa}$ 为低压，$p \geqslant 12.5\text{MPa}$ 为高压。

5.2.3 按固定方式分

按固定方式可将压力容器分为固定式容器、移动式容器等。

（1）固定式容器 有固定的安装和使用地点，工艺条件和使用、操作人员也比较固定，一般不是单独装设，而是用管道与其他设备相连接的容器，如合成塔、蒸球、管壳式余热锅炉、热交换器、分离器等。

（2）移动式容器 一种储装容器，如气瓶、汽车槽车、铁路槽车等，其主要用途是装运有压力的气体。这类容器无固定使用地点，一般也没有专职的使用、操作人员，使用环境经常变迁，管理比较复杂，较易发生事故。

5.2.4 按受压情况分

按壳体承压方式不同，压力容器可分为内压（壳体内部承受介质压力）容器和外压（壳体外部承受介质压力）容器两大类。

这两类容器是截然不同的，其差别反映在以下两点：

① 在设计原理上，内压容器的壁厚是根据强度计算确定的，而外压容器的设计则主要考虑稳定性问题；

② 在安全性上，外压容器相对内压容器安全。

5.2.5 按安全技术管理要求分

压力容器具有量大面广、工作条件差异大的特点，其危险程度与诸多因素有关，如压力、容积、介质危险性、使用环境等。危险程度愈高，对压力容器生产、使用、检验检测和监督检查的要求也愈高。安全监察工作的目的是预防和减少事故，特别是重特大事故的发生。安全监察应把有限的力量集中在危险程度高的设备上，要考虑安全和经济关系的协调。

5.2.1～5.2.5节介绍的压力容器分类方法非常直观，但仅仅考虑了压力容器的某个设计参数或使用状况，还不能综合反映压力容器面临的整体危害水平。例如储存易燃或毒性程度中度及以上危害介质的压力容器，其危害性要比相同几何尺寸、储存毒性程度轻度或非易燃介质的压力容器大得多。压力容器的危害性还与其设计压力 p 和全容积 V 的乘积有关，pV 值愈大，则容器破裂时爆炸能量愈大，危害性也愈大，对容器的选材、设计、制造、检验、使用和管理的要求愈高。

为使分类简单唯一，我国 TSG 21—2016《固定式压力容器安全技术监察规程》根据介质、设计压力和容积等三个因素进行压力容器分类，将所适用范围内的压力容器分为第Ⅰ类压力容器、第Ⅱ类压力容器和第Ⅲ类压力容器，现介绍其分类方法。

（1）介质分组 压力容器的介质为气体、液化气体，介质最高工作温度高于或者等于其标准沸点的液体，按其毒性危害程度和爆炸危险程度分为两组。

① 第一组介质：毒性危害程度为极度危害、高度危害的化学介质，易爆介质，液化气体。

② 第二组介质：除第一组介质以外的介质。

介质毒性危害程度和爆炸危险程度按 GBZ 230—2010《职业性接触毒物危害程度分级》、HG/T 20660《压力容器中化学介质毒性危害和爆炸危险程度分类标准》两个标准确定，两者不一致时，以危害（危险）程度高的为准。

（2）压力容器分类 压力容器分类应当先按照介质特性，选择相应的分类图，再根据设计压力 p（单位 MPa）和容积 V（单位 m^3），标出坐标点，确定容器类别。

① 对于第一组介质，压力容器的分类见图 5-1。

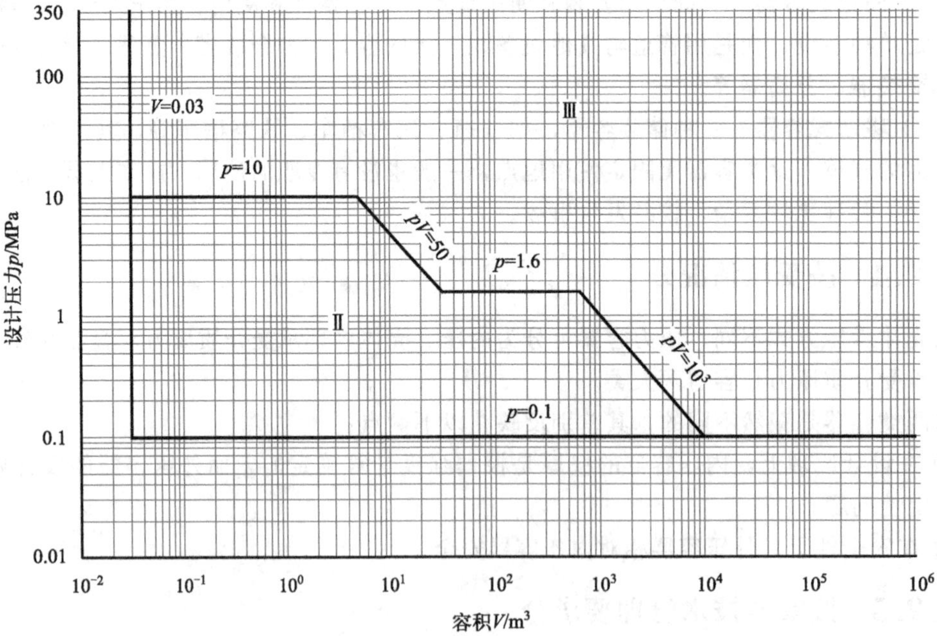

图 5-1 压力容器分类图——第一组介质

② 对于第二组介质，压力容器的分类见图 5-2。

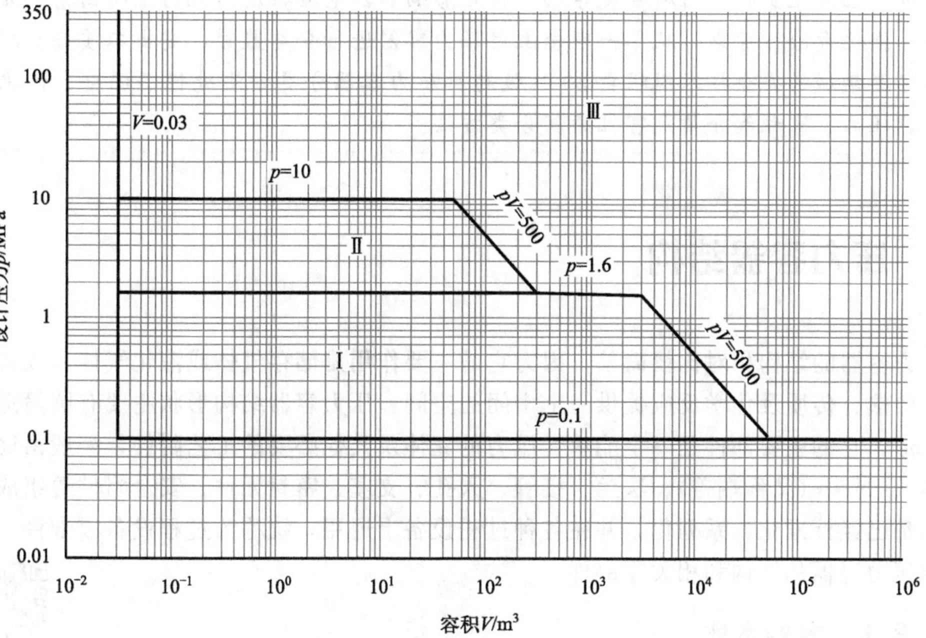

图 5-2 压力容器分类图——第二组介质

多腔压力容器（如热交换器的管程和壳程、夹套压力容器等）应当分别对各压力腔进行分类，划分时设计压力取本压力腔的设计压力，容积取本压力腔的几何容积；以各压力腔的最高类别作为该多腔压力容器的类别并且按照该类别进行使用管理，但是应当按照每个压力腔各自的类别分别提出设计、制造技术要求。一个压力腔内有多种介质时，按照组别高的介质分类。当某一危害性物质在介质中含量极小时，应当根据其危害程度及其含量综合考虑，按照压力容器设计单位确定的介质组别分类。当坐标点位于图 5-1 或者图 5-2 的分类线上时，按照较高的类别划分。简单压力容器统一划分为第Ⅰ类压力容器。

需要补充说明的是，由于各国的经济政策、技术政策、工业基础和管理体系的差异，压力容器的分类方法也互不相同。采用国际标准或者国外先进标准进行压力容器设计和使用管理时，应采用对应的分类方法。

拓展阅读

压力容器分类方法的演变

安全监察工作的目的是预防和减少事故，特别是重特大事故的发生。安全监察应把有限的力量集中在危险程度高的设备上，要考虑安全和经济关系的协调。为此，最初的《压力容器安全技术监察规程（99 版）》（以下简称“原容规”）将压力容器划分为三类，实行分类监管。

“原容规”压力容器分类法，综合考虑了设计压力、容积、介质危害程度、容器在生产中的作用、材料强度、容器结构等因素。虽然其原则思想也是容器的危险性，但重点不突出，不够科学严谨，并且显得十分复杂。在使用过程中，经常遇到很难确定某一具体容器类别的情况。例如，有的压力容器往往有多种功能，难以界定哪个功能在工艺过程中起主要作用，分类时考虑反应、储存、换热或分离等因素，就会造成类别划分时意见不统一。

随着材料科学、制造技术等的进步，原分类方法所考虑的某些因素对压力容器危险程度的影响程度已发生变化，材料强度等已不再是影响容器危险程度高低的主要因素。为简化分类方法，强化危险性原则，从单一理念上对压力容器进行分类监管，突出本质安全思想，我国压力容器领域的安全技术规程自2009版起对压力容器分类方法进行了调整、优化，简化为只考虑压力、容积和介质危害性的新分类方法。

5.3 压力容器结构

压力容器的结构相对比较简单，因为它的主要作用是储存气体或液化气体，或者为这些介质的传热、传质及化学反应提供一个密闭的空间。压力容器结构形状主要有圆筒形、球形和组合形，它的主要部件是一个能承受压力的壳体及其他必要的工艺附件，一般由筒体（又称壳体）、封头（又称端盖）、法兰、接管、人孔、支座、密封元件、安全附件等组成，这些零部件都已经标准化、系列化，并在各种过程设备上通用，统称为过程设备零部件。本节将会介绍压力容器的结构和相关零部件。

球罐罐区

5.3.1 容器本体

5.3.1.1 球形容器

球形容器由数块球瓣板拼焊成，承压能力好，但由于安置内件不便和制造稍难，故一般用作储罐。从受力的情况看，球形是壳体最适宜的形状。因为在同样大小的压力的作用下，球形壳体所受的最大应力是圆筒壳体所受最大应力的一半；如果容器的直径、制造材料和工作压力都相同，则球形容器所需要的壁厚仅为圆筒形壁厚的一半，且制造相同容积的容器，球形容器要比圆筒形容器节省30%～40%的材料。但是球形容器制造困难、成本较高，它不便于作为反应式传热、传质用容器在内部安装工艺附件装置，也不便于内部相互作用的介质的流动，因此球形容器一般广泛用作储运容器。

5.3.1.2 圆筒形容器

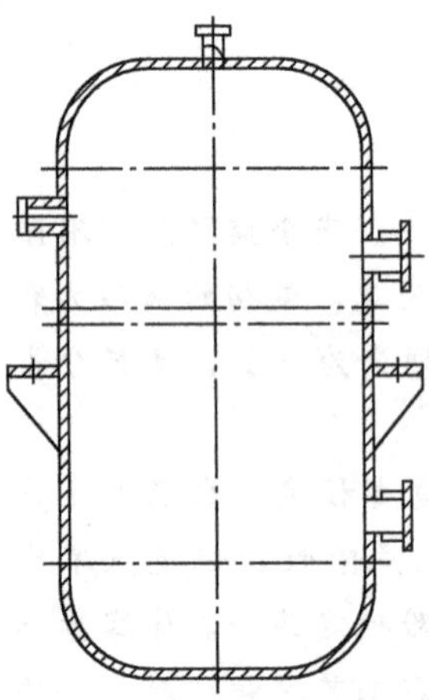

图 5-3 低压圆筒形容器

圆筒形容器是压力容器中使用最为普遍的一种，例如广泛用作反应容器、换热容器和分离容器。由于圆筒形容器是一个平滑的曲面，应力分布比较均匀，所以不会由于形状突变引起较大的附加应力。而圆筒形容器相较于球形容器，在制造工艺上更为方便，又便于在内部装设工艺附件装置，而且便于相互作用的工作介质在内部流动。圆筒形容器是由圆柱形筒体和各种成型封头（半球形、椭圆形、碟形、锥形）所组成。常用的低压圆筒形容器如图 5-3 所示。

圆柱形筒体是压力容器主要形式，制造容易、安装内件方便、承压能力较好，因此应用最广。圆筒形容器又可以分为立式容器和卧式容器，为了便于成批生产，我国已经实行压力容器零部件的标准化，容器的筒体直径按公称直径选用。应该注意的是，焊接的圆筒体，公称直径是指它的内径。而用无缝钢管制成的圆筒体，容器的公称直径是指它的外径。因为无缝钢管的公称直径不是内径，而是接近而又小于外径的一个数值。用无缝钢管作容器筒体时选它的外径作为容器的公称直径。压力容器的公称直径和用无缝钢管作筒体时容器的公称直径分别见表 5-1 和表 5-2。

表 5-1　压力容器的公称直径　　单位：mm

压力容器的公称直径	压力容器的公称直径	压力容器的公称直径	压力容器的公称直径
300	800	(1700)	2800
(350)	900	1800	3000
400	1000	(1900)	3200
(450)	(1100)	2000	3400
500	1200	(2100)	3600
(550)	(1300)	2200	3800
600	1400	(2300)	4000
650	(1500)	2400	
700	1600	2600	

注：表中带括号的公称直径尽量不采用。

表 5-2　用无缝钢管作筒体时容器的公称直径　　单位：mm

容器公称直径	159	219	273	325	377	426
所用无缝钢管的公称直径	150	200	250	300	350	400

5.3.2　容器的封头

封头按其形状可分为三类：即凸形封头、锥形封头和平板封头。其中平板封头应用较少，在压力容器中一般只用作人孔及手孔的盖板。凸形封头是压力容器中广泛采用的封头结构型式，锥形封头一般也只用于某些用途的容器。

5.3.2.1　凸形封头

凸形封头主要有半球形封头、碟形封头、椭圆形封头和无折边球形封头四种，其形状如图 5-4 所示。

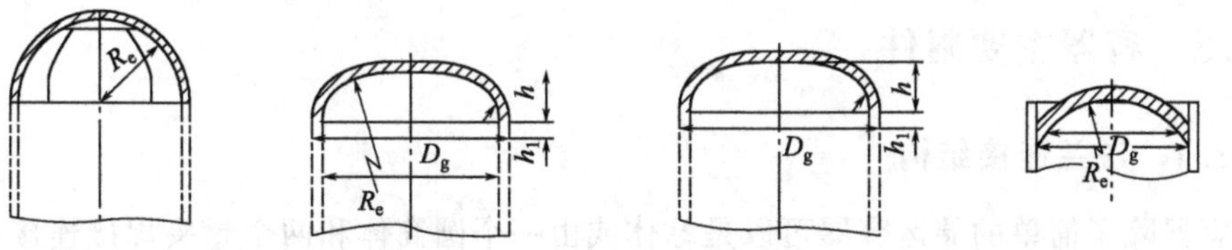

(a) 半球形封头　(b) 碟形封头　(c) 椭圆形封头　(d) 无折边球形封头

图 5-4　凸形封头

（1）半球形封头　由球壳的一半制成。与其他形状的封头相比，封头壳壁在压力作用下产生的应力最小，所需要的壁厚最薄，用材比较节省。

（2）碟形封头　由球面部分、圆筒形部分和连接这两部分的过渡区三部分组成。

(3) 椭圆形封头 纵剖面的曲线部分是半个椭圆形，由半个椭球和一个圆筒形筒节构成，直边段是为了使焊缝避开边缘应力区。

(4) 无折边球形封头 是一块深度很小的球面壳体，结构简单，制造容易且成本较低，一般只用在直径较小、压力很低的低压容器上。

5.3.2.2 锥形封头

当容器内的工作介质含有颗粒状或粉末状的物料或者黏稠的液体时，或者为了使气体在容器内均匀分布以及要改变流体的流速，常采用锥形封头。锥形封头有带折边的和无折边的两种，其形状如图 5-5 所示。

带折边的锥形封头由三部分组成，即锥形部分、圆弧过渡部分和圆筒部分，过渡部分是为降低边缘应力，直边部分是为避免边缘应力叠加在封头和筒体的连接焊缝上。

对于轴对称的锥形封头大端，当锥壳半顶角 $\alpha \leqslant 30°$时，可以采用无折边结构；$\alpha > 30°$时，应采用带过渡段的折边结构。对于锥形封头小端，当锥壳半顶角 $\alpha \leqslant 45°$时，可以采用无折边结构；$\alpha > 45°$时，应采用带过渡段的折边结构。

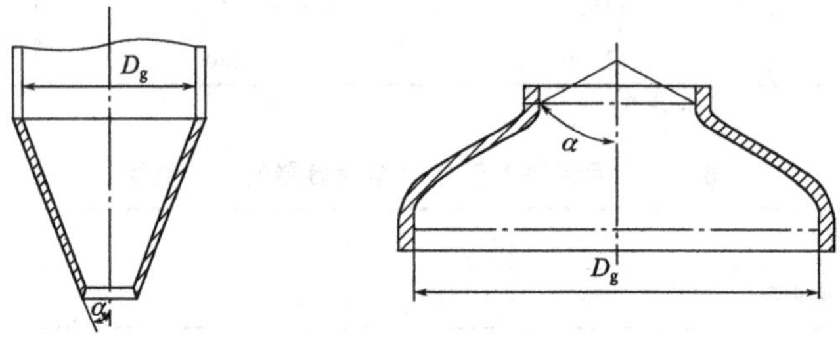

(a) 无折边锥形封头　　(b) 带折边锥形封头

图 5-5　锥形封头

5.3.2.3 平板封头

平板封头也称为平盖，作为封头，承受介质压力时，所产生的弯曲应力较大，在等厚度、同直径条件下，平板内产生的最大弯曲应力是圆筒壁薄膜应力的 20～30 倍，故平盖封头的壁厚比同直径的筒体壁厚大得多。平盖封头会对筒体造成较大的边缘应力，结构简单，制造方便，因此承压容器的封头一般都不采用平盖，只是压力容器上的人孔、手孔采用平盖，或直径较小的高压容器及小直径的常压容器，可以采用平盖。

5.3.3 容器主要附件

5.3.3.1 法兰连接结构

压力容器除了简单的储运容器可以是球体或由一个圆筒体和两个封头焊接连接成为一个不可拆的整体外，其他用途的容器如换热容器等，考虑到安装检修的方便和生产需要，很多情况下会采用部分的可拆连接的结构。压力容器的可拆连接结构一般都是法兰连接，法兰连接的主要优点是密封可靠和足够的强度，一般有三种连接形式：整体法兰、活套法兰和螺纹法兰。

(1) 整体法兰 整体法兰与圆筒体固定成为一个不可拆的整体。根据它与筒体的连接方式又有平焊法兰和对焊法兰之分，如图 5-6 所示。

(2) 活套法兰 是套在筒体外面而不与筒壁固定成整体的一种法兰。它与筒体没有刚

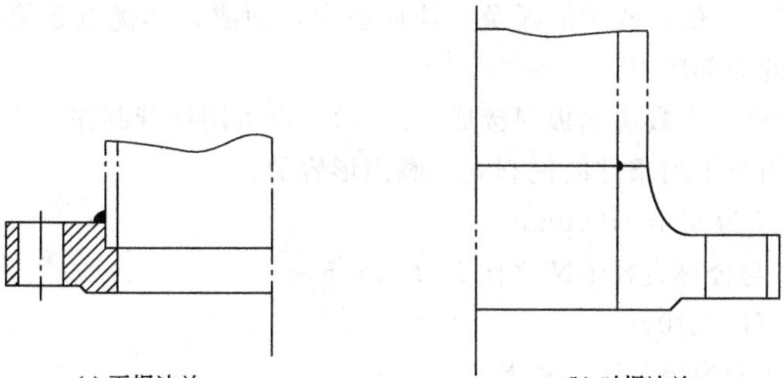

(a) 平焊法兰　　(b) 对焊法兰

图 5-6　整体法兰

性的联系，不会使器壁产生附加应力，但其载荷较重，这种法兰一般只用于搪瓷或有色金属制造的低压容器上，如图 5-7 所示是常见的几种型式。

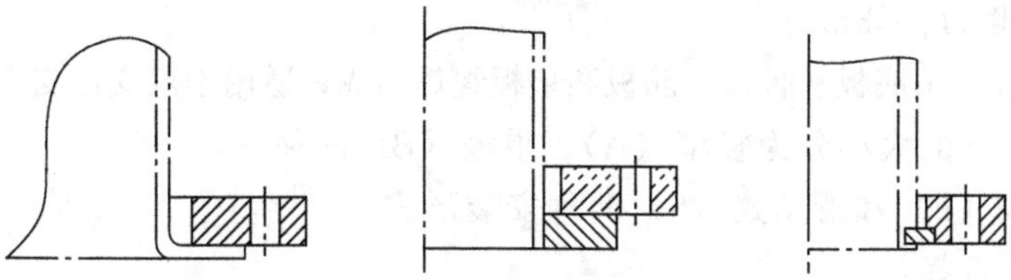

(a) 翻边活套法兰　　(b) 平焊活套法兰　　(c) 对焊活套法兰

图 5-7　活套法兰

（3）螺纹法兰　是用螺纹与筒体相连接的一种法兰，这种连接结构可以减小法兰对器壁产生的附加应力。但在直径较大的容器壳体和法兰上加工螺纹是相当麻烦的，故一般只用于管式容器和高压管道上。螺纹法兰的结构形状如图 5-8 所示。

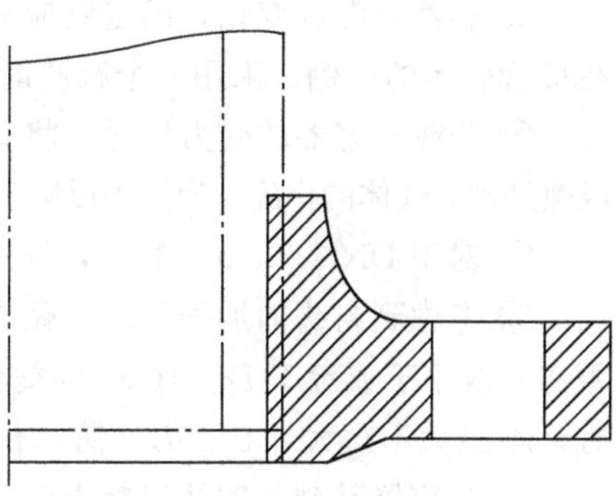

图 5-8　螺纹法兰

法兰密封面可分为平面法兰密封面、凹凸面法兰密封面、榫槽面法兰密封面。

① 平面法兰密封面：具有结构简单，加工方便，便于进行防腐衬里等优点，由于这种密封面和垫片的接触面积较大，如预紧不当，垫片易被挤出密封面，也不宜压紧，密封性能较差，适用于压力不高的场合，一般使用在 $p_N \leqslant 2.5\text{MPa}$ 的压力下。

② 凹凸面法兰密封面：相配的两个法兰结合面是一个凹面和一个凸面，安装时易于对中，能有效防止垫片被挤出密封面，密封效果优于平面密封。

③ 榫槽面法兰密封面：相配的两个法兰结合面是一个榫面和一个槽面，密封面更窄，由于受槽面的阻挡，垫片不会被挤出压紧面，且少受介质的冲刷和腐蚀。安装时易于对中，垫片受力均匀，密封可靠，适用于易燃、易爆和有毒介质的运用，由于垫片很窄，更换时较为困难。

5.3.3.2　支座

支座用来支承容器重量和固定容器位置，一般分为立式容器支座、卧式容器支座。立式容器支座分为耳式支座、支承式支座和腿式支座；卧式容器多使用鞍式支座。

（1）耳式支座 一般由两块筋板及一块底板焊接而成，其优点是简单、轻便；缺点是对器壁易产生较大的局部应力。

（2）支承式支座 由数块钢板焊接成（A 型），也可用钢管制作（B 型）。

支承式支座适用于下列条件的钢制立式圆筒形容器：

① 公称直径 DN 为 800～4000mm；

② 圆筒长度 L 与公称直径 DN 之比 $L/DN\leqslant5$；

③ 容器总高度 $H_0\leqslant10\text{m}$。

支承式支座型式分为 A、B 型两类。

（3）腿式支座 将角钢或钢管直接焊在筒体上（A 型）或筒体的加强板上（B 型）。

腿式支座适用于安装在刚性基础，且符合下列条件的容器：

① 公称直径 DN 为 400～1600mm；

② 圆筒长度 L 与公称直径 DN 之比 $L/DN\leqslant5$；

③ 容器总高度 $H_1\leqslant5\text{m}$。

（4）鞍式支座 由底板、腹板、筋板和垫板组焊而成，适用于双支点支承的钢制卧式容器。

按鞍座实际承载的大小分为轻型（A）、重型（B）两种。

鞍座分固定式（F）和滑动式（S）两种安装形式。

鞍式支座型式选择：

① 重型鞍座可满足卧式换热器、介质密度较大卧式容器的要求；轻型鞍座则满足一般卧式容器的使用要求。

② 容器因温度变化，固定侧应采用固定鞍座；滑动侧采用滑动鞍座。固定鞍座一般设在接管较多的一侧。采用三个鞍座时，中间鞍座宜选固定鞍座，两侧鞍座可选滑动鞍座。

③ 为改善容器的受力情况，将垫板四角倒圆，并在垫板中心开一通气孔，以利于焊接或热处理时气体的排放；为使垫板按实际需要设置或与容器等厚，标准中垫板厚度允许改变。

④ 对于 DN≤900mm 容器，鞍座分为带垫板和不带垫板两种。

⑤ 考虑到封头的加强作用，鞍座应尽可能靠近封头，即 A（鞍座中心线到封头切线的距离）应小于或等于 $D_0/4$（D_0 为筒体外径），从受力情况考虑，A 不宜大于 $0.2L$，当需要时，A 最大不得大于 $0.25L$（筒体长度）。

⑥ 当容器基础是钢筋混凝土时，滑动鞍座底板下面必须安装基础垫板，基础垫板必须保持平整光滑。

5.3.3.3 容器的接管、开孔及其补强结构

由于工作介质进入容器和从容器中排出必须有进、出口，所以压力容器一般都要开孔。此外，为了能对容器进行定期的内部检查和清理等，还需要开设手孔和人孔。容器开孔后，器壁强度将受到削弱，所以需要对容器进行补强。容器的主要附件还包括这些接口管、手孔、人孔以及开孔补强结构。

（1）接口管 是使压力容器在使用过程中与介质输送管道或仪表连接管件等进行连接的一种附件。螺纹短管式、法兰短管式和平法兰式是常见的三种接口管型式，见图 5-9。

（2）手孔和人孔 是为了方便工作人员对容器进行定期检查以及安装、拆卸容器内附件而开设的，一般有圆形或椭圆形两种。

内闭式和外闭式是手孔和人孔常见的两种封闭型式。

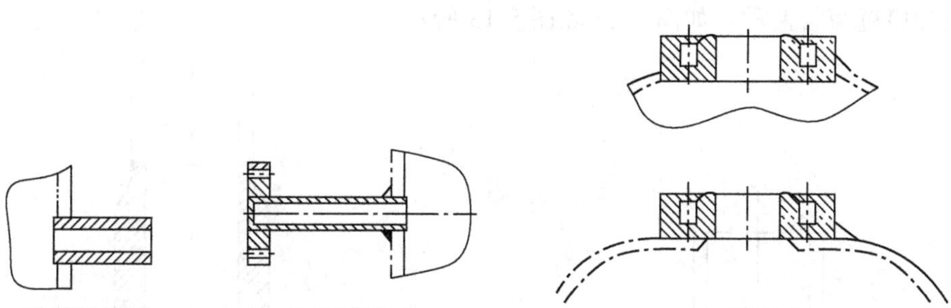

(a) 螺纹短管式　　(b) 法兰短管式　　(c) 平法兰式

图 5-9　接口管

内闭式手孔或人孔，孔盖放在孔壁里面，用两个螺栓（手孔则为一个螺栓）把压臂紧压在孔外放置，并支撑在孔边的横杆上。其密封性能较好，适用于工作介质为高温或有害气体的容器。如图 5-10 所示，这种型式多采用椭圆形孔和带有沟槽的孔盖，这样便于放置垫片和安装孔盖。

外闭式手孔或人孔的结构一般就是一个带法兰的短管和一个平板型盖或稍加压弯的不折边的球形盖，用螺纹或双头螺纹紧固，盖上还焊有手柄，其装卸较为方便，是更适宜装在高处的人孔结构。开启次数较多的人孔，常采用铰接的回转盖，如图 5-11 所示。

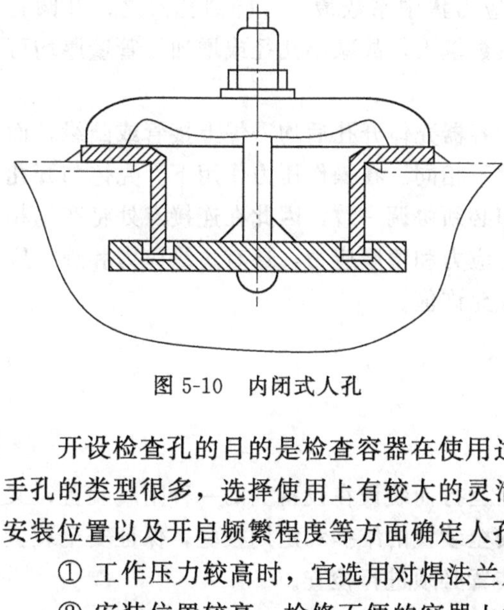

图 5-10　内闭式人孔

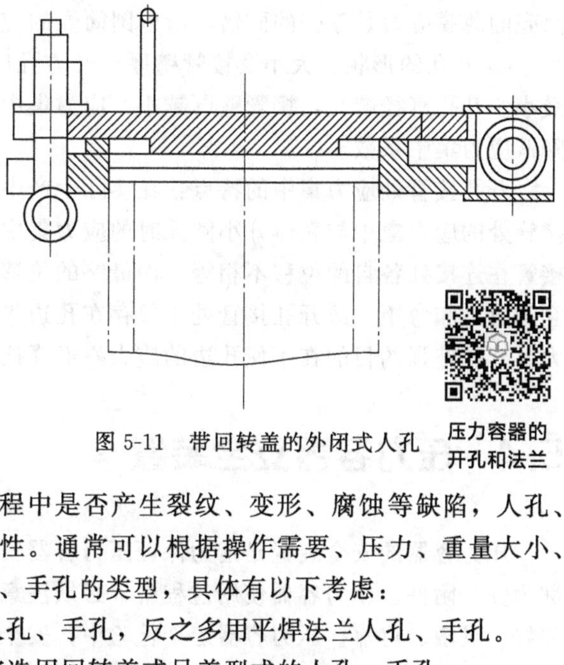

图 5-11　带回转盖的外闭式人孔

压力容器的开孔和法兰

开设检查孔的目的是检查容器在使用过程中是否产生裂纹、变形、腐蚀等缺陷，人孔、手孔的类型很多，选择使用上有较大的灵活性。通常可以根据操作需要、压力、重量大小、安装位置以及开启频繁程度等方面确定人孔、手孔的类型，具体有以下考虑：

① 工作压力较高时，宜选用对焊法兰人孔、手孔，反之多用平焊法兰人孔、手孔。

② 安装位置较高，检修不便的容器上宜选用回转盖或吊盖型式的人孔、手孔。

③ 若选择吊盖人孔时，当人孔筒节轴线水平安装，应选垂直吊盖人孔；当人孔筒节轴线垂直安装，应选水平吊盖人孔。

④ 人孔、手孔需经常打开时，可选用快开式的人孔、手孔结构。

（3）开孔补强结构　容器的筒体或封头开孔以后，不但减小了器壁的受力面积，而且还因为开孔造成结构不连续因而引起应力集中，使开孔边缘的应力大大增加，这对容器的安全运行很不利，为了减小孔边的局部应力就要对开孔进行补强。

容器的开孔一般都用局部补强法，即在孔边增设补强结构。常用的容器的开孔补强结构有补强圈和厚壁短管两种，如图 5-12 和图 5-13 所示。

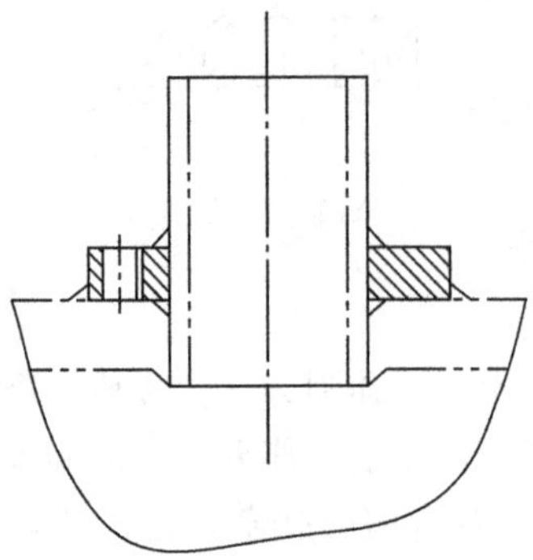

图 5-12　补强圈补强

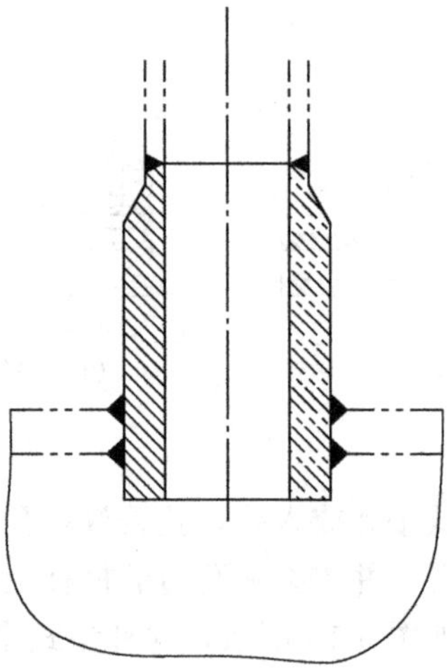

图 5-13　厚壁短管补强

容器的开孔集中程度是用应力集中系数 K 来表征的，K 的定义是开孔处的最大应力值与开孔时最大薄膜应力之比，开孔接管处的应力集中系数主要受下列因素影响：

① 容器的形状和应力状态。由于孔周边的最大应力是随薄膜应力的增加而上升的，圆筒壳的薄膜应力是球壳的两倍，所以圆筒壳的应力集中系数大于球壳。

② 开孔的形状、大小及接管壁厚。开方孔时应力集中系数最大，椭圆孔次之，开圆孔最小。开孔直径越大，接管壁厚越小，应力集中系数越大，故减小孔径或增加接管壁厚均可降低应力集中系数。

开孔接管处应力集中的特点：在实际生产中，容器壳体开孔后均需焊上接管或凸缘，而接管处的应力集中与壳体开小圆孔时的应力集中并不相同。在操作压力作用下，壳体与开孔接管在连接处各自的位移不相等，而最终的位移却必须协调一致，因此在连接点处将产生相互约束力和弯矩，故开孔接管处不仅存在孔边集中应力和薄膜应力，还有边缘应力和焊接应力。开孔补强的目的在于使孔边的应力峰值降低至允许值。

5.4　压力容器安全装置

压力容器的安全装置是指为保证压力容器安全运行而装设在设备上的一种附属装置，又称为安全附件。压力容器使用过程中，必须注意安全装置的维护和定期校验，保证安全装置完好、灵敏、可靠。压力容器定期检验中，安全装置必须进行检查。

5.4.1　安全阀

5.4.1.1　基本结构和工作原理

安全阀由阀座、阀瓣和加载机构三个部分组成。阀座与阀体和容器连通，有的是一个整体，有的是组装而成。阀瓣常连带有阀杆，它紧扣在阀座上。阀瓣上面是加载机构，载荷的大小可以调节。当容器内压力在规定工作压力范围之内时，内压作用于阀瓣上的力小于加载机构施加在它上面的力，两者之差构成阀瓣与阀座之间的密封力，使阀瓣紧压着阀座，容器内气体无法排出。当容器内压力超过工作压力达到安全阀的开启压力时，内压作用于阀瓣上的力大于加载机构施加在它上面的力，于是阀瓣离开阀座，安全阀开启，容器内气体即通过阀座排出。如果安全阀的泄放量足够大，则经过短时间的排放，容器内压力会降至正常工作压力以下。此时内压作用于阀瓣上的力又小于加载机构施加在它上面的力，阀瓣又紧压着阀座，气体停止排出，容器在工作压力下继续运行。所以，安全阀是通过阀瓣上介质作用力与加载机构作用力的消长，自行关闭或开启以达到防止设备超压的目的。

5.4.1.2 对安全阀的基本要求

① 动作灵敏可靠，当压力达到开启压力时，阀瓣即能自动迅速地开启，顺利地排出气体。

② 在排放压力下，阀瓣应达到全开位置，并能排放出规定气量。

③ 密封性能良好，不但在正常工作压力下保持不漏，而且要求在开启排气压力降低关闭后继续保持密封。

④ 结构应紧凑，调节应方便。

5.4.1.3 安全阀的分类

（1）按整体结构及加载机构的形式分类 安全阀的种类按整体及加载机构的不同可分为重锤杠杆式、弹簧式和脉冲式三种。

① 重锤杠杆式安全阀。重锤杠杆式安全阀是利用重锤和杠杆来平衡施加在阀瓣上的力，其结构如图 5-14 所示。

根据杠杆原理可知，加载机构（重锤和杠杆等）作用在阀瓣上的力与重锤重力之比等于重锤至支点的距离与阀杆中心至支点的距离之比。所以它可以利用质量较小的重锤通过杠杆的增大作用获得较大的作用力，并通过移动重锤的位置来调整安全阀的开启压力。

重锤杠杆式安全阀的优点：结构简单，调整容易又比较准确；因加载机构无弹性元件，在温度较高的情况下，阀瓣升高时施加在阀瓣上的力不发生变化。重锤杠杆式安全阀的缺点：它的结构比较笨重，重锤与阀体的尺寸很不相称；加载机构比较容易振动，影响密封性能；杠杆升起后，上面的刀口就与阀座、阀杆不在一个中心线上，容易把阀杆压扁，尤其在阀杆顶端的刀口被磨损时，这种情况更严重；安全阀的回座压力比较低，有时要降到工作压力的百分之七十以下才能保持密封。

重锤杠杆式安全阀适用于锅炉及压力较低而温度较高的固定式容器。

② 弹簧式安全阀。弹簧式安全阀是利用压缩弹簧的弹力来平衡作用在阀瓣上的力，其结构如图 5-15 所示。

螺旋圈形弹簧的压缩量可以通过转动它上面的调整螺母来调节，利用这种结构就可以根据需要校正安全阀的开启压力。弹簧式安全阀的优点：结构轻便紧凑，灵敏度较高，安装位置不受严格限制，是压力容器最常选用的安全阀。因对振动的敏感性差，可用于移动式压力容器上。弹簧式安全阀的缺点：施加在阀瓣上的载荷会随着阀的开启而发生变化；因为随着阀瓣的升高，弹簧的压缩量增大，作用在阀瓣上的力也随之增加，这对安全阀的迅速开启不利；弹簧会因长期高温的影响而导致弹力减小，因此高温容器使用时须考虑弹簧的隔热或散热问题。

③ 脉冲式安全阀。脉冲式安全阀是一种非直接作用式安全阀，它由主阀和脉冲阀构成，如图 5-16 所示。

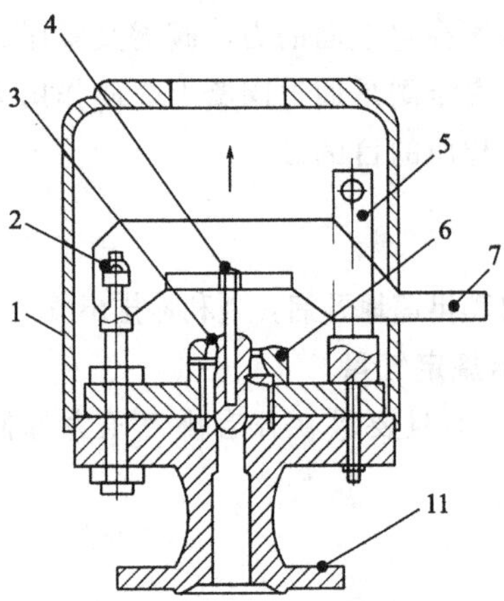

图 5-14　重锤杠杆式安全阀

1—阀罩；2—支点；3—阀杆；4—力点；5—导架；6—阀芯；7—杠杆；8—固定螺钉；9—调整螺钉；10—重锤；11—阀体

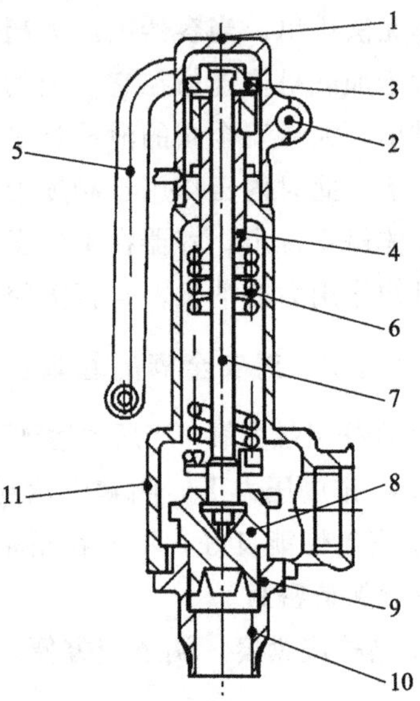

图 5-15　弹簧式安全阀

1—阀帽；2—销；3—调整螺钉；4—弹簧压盖；5—手柄；6—弹簧；7—阀杆；8—阀盖；9—阀芯；10—阀座；11—阀体

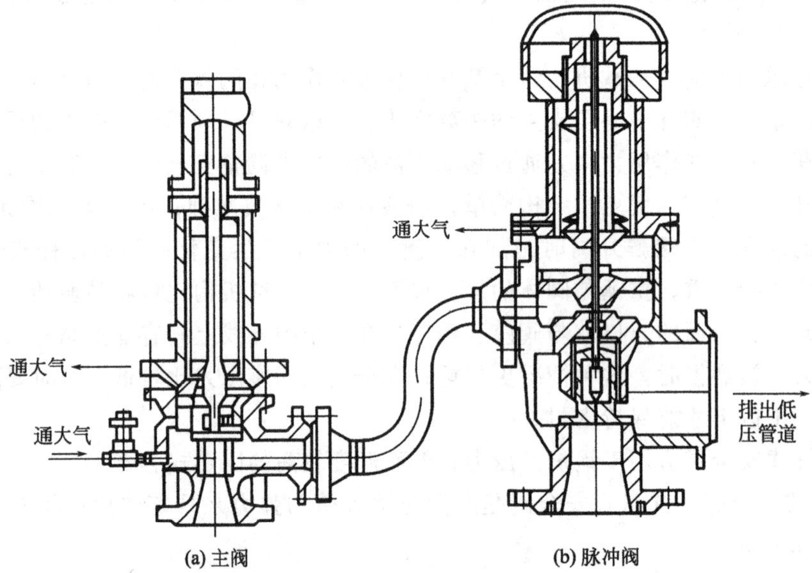

(a) 主阀　　(b) 脉冲阀

图 5-16　脉冲式安全阀

脉冲阀为主阀提供驱动源，通过脉冲阀的作用带动主阀动作。脉冲阀具有一套弹簧式的加载机构，它通过管子与装接主阀的管路相通。当容器内的压力超过规定的工作压力时，脉冲阀就会像一般的弹簧式安全阀一样，阀瓣开启，气体由脉冲阀排出后通过一根旁通管进入主阀下面的空室，并推动活塞。由于主阀的活塞与阀瓣是用阀杆连接的，且活塞的横截面积比主阀瓣的面积大，所以在相同的气体压力下，气体作用在活塞上的力大于作用在阀瓣上的力，于是活塞通过阀杆将主阀瓣顶开，大量气体从主阀排出。当容器内压力降至工作压力时，脉冲阀上加载机构施加于阀瓣的力大于气体作用在它上面的力，阀瓣即下降，脉冲阀关闭，从而使主阀活塞下面空室内的气体压力降低，主阀跟着关闭，容器继续运行。

脉冲式安全阀适用于压力较高或泄放量很大的压力容器。但其结构复杂，动作的可靠性不仅取决于主阀，也取决于脉冲阀和辅助控制系统。

（2）按照介质排放方式分类 安全阀按照气体排放方式的不同，可分为全封闭式、半封闭式和开放式三种。

全封闭式安全阀排气时，气体全部通过排气管排放，介质不能向外泄漏，主要用于有毒、易燃介质的容器上。

半封闭式安全阀所排出的气体大部分经排气管，还有一部分从阀盖与阀杆之间的间隙中漏出，多用于介质不会污染环境的容器上。

开放式安全阀的阀盖是敞开的，使弹簧腔与大气相通，排放的气体直接进入周围空间，主要适用于介质为蒸汽、压缩空气以及对大气不产生污染的高温气体的容器。

（3）按阀瓣的开启程度分类 安全阀按照阀瓣最大开启高度与阀座直径之比分为全启式和微启式两种。

① 全启式安全阀。是指它的阀瓣开启高度已经使阀口上的柱形面积不小于阀孔的横截面积（见图 5-17）。因为阀瓣开启后，阀口上柱形面积为 d_0h（d_0 为阀口直径，h 为阀瓣的开启高度），而阀孔的横截面积为 $\pi d_0^2/4$，要达到柱形面积不小于阀孔的横截面积，必须使 $h \geqslant d_0/4$。也就是说，全启式安全阀的阀瓣最大开启高度应不小于阀口直径的 1/4。

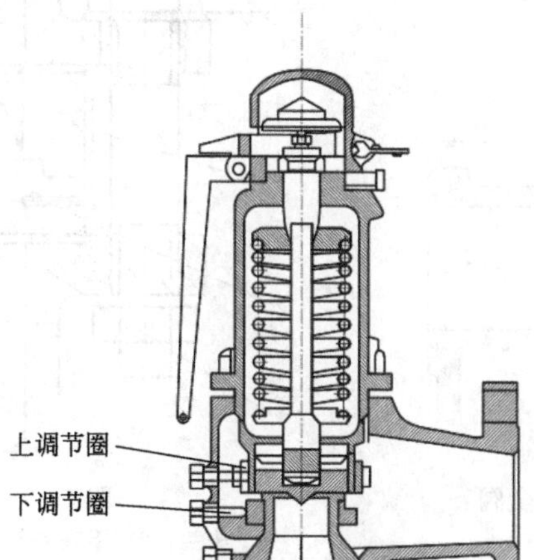

图 5-17 带调节圈的全启式安全阀

对于同样的排气量，全启式较微启式的体积小得多，但结构复杂，调试、维修也复杂，回座压力也较低。目前用于压力容器的以全启式安全阀使用较多。

② 微启式安全阀。这种安全阀开启高度较小，一般都达不到孔径的 1/20，但它结构简单，制造、维修和调试都比较方便，宜用于泄放量不大，压力不高的场合（见图 5-18）。公称通径在 50mm 以上的微启式安全阀，为了增大阀瓣的开启高度，达到 $h \geqslant d_0/20$ 的要求，一般在阀座上装设一个简单的调节圈，通过上下移动调节，可以调整排出气流作用在阀瓣上的力。

（4）按作用原理分类 可分为直接作用式和非直接作用式安全阀。

① 直接作用式安全阀：是直接依靠工作介质压力产生的作用力来克服作用在阀瓣上的

机械载荷，使阀门开启。适用于介质为气体、液体和蒸汽的容器。

② 非直接作用式安全阀：安全阀的开启是借助于专门的驱动源来实现的，可分为先导式安全阀和带补充载荷式安全阀。非直接作用式安全阀适用于密封要求高，排量、口径和背压较大的场合。

5.4.2 爆破片

爆破片又称防爆片、防爆膜，爆破片安全装置由爆破片和相应的夹持器组成，其结构如图 5-19 所示。在安全阀不能起到有效保护作用时，必须使用爆破片装置。爆破帽是与爆破片作用类似但结构不同的另一种安全装置，多用于超高压容器。易熔塞属于熔化型（温度型）安全泄压装置，多用于气瓶。

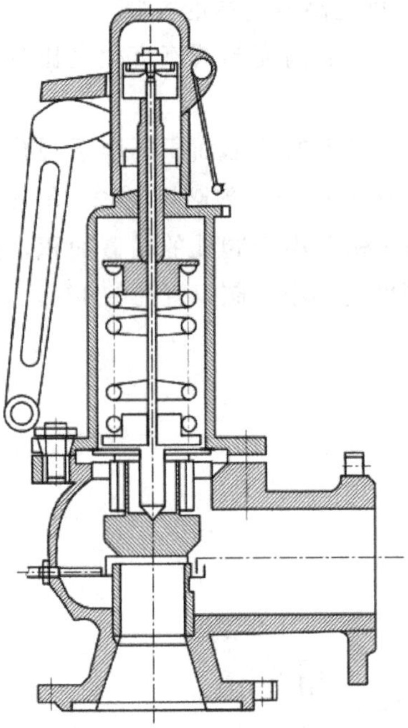

图 5-18 微启式安全阀

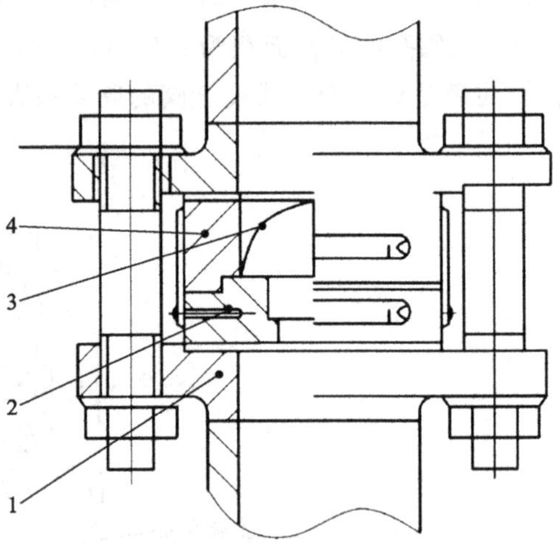

图 5-19 爆破片结构

1—法兰；2—下夹持器；3—爆破片；4—上夹持器

5.4.2.1 爆破片的分类

按爆破片的断裂特征可以将爆破片分为剪切破坏型、弯曲破坏型、正拱普通拉伸型、正拱开缝型、反拱型等几种。它们的主要区别在于膜片预制形状和膜片材料性质不同。

（1）剪切破坏型（切破式）爆破片 这是早期广泛使用的一种爆破片，目前用得较少。常用的有夹片式和凸台式（如图 5-20 所示）。膜片中间部分较厚，是为了防止在承压时产生大的弯曲变形，使其周边受到大剪切载荷而沿边缘切断。这种爆破片一般用不锈钢、铜、铝、镍等塑性好的材料制作。

剪切破坏型爆破片的特点：全面开放，阻力小，排气量系数较大；在相同条件下，膜片较厚，较易于加工制造；但爆破片的实际压力受周边条件的影响很大，因而不够稳定；膜片破裂后常整体冲出，易堵塞排气管道。

（2）弯曲破坏型（碎裂式）爆破片 是利用膜片在较高的压力下，产生弯曲应力达到

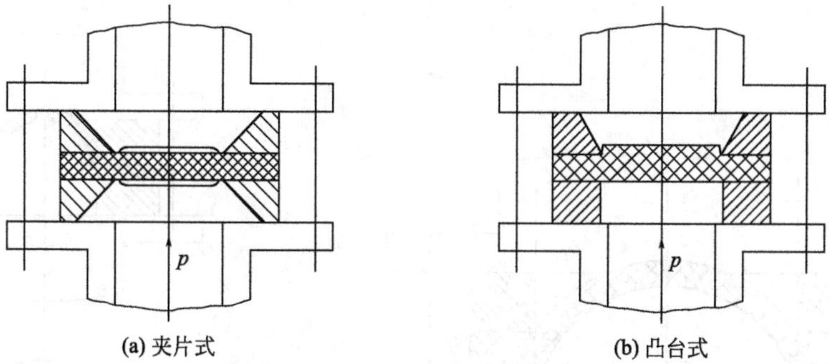

图 5-20　剪切破坏型爆破片装置

材料的抗弯强度极限时即碎裂而排气，膜片常用铸铁、硬塑料、石墨等脆性材料制造。常用的爆破片有夹紧式和自由嵌入式两种，如图 5-21 所示。

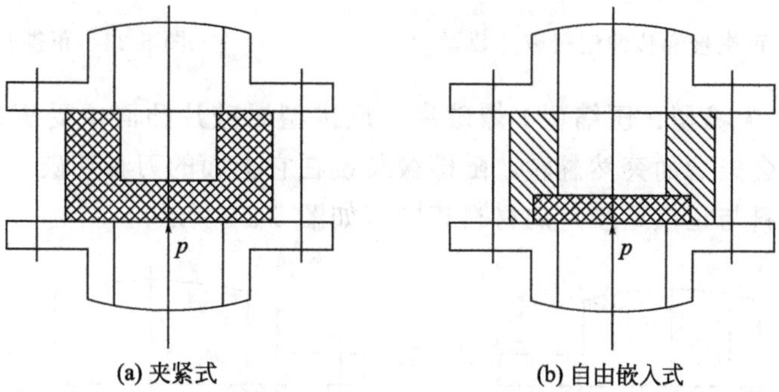

图 5-21　弯曲破坏型爆破片装置

弯曲破坏型爆破片的特点：无明显的塑性变形，动作反应最快；膜片比较厚，容易按需要的尺寸加工制造；适用于动载荷的脉动载荷；动作压力受材料强度及装配误差的影响而波动很大，故最不稳定；膜片强度低，常因安装操作不慎而破裂；膜片破裂后成碎片飞出，影响排气管道的畅通。

（3）正拱普通拉伸型爆破片　这种爆破片装置是用塑性良好的材料，如不锈钢、镍、铜、铝等箔材制成的爆破片装在一幅夹持器内而构成的，膜片经过液压预拱成凸型，预制压力一般都不大于容器的正常工作压力，因而膜片安装在容器上以后其形状一般不会改变，如图 5-22 所示。

正拱普通拉伸型爆破片的特点：无碎片飞出，阻力也不大；膜片的动作压力较前两种稳定；膜片在高的拉伸应力长期作用下，尤其是承受脉动载荷时，寿命较短；由于受成型箔材厚度规格的限制，往往难以取得所需的动作压力。

（4）正拱开缝型爆破片　这种爆破片是在普通拉伸型的基础上为解决成型箔材的厚度规格不适应各种需要的动作压力而发展起来的。它在预拱成凸型的膜片上开设一圈小孔，膜片承压后，小孔之间的孔带即产生较大的拉伸应力，并在压力达到规定值后而断裂。小孔沿径向开槽，断裂后膜片沿此槽开裂，形如花瓣，使其能顺利排气。膜片凹侧贴有一层含氟塑料，以保持在正常工作压力的密封和变形，如图 5-23 所示。

正拱开缝型爆破片的特点：膜片可以采用较大的厚度，以增加刚性；调整小孔的孔带宽度可以获得任意的动作压力；开裂的程度较大，有利于气体的排放；加工精度要求高，制造较困难；内衬的密封薄膜易破裂而使爆破片过早失效。

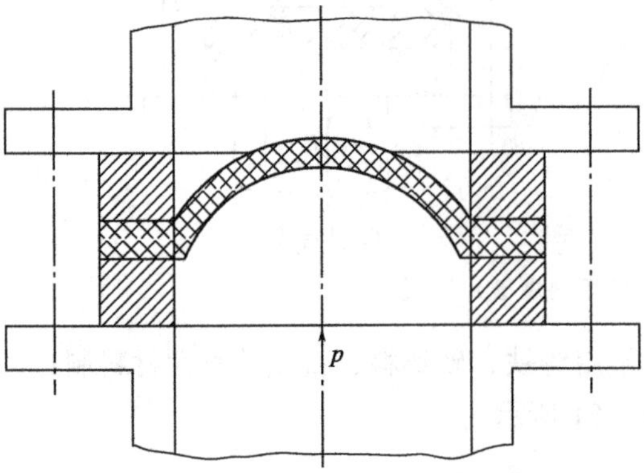

图 5-22　正拱普通拉伸型爆破片装置

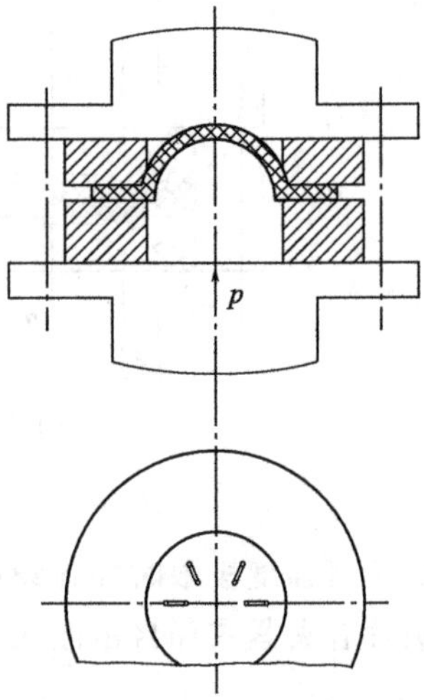

图 5-23　正拱开缝型爆破片装置

(5) 反拱型（失稳型、压缩型）爆破片　反拱型爆破片凸面承受压力，当压力达到一定值时，凸型膜片会失稳而突然翻转，随即被装设在它上面的刀具切破，或膜片整体脱落弹出。制造膜片的材料与正拱型膜片的材料相同（如图 5-24 所示）。

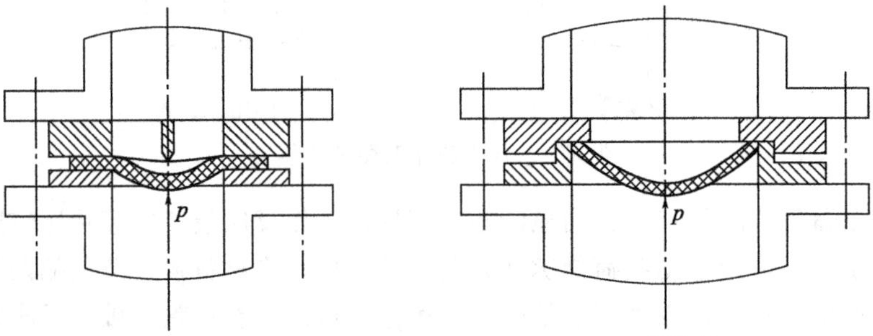

(a) 带刀架型　(b) 脱落型

图 5-24　反拱型爆破片装置

反拱型爆破片的特点：在形状尺寸一定的情况下，失稳压力只与膜片材料的弹性模量 E 有关，而材料的 E 一般比较稳定，所以膜片的动作压力较易控制；在压力与直径相同的条件下，膜片较厚，有利于加工制造；在工作压力下，膜片产生压缩应力一般小于材料的屈服点，对疲劳、蠕变不敏感，因而膜片寿命较长；通过调整膜片的相对高度可以获得所需的动作压力，因而膜片的厚度能按箔材的成品标准厚度选用；由于要装设切破工具等，排放面积受到影响，排量系数减小；另外，加工组装精度要求高。

5.4.2.2　爆破片的选用

压力容器应根据介质的性质、工艺条件及载荷特性等来选用爆破片。

① 在介质性质方面，首先要考虑介质在工作条件下对膜片有无腐蚀作用。对腐蚀性介质，宜采用开缝正拱型爆破片，或采用普通正拱型爆破片。如果介质是可燃气体，则不宜选用铸铁或碳钢等材料制造的膜片，以免膜片破裂时产生火花，在容器外引起可燃气体的燃烧爆炸。

② 脉动载荷或压力大幅度频繁波动的容器，选用反拱型或弯曲型爆破片。因为其他类型的爆破片在工作压力下膜片都处于高应力状态，较易疲劳失效。

③ 为了防止膜片金属在高温下产生蠕变，致使在低于设计爆破压力时爆破，所以要求膜片的最高使用温度必须高于介质的温度。

5.4.2.3 爆破片动作压力的选定

为了确保压力容器不超压运行，爆破片的动作压力应大于容器的设计压力。但动作压力与正常操作压力的比值究竟应保持多大，是人们关注的一个问题。因为装设爆破片的压力容器在设计压力确定后，由此比值确定容器的操作压力，或者在一定的操作条件下，由此比值确定容器的设计压力。

5.4.2.4 排放面积的确定

为了保证爆破片破裂时能及时泄放容器内的压力，防止容器继续升压爆炸，爆破片必须具有足够的排放面积。与安全阀的要求一样，爆破片的排放量不得小于容器的安全泄放量，由此求得爆破片的泄放面积。

5.4.3 压力表

压力表可以显示容器内介质的压力，使操作人员可以根据压力表所指示的压力进行操作，并将压力控制在允许范围内，因此压力表是压力容器重要的安全附件。对于单独装设安全泄压装置的压力容器与锅炉，都必须装设压力表。

压力表的种类较多，有液柱式、弹簧元件式、活塞式和电量式四大类。压力容器上使用的压力表一般为弹簧元件式，且大多数是单弹簧管式压力表（图 5-25）。只有在少数压力容器中由于工作介质具有较大的腐蚀性，才采用波纹平膜式压力表（图 5-26）。这里主要介绍单弹簧管式压力表的结构和工作原理。

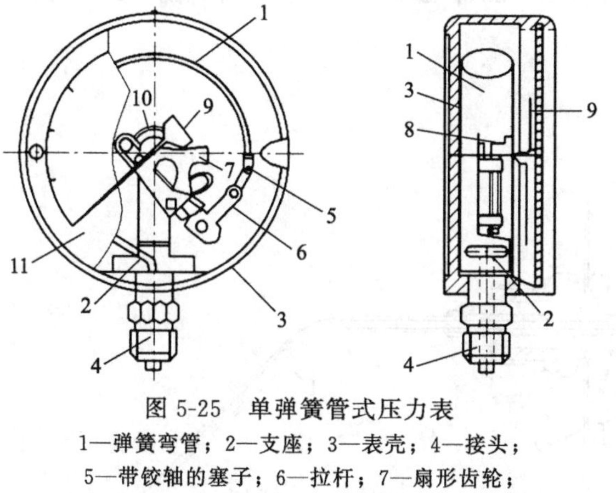

图 5-25 单弹簧管式压力表

1—弹簧弯管；2—支座；3—表壳；4—接头；5—带铰轴的塞子；6—拉杆；7—扇形齿轮；8—小齿轮；9—指针；10—游丝；11—刻度盘

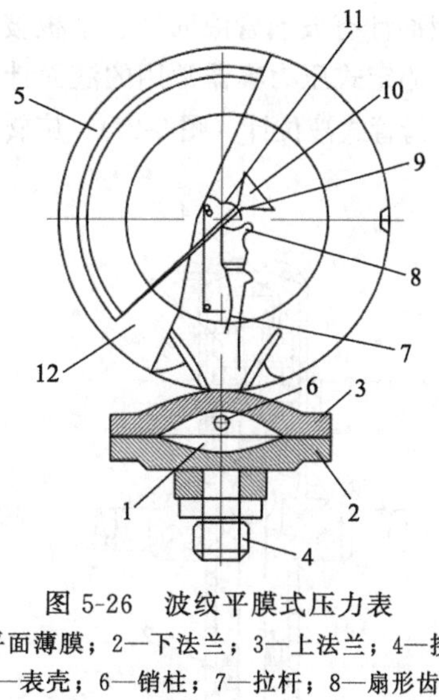

图 5-26 波纹平膜式压力表

1—平面薄膜；2—下法兰；3—上法兰；4—接头；5—表壳；6—销柱；7—拉杆；8—扇形齿；9—小齿轮；10—指针；11—游丝；12—刻度盘

（1）压力表结构 单弹簧管式压力表按其位移转换机构的不同，可分为扇形齿轮式和杠杆式两种，其中常用的是扇形齿轮单弹簧管式压力表。它主要由弹簧弯管、支座、表盘、接头、拉杆、扇形齿轮、指针、中心轴等组成。

（2）工作原理 单弹簧管式压力表是利用弹簧弯管在容器内部压力作用下产生变形的

原理制成的。弹簧弯管是一根横断面呈椭圆形或扁平形的中空长管，一端通过压力表的接头与承压设备连接。当容器内有压力的气体进入这根弯管时，由于内压的作用，使弯管向外伸展，发生变形而产生位移。这一位移通过拉杆带动扇形齿轮，通过扇形齿轮的传动，带动压力表指针的转动。进入弯管内的气体压力越高，弯管的位移就越大，指针转动的角度也越大。这样，容器内的气体压力即由指针在刻度盘上指示出来。

（3）压力表的选用 选用压力表时应注意以下问题：

① 压力表的量程。装在压力容器上的压力表，其最大量程应与容器的工作压力相适应。压力表的量程最好为容器工作压力的 2 倍，最小不应小于 1.5 倍，最大不应高于 3 倍。

② 压力表的精度。压力表的精度是以它的允许误差占表盘刻度极限值的百分数按级别来表示的，例如精度为 1.5 级的压力表，其允许误差为表盘刻度极限值的 1.5%，精度级别一般都标在表盘上。选用压力表时应根据容器的压力等级和实际工作需要确定表的精度等级，低压容器所用压力表，其精度一般不应低于 2.5 级；中、高压容器所用压力表，精度不应低于 1.5 级。

③ 压力表的表盘直径。为了使操作人员能准确地看清压力指示值，压力表表盘直径不能太小，一般不应小于 100mm。如果压力表距离观察地点较远，表盘直径还应增大。

5.4.4 液面计

液面计是显示容器内液面位置变化情况的装置。盛装液化气体的储运容器，包括大型球形储罐、卧式储槽和罐车等，须装设液面计以防止容器内因满液而发生液体膨胀导致容器超压事故。用作液体蒸发用的换热容器，须装设液面计以防止液面过低或无液位而发生超温烧坏容器。

5.4.4.1 结构和工作原理

液面计有玻璃管液面计、平板玻璃液面计、浮球液面计、防霜液面计、自动液面指示计等几种。固定式压力容器常用的液面计是玻璃管式和平板玻璃式两种，移动式压力容器常用的液面计有滑管式液位计（图 5-27）、旋转管式液位计（图 5-28）、磁力浮球式液位计（图 5-29）等。

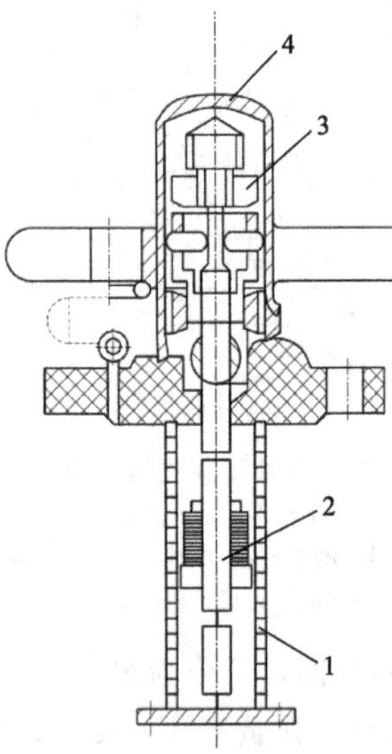

图 5-27 滑管式液位计

1—套管；2—带刻度的滑管；3—阀门；4—护罩

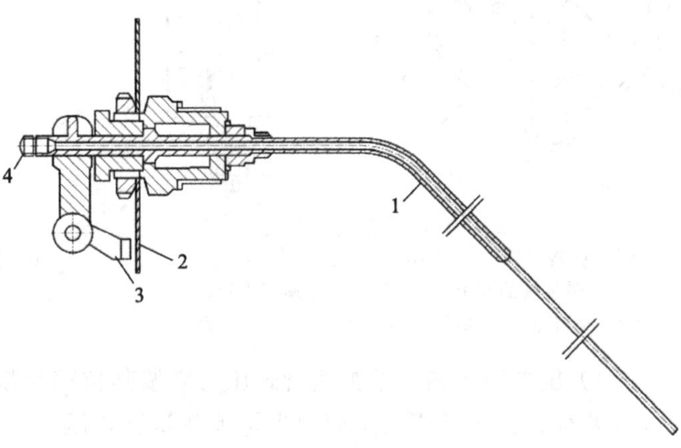

图 5-28 旋转管式液位计

1—旋转管；2—刻度盘；3—指针；4—阀芯

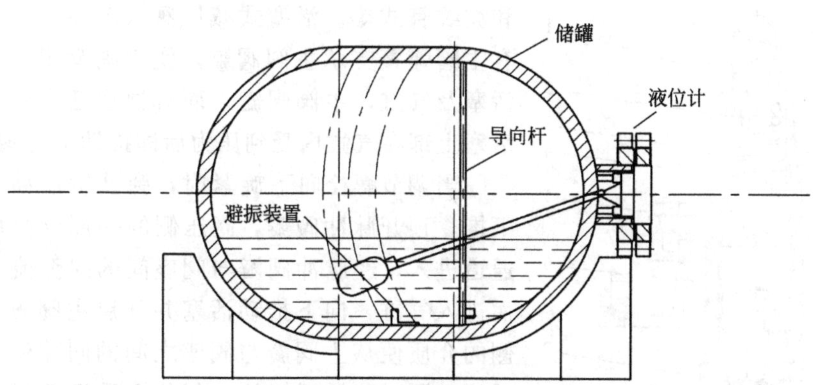

图 5-29　磁力浮球式液位计

玻璃管式液面计（图 5-30）主要由玻璃管、气旋塞、液旋塞等组成，并分别由气连管及液连管和压力容器气、液空间相连通，所以压力容器液面能够在玻璃管中显示出来。平板玻璃液面计是由足够强度和稳定性的玻璃板，嵌在一个锻钢盒内以代替玻璃管。

5.4.4.2　液面计的选用

① 根据压力容器的介质、最高工作压力和温度正确选用。

a. 根据容器的工作压力选择：承压低的容器，可选用玻璃管式液面计；承压高的容器，可选用平板玻璃液面计。

b. 根据液体的透光度选择：对于洁净或无色透明的液体可选用透光式玻璃板液面计；对非洁净或稍有色泽的液体可选用反射式玻璃板液面计。

c. 根据介质特性选择：对盛装易燃易爆或毒性程度为极度、高度危害介质的液化气体的容器，应采用玻璃板式液面计或自动液面指示计，并应有防止液面计泄漏的保护装置；对大型储槽还应装设安全可靠的液面指示计。

d. 根据液面变化范围选择：液化气体槽车上可选用浮子式液面计，不得采用玻璃管式或玻璃板式液面计；对要求液面指示平衡的，不应采用浮子式液面计。

② 盛装 0℃以下介质的压力容器上，应选用防霜液面计。

③ 寒冷地区室外使用的液面计，应选用夹套型或保温型结构的液面计。

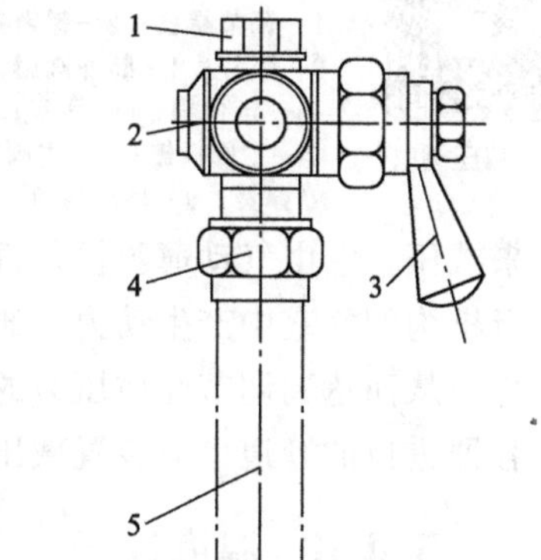

图 5-30　玻璃管式液面计

1—玻璃管盖；2—上阀体；3—手柄；4—玻璃管螺母；5—玻璃管；6—下阀体；7—封口螺母；8—填料；9—塞子；10—放水阀

5.4.5　减压阀

减压阀利用膜片、弹簧、活塞等敏感元件改变阀瓣与阀座的间隙，能够把介质的压力自动降到所需的较低压力，且当高压侧的介质压力波动时，它能自动调节，使低压侧的介质压力保持稳定不变。

减压阀按其结构型式可分为薄膜式、弹簧载荷式、活塞式

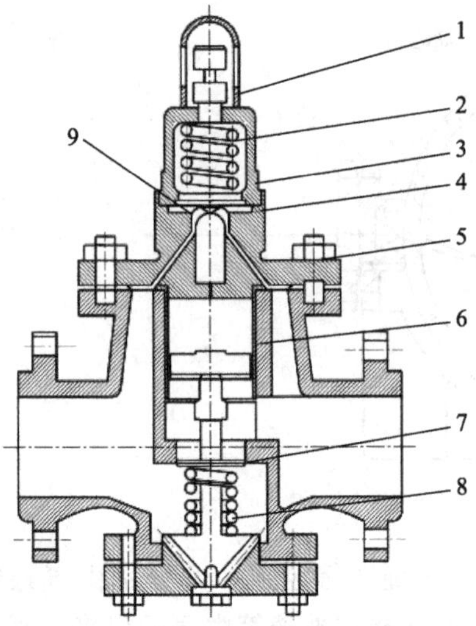

减压阀

图 5-31　活塞式减压阀

1—调节螺栓；2—弹簧；3—膜片；4—脉冲阀瓣；5—定位销；6—活塞；7—主阀阀瓣；8—主阀弹簧；9—环形通道

和波纹管式等。活塞式减压阀（图 5-31）在阀体下部有主阀弹簧支承主阀阀瓣，使主阀紧闭。阀体上部有活塞及气缸，主阀阀瓣上面有顶住活塞的活塞杆，当活塞上部在气缸内受到压力后即推动主动阀阀瓣。

当调节螺栓向下旋紧时，弹簧被压缩，将膜片向下推，顶开脉冲阀瓣，高压侧的一部分介质就经高压通道进入，经脉冲阀瓣与阀座间的间隙流入环形通道而进入气缸，向下推动活塞并开启主阀瓣，这时高压侧的介质便从主阀瓣与阀座之间的间隙流过而被节流减压。同时，低压侧的一部分介质经低压通道进入膜片下方空间，当其压力由高压侧的介质压力升高而升高到足以抵消弹簧的弹力时，膜片向上推动脉冲阀瓣逐渐闭合，使进入气缸的介质减少，活塞和主阀瓣向上移动，主阀关小，从而减少流向低压侧的介质量，使低压侧的压力不致因高压侧压力升高而升高，从而达到自动调节压力的目的。

在有仪表气源的场合，也可采用气动薄膜调节阀来减压。它由气动薄膜执行机构及调节阀两部分组成。由调节来的压力信号输入气动薄膜执行机构的气室中产生动力，通过连接杆推动调节阀的阀瓣，使阀座与阀瓣之间的流通截面变化，从而达到调节介质压力的目的。当压力容器的最高工作压力低于压源处压力时，在通向容器进口的管道上应装置减压阀。减压阀的低压侧管道上应安装安全阀和压力表。

5.4.6　温度计

温度计可用来测量压力容器介质的温度，对于需要控制壁温的容器，还必须装设测试壁温的温度计。

根据测量温度的方法不同，可分为接触式温度计和非接触式两种。接触式温度计有液体膨胀式、固体膨胀式、压力式、热电阻和热电偶温度计等多种类型；非接触式温度计有光学高温计、光电高温计和辐射高温计等。

（1）固体膨胀式温度计　利用两种具有不同膨胀系数的金属，受热时产生机械变形而使表盘内传动齿轮转动，通过指针来指示温度，用于测量液体、气体和蒸汽的温度，测量范围一般为－50～600℃，其示值清楚，机械强度较好，但精度较低，不能远距离显示。

（2）压力式温度计　是利用温包里的气体或液体因受热而改变压力的原理制成的，由温包、毛细管、游丝、小齿轮、扇形齿轮、拉杆、弹簧管、指针等元件组成（如图 5-32 所示）。测量范围一般为－80～400℃，可测量液体、气体的温度，能集中测量，但精度较低。

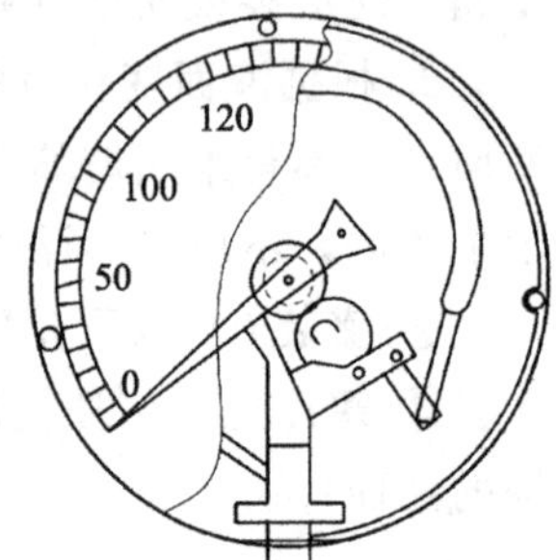

图 5-32　压力式温度计

（3）热电阻温度计　是利用导体或半导体的电阻值随温度变化而改变的性质制成的，通过测量电阻的大小，即可得出所测温度的数值。热电阻温度计由测温元件热电阻和温度显示仪表两部分组成。铂电阻的测量范围一般为－200～650℃，铜电阻的测量范围一般为－50～150℃。热电阻温度计可测量液体、气体和蒸汽等的温度，其精度较高，能远距离显示。

（4）热电偶温度计 由测温元件热电偶和温度显示仪表两部分组成，用补偿导线将两部分连接起来。热电偶由两种不同的金属（或半导体）焊接而成，一端放在测温处，称工作端（热端），另一端称自由端（冷端）。当两端处于不同温度时，就会产生热电势。温度越高热电势就越大。采用冷端温度补偿方法，便可测量出热端的温度。这种温度计能远距离显示，精度较高，最高温度可测得 1600℃，比热电阻安装维护方便，不易损坏，但需补偿导线，安装费用较高。

（5）温度计的安装、使用和校验

① 温度计应定期校验，误差应在允许的范围内。

② 测温点的设置应能满足工艺控制的需要，且测得的温度具有代表性。例如，需要控制壁温的容器，应将感温元件紧贴容器的外壁或内壁。

③ 温度计接口有无保护套管和带保护套管两类。当有保护套管时，应将套管尽量深入容器内，以减少在套管上的热损失。

5.5 气瓶

气瓶是非固定式容器，搬动方便，使用广泛。在 GB/T 13005—2011《气瓶术语》中气瓶的定义是：公称容积不大于 1000L，用于盛装气体、液化气体和标准沸点等于或者低于 60℃液体的可重复充装而无绝热装置的移动式压力容器。

5.5.1 气瓶的分类

5.5.1.1 按结构分类

按气瓶的结构可分为无缝气瓶、焊接气瓶和特种气瓶。

① 无缝气瓶：主要用于充装氧、氢、氮等永久气体和乙烷、二氧化碳等高压液化气体。常用的无缝气瓶为凹形和凸形带底座无缝气瓶。

② 焊接气瓶：用于充装液氨、液氯、环丙烷、液化石油气等低压液化气体和溶解乙炔气体，一般可分为深冲型气瓶、纵焊缝气瓶两类。

③ 特种气瓶：包括车用气瓶、低温绝热气瓶、缠绕气瓶和非重复充装气瓶，常用的特种气瓶有用于灭火的二氧化碳气瓶、呼吸器和救护器用气瓶、车用气瓶和纤维缠绕气瓶。

5.5.1.2 按压力分类

根据公称工作压力或水压试验压力，可将气瓶分为高压气瓶和低压气瓶。

① 高压气瓶：公称工作压力在 8MPa（水压试验压力 12MPa）以上的气瓶；

② 低压气瓶：公称工作压力在 8MPa（水压试验压力 12MPa）以下的气瓶。

5.5.1.3 按充装介质分类

按充装时介质的状态，气瓶分为永久气体气瓶、液化气体气瓶和溶解气体气瓶。

① 永久气体气瓶：充装临界温度＜－10℃的永久气体的气瓶，如氢气气瓶、氮气气瓶

等。这类气瓶充装气体时需要较高的充装压力，以增加气瓶的单位容积充气量。

② 液化气体气瓶：盛装高压液化气体（10℃≤充装临界温度≤70℃）如乙烯、乙烷等的高压液化气体气瓶；盛装低压液化气体（临界温度>70℃）如硫化氢、氨等的低压液化气体气瓶。

③ 溶解乙炔气瓶：钢瓶充装有多孔填料和丙酮，可重复充装乙炔气的气瓶。

5.5.1.4 按制造方法分类

① 冲拔拉伸气瓶：以钢坯为原料，加热冲孔成杯形件，再经拔伸和收口而制成的气瓶。

② 管子收口气瓶：经冲压拉伸制造，或以无缝钢管为材料，经热旋压收口收底制造的钢瓶。这类气瓶用于盛装压缩气体和高压液化气体。

③ 焊接气瓶：以钢板为原料，经冲压卷焊制造的钢瓶，要求钢板具备良好的冲压和焊接性能。这类气瓶用于盛装低压液化气体。

④ 缠绕式气瓶：以高强度纤维或钢丝作为加强层缠绕在筒体的外部，以提高筒体的强度，绝热性能好、重量轻。这类气瓶多用于盛装呼吸用压缩气体，供消防、毒区或缺氧区域作业人员随身背挎并配以面罩使用。

5.5.1.5 按材质分类

按制造气瓶的材料，可分为钢质气瓶、铝合金气瓶和复合材料气瓶等。

① 钢质气瓶：其瓶体材料及缠绕气瓶内胆材料，必须是电炉或氧气转炉冶炼的镇静钢。制造无缝气瓶应选用优质锰钢，铬钼钢或其他合金钢，钢坯料应适合压力加工；制造焊接气瓶的瓶体材料，必须具有良好的压延和焊接性能。

② 铝合金气瓶：制造铝合金气瓶瓶体及纤维缠绕气瓶铝合金内胆的材料，应具有良好的抗晶间腐蚀性能。

③ 复合材料气瓶：是由金属内胆和外层复合材料构成。金属内胆起着气密性和缠绕支承的作用，通常是铝合金或钢材；外层复合材料起着增强的作用，通常是玻璃纤维或碳纤维复合材料。

复合材料气瓶具有重量轻、强度高的特点，相同容积气瓶的重量只是钢瓶重量的30%～50%，铝瓶重量的50%～70%。另外，由于纤维复合材料具有较好的韧性，保证了气瓶的安全性。这种气瓶耐腐蚀、使用寿命长，适用于消防、矿山和潜水人员作为呼吸器用。

5.5.2 气瓶的特点

气瓶是一种专作气体运输用的储运容器，为了适应这种专门用途的需要，所以在结构上具有以下一些特点：

（1）容积较小 由于气瓶需要经常搬运移动，必须体积小且轻便，其容积一般都在30～200L。当体积较小时，可用于储运压缩气体或高压液化气体；当体积较大时，用于储运低压液化气体。

（2）高度适中 气瓶的高度需要比正常人的身高低一些，一般都为1.5m左右。因为高度太高的气瓶在直立放置时容易倾倒，且过高或过低都可能会导致搬运移动的不便。

（3）具有立放的支座 气瓶在充装气体和储存时一般会直立放置，以免产生滚动或互相撞击。为了使气瓶立放稳固又便于搬动，一般会装置方便立放的支座。

(4) 只有一个接口管 气瓶的进气和出气不是同时进行的，所以只有一个接口管，可以既用作进气口，又用作出气口。它的接口管内径一般是锥形的，且具有内螺纹，提高了装设瓶阀的便利性。

5.6 发展现状及作用

压力容器普遍应用于炼油、化工、电力、能源、化肥、冶金、农药、食品、医药等行业，作为过程工业的重要装备，它有两方面特点：一是量大面广，不论在国内还是国外，它都是整个工业和社会服务体系的重要支撑，在国民经济发展中起到举足轻重的作用；二是具有潜在的泄漏和爆炸危险性，一旦发生失效、泄漏或爆炸，往往并发火灾、中毒、环境污染、放射性污染等灾难事故，将严重影响人民生命财产安全、国家经济安全运行和社会稳定。

近年来，在役压力容器数量逐年上升，截至2024年底，全国压力容器571.63万台，在用气瓶3.18亿只。

5.6.1 材料方面

经过多年努力，随着冶金工业的快速发展，我国逐步建立并完善了承压设备用材料标准体系，对材料性能指标和有害元素含量的要求不断优化提升。得益于ASME锅炉压力容器规范第Ⅱ卷中国国际工作组等专家的努力，我国承压设备用材料牌号中的Q345R、Q370R和15CrMoR等逐步被美国ASME规范列入，意味着今后我国出口的承压设备将可以采用国内的钢材，有利于更多的国家接受和采用我国的钢铁产品。

与此同时，我国在新型材料、特殊性能和规格钢材等方面也在加强研究与应用探索。在总高338.5m的亚洲第一深水导管架“海基二号”中，高盐高湿环境和风浪流等冲击，对导管架的钢材强度提出更高要求。项目团队联系各大钢厂试生产，反复摸索、攻坚，终于研发出了新型420兆帕级超高强钢厚板，让导管架“减脂增肌”，使导管架减重约5000t，节省材料及船舶改造费上亿元。

5.6.2 设计制造方面

承压设备逐渐向大型化（超大容积、超宽壁厚等）、高参数（高温、深冷、复杂介质等极端环境）方向发展。为降低成本和节约资源，重型承压设备向轻量化发展，但也使得设备本质安全与节能节材之间的矛盾愈发突出。

炼油化工压力容器方面，目前天然气球罐容积已达10000m^3，乙烯球罐容积达2000m^3，液化天然气储罐容积达200000～250000m^3，大型原油储罐容积已达150000～200000m^3，煤液化装置中的加氢反应器的最高工作温度达454℃、最高工作压力达20MPa、最大壁厚达340mm、重量达1900t，高效缠绕管式换热器最大换热面积超过25000m^2；硫含量高于2%的原油占30%，部分原油甚至高达3.5%～5.0%，原油酸值已由0.5mg(KOH)/g上升到目前的2.5～4.0mg(KOH)/g。我国炼油及石油化工设备制造行业中的大型炼油、乙烯、化肥等成套装置大型加氢反应器、球形储罐、换热器和气化炉等部分关键设备已实现国产化。

煤化工方面，一些核心技术如直接液化反应器、加氢稳定装置、费托合成装置、甲醇制汽油装置和焦油加工装置等均由实验室或中试放大到工业规模，装置稳定性存在一定问题，如设备选型不合理、工艺系统配置不匹配等。目前气化炉 90％以上部件已实现国产化，但一些核心部件如干煤粉密度仪、水煤浆加压泵、氧气阀门、排渣阀等仍然依靠进口。

5.6.3 使用方面

国内已基本建立起与装置长周期运行相适应的技术标准体系，如石化设备危险源辨识的技术标准（AQ/T 3049—2013）、基于风险的检验（RBI）技术标准和资源手册（GB/T 26610.1～26610.5）等。

目前，国内针对腐蚀、疲劳和蠕变的材料数据基本分散在各大高校和研究院所，缺乏有机整合和统一整理。工况变化数据属于各石化企业，且同样缺乏深入挖掘和研究。

超期服役现象普遍存在，国内承压设备目前老化率达 25％，在石油化工行业中有近 1/5 承压设备老化，在早期建设企业中，存在着相当数量的已经超过设计寿命的超期服役压力容器。

移动式压力容器增长非常迅猛。移动式压力容器主要运输工业气体、危化品、化工原料，尤其是压缩天然气、液化天然气等介质。

5.6.4 失效与事故分析方面

2023 年，全国共发生压力容器事故 1 起，死亡人数 2 人；气瓶事故 2 起，死亡人数 1 人，按损坏形式划分，承压类设备（锅炉、压力容器、气瓶、压力管道）事故的主要特征是爆炸、泄漏着火等。

根据压力容器（包括气瓶）事故统计和原因分析结果，近年来事故多发的压力容器类型主要包括蒸压釜等快开门压力容器、印染洗涤行业用烘缸（筒）、涉氨行业用压力容器等。从风险分析的角度，高风险的压力容器还包括移动式压力容器和盛装第一类介质（毒性程度为极度和高度危害介质、易爆介质、液化气体）的固定式压力容器；从发生事故的企业规模上，集中在小型企业；从发生事故的环节和原因上，事故集中发生在使用环节，约占事故总量的 90％，多数是由使用单位压力容器操作人员违规操作、私自改装、操作失误或非法设备使用等造成，另外还有一部分事故是由设备缺陷和安全附件失效等原因引起。

5.6.5 法规标准方面

近年来，我国压力容器领域在法规标准建设、基于风险的压力容器设计检验方法、压力容器轻量化制造技术等方面取得了显著成绩。

目前，我国已经建立起相对完善的压力容器法规标准体系，形成了法律、法规、规章、安全技术规范、标准的 5 级体系构架。

国家市场监督管理总局特种设备安全监察局将研究制定压力容器相关规范作为推进法规标准体系建设的一个重要举措，在 2024 年 3 月先后颁布《特种设备生产单位落实质量安全主体责任监督管理规定》（国家市场监督管理总局第 73 号令）和《特种设备使用单位落实使用安全主体责任监督管理规定》（国家市场监督管理总局第 74 号令）两项行政法规，强化了生产单位和使用单位的主体责任。TSG 21—2016《固定式压力容器安全技术监察规程》于 2016 年 10 月 1 日正式实施。TSG 24—2015《氧舱安全技术监察规程》于 2016 年 6 月 1 日正式实施。2021 年发布的 TSG 23—2021《气瓶安全技术规程》统一了 7 项原有气瓶规程形成综合性安全技术规范。《固定式压力容器安全技术监察规程》和《移动式压力容器安全技术监察规程》明确要求，在保证内在质量和本质安全性的前提下，推进压力容器的轻量化，实现安全性与经济性的有机统一。目前通过调整材料安全系数，应用新型高强度材料和非金属材料，采用奥氏体不锈钢应变强化工艺等科学技术和创新手段，压力容器轻量化取得令人瞩目的进展。

在标准方面，GB/T 150—2024《压力容器》和 GB/T 4732—2024《压力容器分析设计》系列标准先后更新，为压力容器常规设计与分析设计方法的优化提供了实际操作指南，支撑了压力容器轻量化设计和制造技术的稳步推进。在气瓶领域，也先后发布了 GB 5842—2023《液化石油气钢瓶》和 GB 7512—2023《液化石油气瓶阀》等强制性国家标准和 GB/T 19533—2024《汽车用压缩天然气钢瓶定期检验与评定》等推荐性国家标准，有利于提高气瓶的设计制造质量和使用安全性。

课后练习

1. 填空题

(1) 压力容器的主要参数有________、________、________、________。

(2) 常见的压力容器封头有________、________、________、________。

(3) 在各种压力容器的规范中，会出现不同的压力的概念，常用的压力有________、________、________、________。

(4) 压力容器的安全附件可以在压力容器的使用过程中对其起到一定的保护作用，常见的压力容器安全附件有________、________、________、________、________、________。

2. 简答题

(1) 简述什么是压力容器。压力容器的安全设计应满足哪些要求，对其进行简单描述。

(2) 简述什么是压力容器的公称压力。查阅相关资料，列出几种常用的公称压力。

(3) 分别解释什么是安全阀与爆破片，并简述二者的区别与联系。

第 6 章 压力容器应力分析

6.1 压力容器的应力分类与局部应力

6.1.1 工艺性应力

工艺性应力是指在容器制造工艺过程中产生，并在容器制成后仍然存在于容器构件内的应力。如由于焊缝收缩而产生的焊接残余应力；管壳式换热器中管子和管板胀接而引起的胀合连接力；热套式高压容器的层间套合应力或多层包扎式高压容器层板纵焊缝后收缩所形成的包紧力。在各种不同的工艺性应力中，有的是有害的，有的是有益的。对于有害的如焊接残余应力，若该应力过大则会使容器在使用前就产生开裂，即使不开裂也易在承受交变载荷时产生疲劳破坏，因此应优化焊接工艺或进行焊后热处理来消除。对于有益的应力，如胀管时形成的胀接力，则要用正确合格的结构和工艺保证它有足够的量，使连接牢固。工艺性应力的种类随结构和制造工艺不同而不同。

6.1.2 应力分类

根据应力对容器失效所起作用的大小，即应力产生的原因、应力的分布形式与作用区域，通常将压力容器中的应力分为一次应力、二次应力和峰值应力这三大类。

6.1.2.1 一次应力

平衡外加机械载荷所必须的应力称为一次应力（代号 P）。一次应力具有非自限性，即应力达到材料的屈服点以后，随着载荷的增加，应力会不断增大，直至破坏。一次应力又可分为如下三类。

（1）一次总体薄膜应力（代号 P_m） 容器中的一次总体薄膜应力有：在薄壁圆筒或球壳中，远离结构的不连续部位由内压力引起的薄膜应力；厚壁圆筒中由内压产生的轴向应力以及周向应力沿厚度的平均值。

（2）一次局部薄膜应力（代号 P_L） 是指只在结构的局部区域存在，应力水平大于一次总体薄膜应力的一次薄膜应力。当结构局部发生塑性流动时，这种应力将会重新分布。若不加限制，则当应力由高应力区转移至低应力区时，会产生过量的塑性变形而导致破坏。

总体结构不连续所引起的局部薄膜应力，虽然具有二次应力的性质，但从保守考虑仍归入一次局部薄膜应力。

一次局部薄膜应力的例子：壳体和封头连接处的薄膜应力；在壳体的固定支座或接管处由外部载荷（力与力矩）引起的薄膜应力。在评价一次局部薄膜应力时，应同时计算该区域的一次总体薄膜应力。

（3）一次弯曲应力（代号 P_b） 是指存在于结构的总体范围，满足压力或其他机械载荷平衡，沿截面厚度呈线性分布的且在内外表面处绝对值相等的应力。这种应力，当表面屈服以后，应力沿壁厚将重新分布。

一次弯曲应力的例子：平板封头中部由压力引起的弯曲应力。

6.1.2.2 二次应力

在外部载荷作用下，由于相邻部件的约束或结构自身的约束，需要满足变形连续条件而产生的法向应力或切应力称为二次应力（代号 Q）。其基本特征是具有自限性，即局部屈服和小量塑性变形就可使变形连续条件得到部分或全部满足，从而塑性变形不再发展。只要不反复加载，二次应力不会导致结构破坏。

二次应力的实例如下：

① 总体结构不连续处的弯曲应力，总体结构不连续对结构总体应力分布和变形有显著的影响，如筒体与封头、筒体与法兰、筒体与接管以及不同厚度筒体连接处；

② 总体热应力，它指的是解除约束后会引起结构显著变形的热应力，例如圆筒壳中轴向温度梯度所引起的热应力；壳体与接管间的温差所引起的热应力；厚壁圆筒中径向温度梯度引起的当量线性热应力。

6.1.2.3 峰值应力

由局部结构不连续或局部热应力影响引起的，附加于一次和二次应力之上的应力增量称为峰值应力（代号 F）。它同时具有自限性和局部性，不会引起明显的变形。对于引起变形不明显的非高度集中的局部应力，也属于峰值应力范畴。峰值应力可能导致结构的疲劳裂纹或脆性裂纹。

常见的峰值应力有：局部结构不连续引起的、沿厚度非线性分布的应力增量；局部热应力，例如复合板中复合层的热应力。

6.1.2.4 典型部位的应力分类

以上是现行分析设计规范中的应力分类方法。规范还给出了压力容器一些典型情况的应力分类，见表 6-1。该表引自日本标准 JIS B—8281《压力容器的应力分析及疲劳分析》，可供进行分类的参考。

表 6-1 一些典型情况的应力分类

容器部件	位置	应力的起因	应力的类型	所属种类
圆筒形或球形壳体	远离不连续处的壳壁	内压	总体薄膜应力 沿壁厚的应力梯度	P_m Q
	和封头或法兰的连接	轴向温度梯度	薄膜应力 弯曲应力	Q Q
		内压	薄膜应力 弯曲应力	P_L Q

续表

容器部件	位置	应力的起因	应力的类型	所属种类
任何筒体或封头	沿整个容器的任何截面	外部载荷或力矩，或内压	沿整个截面平均的总体薄膜应力	P_m
		外部载荷或力矩	沿整个截面的弯曲应力	P_m
	在接管或其他开孔附近	外部载荷或力矩，或内压	局部薄膜应力 弯曲应力 峰值应力(填角或直角)	P_L Q F
	任何位置	壳体和封头间的温差	薄膜应力 弯曲应力	Q Q
碟形封头或锥形封头	顶部	内压	薄膜应力 弯曲应力	P_m P_b
	过渡区或/和壳体连接处	内压	薄膜应力 弯曲应力	P_L Q
平封头	中心区	内压	薄膜应力 弯曲应力	P_m P_b
	和筒体连接处	内压	薄膜应力 弯曲应力	P_L Q
多孔的封头或壳体	均匀布置的典型管孔带	压力	薄膜应力(沿横截面平均) 弯曲应力(沿管孔带的宽度平均，但沿壁厚有应力梯度) 峰值应力	P_m P_b F
	分离的或非典型管孔带	压力	薄膜应力 弯曲应力 峰值应力	Q F F
接管	垂直于接管轴线的横截面	内压或外部载荷或力矩	总体薄膜应力(沿整个截面平均)、应力分量和截面垂直	P_m
		外部载荷或力矩	沿接管截面的弯曲应力	P_m
	接管壁	内压	总体薄膜应力 局部薄膜应力 弯曲应力 峰值应力	P_m P_L Q F
		膨胀差	薄膜应力 弯曲应力 峰值应力	Q Q F
复层	任意	膨胀差	薄膜应力 弯曲应力	F F
任意	任意	径向温度分布	当量线性应力 应力分布的非线性部分	Q F
任意	任意	任意	应力集中(缺口效应)	F

6.1.2.5 压力容器设计中对多类应力的限制

① $P_m \leqslant [\sigma]$，一次应力中的总体薄膜应力 P_m 的应力强度小于许用应力 $[\sigma]$；

② $P_L \leqslant 1.5[\sigma]$，一次应力中的局部薄膜应力 P_L 的应力强度小于 $1.5[\sigma]$；

③ $P_m(P_L)+P_b \leqslant 1.5[\sigma]$，一次应力中的总体薄膜应力 P_m 或局部薄膜应力 P_L 和弯曲应力 P_b 之和的应力强度不大于 $1.5[\sigma]$；

④ $P_m(P_L)+P_b+Q \leqslant 3[\sigma]$，一次应力中总体薄膜应力 P_m 或局部薄膜应力 P_L 与弯曲应力 P_b、二次应力 Q 之和的应力强度不大于 $3[\sigma]$；

⑤ $P_m(P_L)+P_b+Q+F \leqslant 2S_a$，一次应力与二次应力及峰值应力 F 之和的应力强度不能超过由疲劳曲线所确定的二倍许用应力幅 $2S_a$。

当各类应力同时存在时，以上五个强度条件要同时满足。

以上介绍了以应力分析为基础的设计方法的基本概念，这种方法有显著的特点：将应力详细进行分类，而且对不同类型的应力规定用不同的强度条件进行限制，合理地采用了区别对待的方法；新的方法反映了近年来压力容器的研究成果，是一种先进而合理的设计方法。但这种方法在实际设计时工作量很大，对材料性能、焊缝检验以及容器的操作运行都有着更加严格的要求。对于一些温度变化小，载荷循环次数低等一般条件下工作的压力容器，还是采用简便易行的常规设计方法。

注意事项：

① 必须考虑在直径与厚度比大的容器中发生褶皱或过度变形的可能性。

② 应考虑热应力棘轮的可能性，热应力棘轮现象是指构件当经受热应力或同时经受机械应力的循环作用时，发生逐次递增的非弹性变形积累。

6.1.3 局部应力

压力容器的应力分布往往由于局部应力的存在变得复杂，下面将从检验角度对局部应力的一些知识进行介绍。

6.1.3.1 边界效应与不连续应力

压力容器大多是由不同形状的回转壳体组装而成的，这些回转壳体的连接都属于不连续结构。形状或厚度不同的回转壳体相互约束，在承受压力时会产生不同的径向变形（半径增量），因此产生附加弯曲应力。在某些情况下，由这些情况引起的附加弯曲应力可能比容器承受内压所产生的薄膜应力大得多。

由于部件结构或厚度尺寸的不同而引起的变形不同的现象，只发生在两个部件连接处的边界地区，所以称为边界效应或边界问题，而由边界效应所产生的应力则称为边界应力或不连续应力。

（1）产生不连续应力的结构部位 在压力容器中，边界效应往往在下列一些结构中产生：

① 圆筒体与各种封头的连接；

② 壁厚不同的两个圆筒体相连接；

③ 圆筒体上焊接法兰或装设加强圈；

④ 圆筒体与管板的连接；

⑤ 具有不同物理性能（例如 E、μ 等）的两种材料所制成的筒体相连接；

⑥ 圆筒体或球体上开孔接管。

（2）不连续应力的特性 结构的不连续应力是由于零部件的变形不协调而引起的，它与直接由载荷产生的薄膜应力不同，具有以下两个明显的特点：

① 应力的分布范围很窄小，它随着与边界距离的增加而迅速衰减。

② 不连续应力不像承载应力那样，随着载荷的增加而不断增大，而具有自限性。一旦其中的某一部件的应力达到材料的屈服极限，而产生少量的塑性流动，零部件间的变形不协调就可以得到缓解，应力重新分布，使较高的不连续应力受到限制。

（3）不连续应力的影响及实用意义 在压力容器中，不连续应力是普遍存在的。但它对容器安全的影响程度则与容器的结构、材料特性和载荷性质等有关。对容器不连续应力的影响，从设计、制造和检验角度，应分别给予不同程度的关注。

① 圆筒体与凸形封头（半球形封头、椭圆形封头等）连接时，边界效应现象并不严重，即不会产生过高的不连续应力，因此在这些容器设计中，一般不用考虑边界效应的影响。但在制造检验和在用检验中，这些焊缝应作为检测的重点。

② 在采用平板封头以及其他的一些不合理结构中，不连续应力可以达到很高的数值，虽然不会直接导致塑性材料构件的破坏（即容器不会因承受一次或数次载荷而破裂），但如果制造容器部件的材料韧性较差，或容器承受反复多次的载荷，构件将会因存在过高的局部应力而发生脆性断裂或疲劳断裂。在这种情况下，无论设计、制造还是检验都必须考虑相应措施，例如材料的选择、厚度和局部结构的改进、零部件和焊接质量控制要求、无损检测方法比例及部位的选择等。在检验时，这些结构和相应部位应作为检验重点。

6.1.3.2 热应力

高温条件下运行的压力容器，温度可达 1000℃甚至更高。而深冷条件下运行的低温容器可低至－100℃以下。这些容器或其部件运行温度远高于（或低于）其运行前的温度。如果容器的热变形受到外部限制或本身温度分布不均匀，就会产生热应力，热应力有时可以达到很高的数值，使容器或部件产生过量的塑性变形，甚至导致断裂。

（1）热应力及其产生的原因 构件因部件温度变化而产生变形受到约束所引起的应力，称为热应力，或温差应力。在压力容器或其部件中，热应力常在下列几种情况下产生：

① 容器在较高或较低的温度下运行时，因温度变化而引起的变形受到外部的约束或限制。例如，固定支座下的卧式容器，运行时的温度高于（或低于）设备安装时的温度，它的受热膨胀（或收缩）就受到限制，容器的横截面即产生轴向压缩（或拉伸）应力。

② 由两个或两个以上的零部件构成的组合容器，在运行中温度发生变化，由于两部件的温升不同，或构件材料的热膨胀系数不同，因而产生不同的膨胀量，于是部件之间相互受到约束，产生热应力。例如固定管板的列管式换热器，运行中因圆筒形壳体与管束的工作温度不同，管束的温度较高而筒壳的温度较低，使它们的膨胀量不同而相互制约，壳体与管子分别产生不同的热应力，即整个管束截面产生轴向压缩应力，而圆筒体横截面则产生轴向拉伸应力。

③ 构件内部温度分布不均匀，各部分产生不同的膨胀，构件本身材料相互约束产生热应力。例如厚壁圆筒形壳体，运行中壁温较高，而且内外壁之间存在较大的温差，使内壁材料的膨胀（或收缩）受到外部材料的约束，因而在内壁产生压缩（或拉伸）的热应力，外壁产生拉伸（或压缩）的热应力。

（2）热应力的特性及其影响 热应力由于零部件的热变形受到约束而产生，具有自限性质。当某一区域的应力达到材料的屈服极限时，局部即产生塑性流动，使应力不再增大，并产生有利的应力分布。所以对于一般塑性材料制成的部件，不会因施加一次或几次载荷而遭到破坏。但对于脆性材料制成的部件，由于材料难以产生局部的塑性变形，热应力不易得到缓解，当应力达到材料的强度极限时，部件即发生破裂。

从检验角度考虑热应力的影响，一般应注意以下几点：

① 如果承压部件的热应力与其他载荷所产生的应力相比很小，可以不予考虑。例如，承受内压的容器，如果壁温之差不超过 10℃，可以不计其热应力；具有隔热保温层的高温或深冷储存容器，如果绝热材料效果良好，壳壁的热应力可以不加考虑；操作温度已达到使材料发生蠕变的部件，一般不计其热应力。

② 有可能产生热应力的部位，如未在结构上采取相应措施，装设缓解部件受热变形相互约束的装置，则检验时需加以注意。例如，对卧式容器的两个支座，未设计成一个固定式、一个活动式的；固定管板列管式换热器，如果管程与壳程的温差超过 50℃时，未在壳体上装设膨胀节；容器内温度过高或过低的容器，内外壁温差太大可能产生过高的热应力，而未采取限制壁厚或装设隔热保温层等措施。

③ 对于塑性较好的材料制成的容器部件，热应力对其强度的影响要比压力等机械载荷引起的应力小得多，因而对热应力的限制可予以放宽，而对脆性材料，则需从严检验防范。

④ 热应力虽不会直接导致塑性材料部件的断裂，但可能使塑性材料发生热疲劳破坏。在检验时应对热应力大的结构和部位重点检查。

⑤ 对于在高温或深冷条件下操作的容器及其部件，应防止产生过高的热应力，特别是瞬态应力（部件温度瞬时发生急剧变化时引起的应力）。为此在结构上采取相应措施以外，在操作上还应防止温度的急剧变化，例如设备的开车或停车，必须缓慢进行。制订在用检验方案时应注意。

6.1.3.3 制造偏差引起的附加应力

（1）截面不圆引起的附加应力及影响 筒体截面不圆，一方面影响筒节之间的对接质量，在对接环缝处造成错边；另一方面在内压作用下，不圆的筒壳内将产生附加的弯矩和弯曲应力。

当筒体不圆时，在内压作用下，筒体的应力除了薄膜应力以外，还存在着附加弯曲应力。这种附加应力，在筒体的内表面为拉应力，而在外表面为压应力，因此以椭圆的长径端部的内表面总应力为最大。

（2）错边和棱角引起的附加应力 错边和棱角造成结构上的不连续，结构承载后在错边和棱角部位产生附加的弯曲应力和剪应力，造成局部应力升高。错边和棱角会降低结构的疲劳强度，缩短结构的疲劳寿命，严重的错边和棱角甚至可以直接造成压力容器断裂事故。随着错边量的增大，焊缝的疲劳强度迅速下降，当错边量达到壁厚的 30%时，疲劳强度下降 50%。错边和棱角往往较易产生，需要严加控制。

6.1.3.4 焊接接头的局部应力

（1）焊接接头的力学特点

① 焊接接头力学性能不均匀。由于焊接接头各区在焊接过程中进行着不同的焊接冶金过程，并经受不同的热循环的作用，各区的组织和性能存在较大的差异，焊接接头组织的不均匀，造成了整个接头力学性能的不均匀。

② 焊接接头工作应力分布不均匀，存在应力集中。由于焊接接头存在几何不连续，致使其工作应力不均匀，出现应力集中。当焊缝中存在缺陷，焊缝外形不合理或接头型式不合

理时，将加剧应力集中程度，影响接头强度，特别是疲劳强度。

③ 由于焊接的不均匀加热，引起焊接残余应力及变形。焊接残余应力可能与工作应力叠加，导致结构破坏。焊接变形可能引起结构的几何形状发生不良改变，产生附加应力。

④ 由于焊缝与构件组成整体，所以与铆接或胀接相比，焊接接头具有较大的刚性，因拘束而产生的局部应力更大。

综上所述，压力容器结构中的焊接接头是复杂的高应力部位。由于结构的不连续（包括焊接接头型式、焊接接头外形和焊接缺陷）导致的应力集中，以及焊接残余应力的影响（虽然分布范围稍宽，但数值可能很高），会给焊接接头强度带来相当严重的影响，必须予以充分注意。

（2）焊接接头型式与形状引起的应力集中 应力集中的大小通常以应力集中系数 K_t 表示：

$$K_t=\sigma_{max}/\sigma_m \tag{6-1}$$

式中 σ_{max}——截面中最大应力值；

σ_m——截面中平均应力值。

确定 K_t 值一般采用实验法，亦可用解析法求得。当结构的截面几何形状比较简单时，可以利用弹性力学方法计算 K_t。结构比较复杂时，可用有限元法或用光弹法、电测法等实验方法确定 K_t。

不同接头型式会引起不同程度的应力集中，对接接头的应力集中最小，搭接接头的应力集中最大，T形或十字形接头应力集中介于其中。通过改变焊缝形状，例如改变焊透情况，把焊趾加工成圆滑过渡，均可大大减少应力集中。

（3）焊接残余应力 是一种局部应力，但其作用的区域比峰值应力大得多，加热区越宽，则残余应力波及面也越宽，其作用范围最大可达焊缝两侧 200～300mm。当焊接残余应力与工作应力叠加时，能造成的影响与应力集中相当。

6.2 薄壳理论

6.2.1 概论

薄壳是指容器壁厚 t 与壳体内径 D_i 比值 $t/D_i\leqslant0.1$ 的壳体。对这类壳体进行设计时，首先要分析该壳体在外载荷作用下产生的内应力。

一般的压力容器外壳都为承受轴对称载荷（如自重、内外压、液压等）的薄壁回转壳体，对该类薄壳进行理论分析，通常采用无力矩理论，即将壳壁当作薄膜，认为它只能承受拉应力和压应力，不能承受弯曲应力，壳壁中应力均匀分布，无刚度，不存在弯矩。

在工程实际中理想的薄壳是不存在的，即使壳壁很薄，壳体中或多或少地存在一些弯曲应力，所以无力矩理论有其近似性和局限性。由于弯曲应力很小，如忽略不计，其误差仍在工程计算的允许范围之内，计算方法却得到大大简化，所以工程计算常采用无力矩理论。

6.2.2 薄壳回转壳无力矩理论

6.2.2.1 回转壳体的几何概念

平分壳体厚度的面称为中间面，即与壳体内、外表面等距离各点所组成的表面。回转壳体则是指中间面是由任一直线或平面曲线绕同一平面内的回转轴旋转一周得到的壳体。不同形状的平面曲线旋转所得的中间面形状也各不相同，如圆柱面是由直线绕与其平行的回转轴一周所得；而球面则是由半圆周线绕回转轴旋转所得。

图 6-1 所示为一回转壳体的中间面，通过该图对回转薄壳的相关概念展开介绍。

① 母线：该中间面是由曲线 OA 绕回转轴 OO' 回转而成，则称 OA 为母线。

② 经线：母线经过回转曲面任意位置时形成的曲线 OA_1 称为经线，它与母线形状相同。

③ 纬线：垂直于 OO' 的任一平面与壳相交，交线 CC' 称为平行圆（也称纬线）。

④ 第一曲率半径 R_1：经线 OA_1 上任一点 b 的曲率半径 bK_1 称为第一曲率半径 R_1（在 OA_1 平面内）。

⑤ 第二曲率半径 R_2：过 b 的平面垂直于 OA_1 交壳体于一点 K_2，bK_2 称为第二曲率半径 R_2。K_1、K_2 点称为中间面在 b 点的曲率中心。由微分几何学可知 K_2 必然落在壳体回转轴 OO' 上。

6.2.2.2 微体平衡方程

现有一受内压作用的壳体，在其上截取任意微元体，如图 6-2 所示，该微元体是由两条纬线与经线、壳体内外表面所构成。

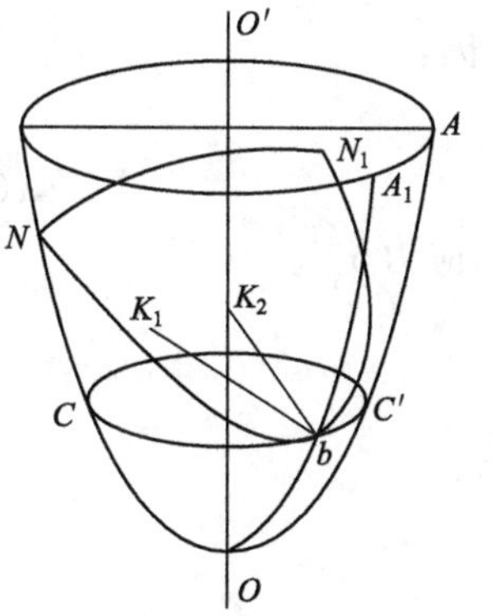

图 6-1 回转壳体的中间面

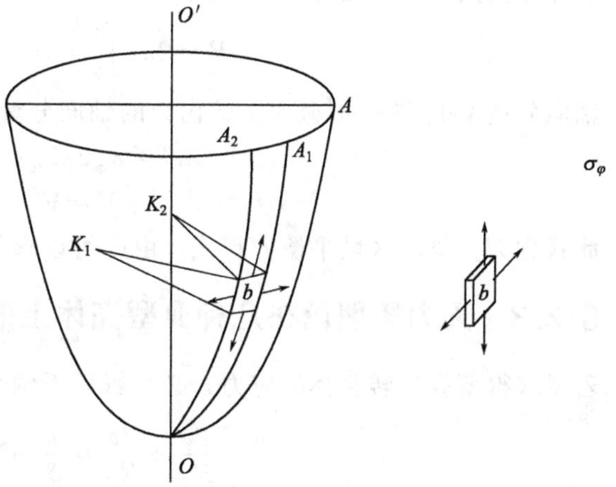

图 6-2 薄壳微元体

当壳体壁厚比曲率半径小得多时，所产生的力矩小到可以忽略不计，这时可以认为壳体只承受拉应力的作用。

由微体的静力平衡条件可得：

$$\frac{\sigma_\varphi}{R_1}+\frac{\sigma_\theta}{R_2}=\frac{p}{\delta} \tag{6-2}$$

式中 σ_φ——经向应力，MPa；

σ_θ——环向应力，MPa；

R_1——第一曲率半径，mm；

R_2——第二曲率半径，mm；

p——内压，MPa；

δ——容器壁厚，mm。

式（6-2）为微体平衡方程，最先是由拉普拉斯（Laplace）推得，故又称为拉普拉斯方程。

6.2.2.3 区域平衡方程

微体平衡方程式中包含了两个未知数 σ_φ、σ_θ，要解出未知数必须有两个方程，剩下的一个补充方程可从部分壳体的静力平衡条件求得，见图 6-3。

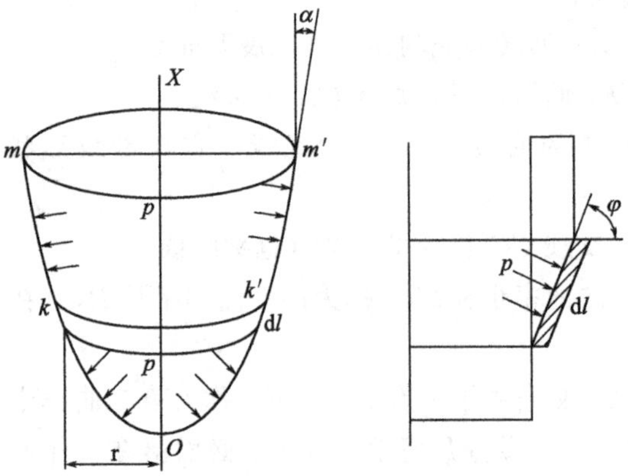

图 6-3 壳体静力平衡

在承受内压 p 的壳体上截取一段宽度为 dl 的环带，环带沿 OX 轴所受的压力分力为：

$$dV = p\,dl\,2\pi r\cos\varphi$$

$$\cos\varphi = dr/dl$$

则
$$dV = 2\pi r p\,dr$$

作用在整个截体的总压力沿 OX 轴的分力是：

$$V = \int_0^{r_m} 2\pi r p\,dr$$

若壳体上只受气体压力 p 的作用，则：

$$V = 2\pi p\int_0^{r_m} r\,dr = \pi r_m^2 p$$

轴向分量 V 应与 mm' 截面上的内力的轴向分量 V' 相平衡，因：

$$V' = \sigma_\varphi 2\pi r_m \sigma\cos\alpha$$

$$V = V' \tag{6-3}$$

此式称为壳体的区域平衡方程式，由此可以求得壳体的经向应力 σ_φ。

6.2.3 无力矩理论在几种典型壳体上的应用

若要求得薄壳回转壳体的应力，必须解以下两个基本方程式：

$$\frac{\sigma_\varphi}{R_1} + \frac{\sigma_\theta}{R_2} = \frac{p}{\delta}, V = V'$$

对回转壳体作应力分析时，需将壳体中间面的几何尺寸代入上述方程式求解。

6.2.3.1 球形壳体

对于球形壳体，各点的第一曲率半径与第二曲率半径相等，即 $R_1 = R_2$，如图 6-4 所示。

可得出各点的经向应力 σ_φ 与环向应力 σ_θ 也一定相等，即 $\sigma_\varphi = \sigma_\theta = \sigma$，则 σ_φ 和 σ_θ 可由这两个关系代入式（6-2）和式（6-3）求出，代入微体平衡方程式，得

$$\frac{2\sigma}{R} = \frac{p}{\delta}$$

即
$$\sigma_\varphi = \sigma_\theta = \frac{pR}{2\delta} \tag{6-4}$$

6.2.3.2 圆筒形壳体

图 6-5 是圆筒形壳体，$R_1 = \infty$，$R_2 = R$ 代入式（6-2）可得：

$$\sigma_\theta=\frac{pR}{\delta} \tag{6-5}$$

即为筒壁所受环向应力公式。

由 $V=V'$，$\pi r^2 p=2\pi r\sigma_\varphi\delta\cos\alpha$

将 $r=R$，$\alpha=0$ 代入得：

$$\sigma_\varphi=\frac{pR}{2\delta} \tag{6-6}$$

即为圆筒形的经向应力公式。

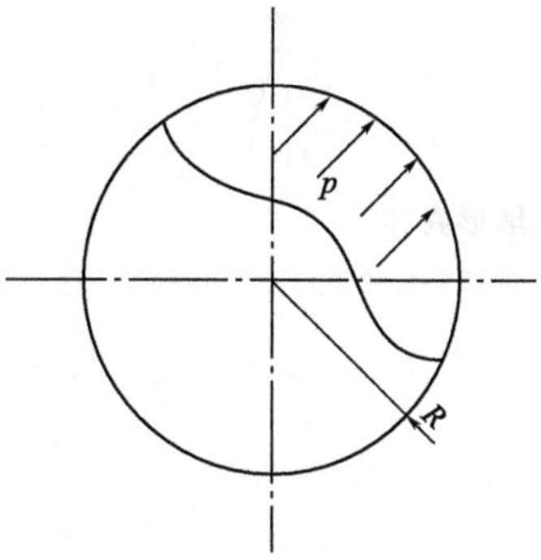

图 6-4 球形壳体

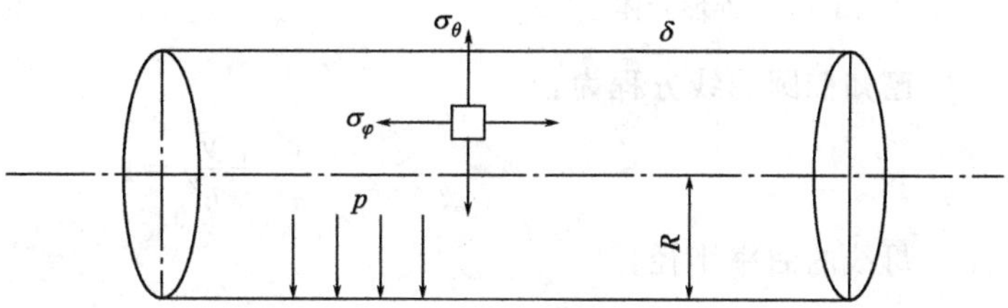

图 6-5 圆筒形壳体

比较圆筒形容器所受应力 σ_φ、σ_θ 计算公式可知：$\sigma_\theta=2\sigma_\varphi$，即环向应力为经向应力的两倍。为此在设计圆筒形容器时，必须注意纵焊缝的强度与环焊缝的强度，即压力容器制造时纵焊缝的质量要求较高；如筒身开椭圆形人孔，则其短轴必须放在圆筒的轴线方向。

6.2.3.3 锥形壳体

锥形壳体的母线是直线，则 $R_1=\infty$；壳体上任一点的第二曲率半径是一个变量，与 x 呈线性关系，见图 6-6。

$R_1=\infty$，$R_2=x\,\mathrm{tg}\alpha$ 代入式（6-2）和式（6-3），得：

$$\frac{\sigma_\varphi}{\infty}+\frac{\sigma_\theta}{R_2}=\frac{p}{\delta}$$

$$\pi r^2 p=2\pi r\sigma_\varphi\delta\cos\alpha$$

$$\sigma_\theta=\frac{px\,\mathrm{tg}\alpha}{\delta}$$

$$\sigma_\varphi=\frac{px\,\mathrm{tg}\alpha}{2\delta} \tag{6-7}$$

可见，环向应力和经向应力与 x 呈线性关系，离圆锥形容器的顶部越远，应力值越大，锥顶处应力值为零。

6.2.3.4 椭球形壳体

椭圆形封头即属于椭球形壳体，压力容器常用它作封头。其应力同样用微体平衡方程和区域平衡方程计算，只是它的第一曲率半径、第二曲率半径都是沿着椭圆曲线连续变化，见图 6-7。

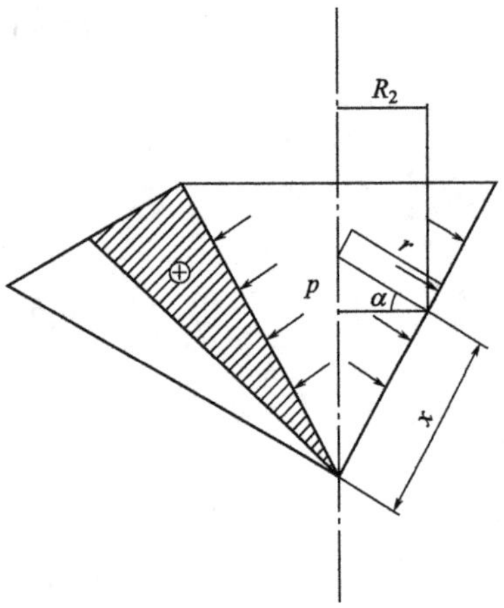

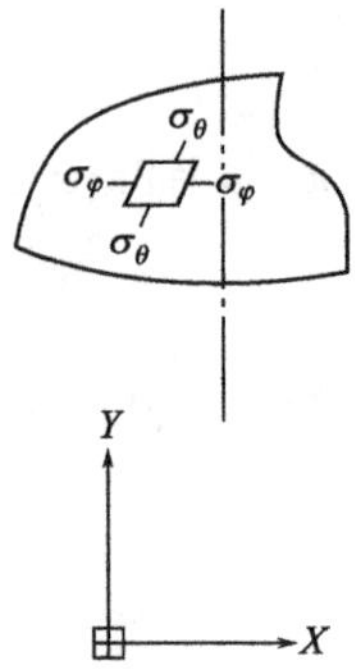

图 6-6　锥形壳体

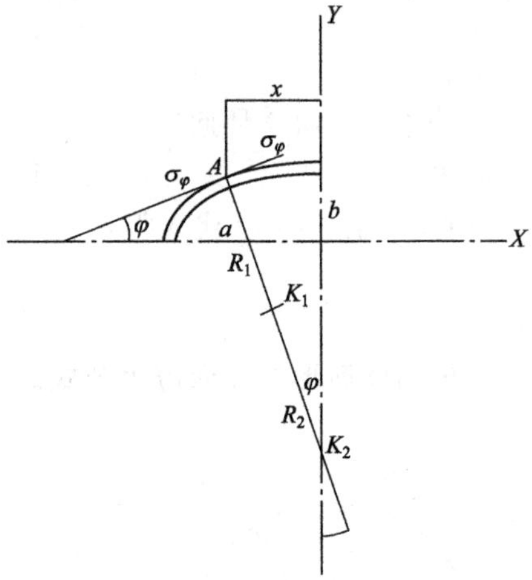

图 6-7　椭球形壳体

已知椭圆曲线方程为：

$$\frac{x^2}{a^2}+\frac{y^2}{b^2}=1$$

母线的曲率半径：

$$R_1=\left|\frac{(1+y'^2)^{\frac{3}{2}}}{y''}\right|$$

对椭圆方程的 y 求导数，将求得的 y'、y''代入上式，得

$$R_1=\frac{[a^4-x^2(a^2-b^2)]^{\frac{3}{2}}}{a^4 b}$$

第二曲率半径：$R_2=\frac{x}{\sin\varphi}$，又 $y'=\frac{dy}{dx}=\mathrm{tg}\varphi$，可得

$$R_2=\frac{[a^4-x^2\ (a^2-b^2)\ ]^{\frac{1}{2}}}{b}$$

将 R_1、R_2 代入式（6-2）和式（6-3），得：

$$\sigma_\varphi=\frac{p}{2\delta b}[a^4-x^2(a^2-b^2)^{\frac{1}{2}}] \tag{6-8}$$

$$\sigma_\theta=\frac{p}{2\delta b}[a^4-x^2(a^2-b^2)]\left[2-\frac{a^4}{a^4-x^2(a^2-b^2)}\right] \tag{6-9}$$

由式（6-9）可知椭球壳各点的应力随 x 值的变化而变化，当 $x=0$ 时，σ_φ、σ_θ 都有最大值。椭球壳的应力除与内压 p、壁厚 δ 有关外，还和长轴与短轴之比 a/b 有很大关系。当 $a/b=1$ 时，椭球壳变成球形，受力状况最佳；随着 a/b 的增加应力急剧增加；当 $a/b\geqslant\sqrt{2}$ 时，椭球赤道处的环向应力 σ_θ 将出现负值。

目前我国多采用 $a/b=2$ 的椭圆形封头，其应力分布曲线如图 6-8 所示。

由图 6-8（a）可知，经向应力全部为正值，即为拉应力，极点处经向应力达到最大值 $\sigma_{\varphi\max}=\frac{pa}{\delta}$；由图 6-8（b）可知，极点处环向应力达到最大值 $\sigma_{\theta\max}=\frac{pa}{\delta}$，并且也是拉应力，但在赤道处（A 点），环向应力 σ_θ 为负值，$\sigma_\theta=-\frac{pa}{\delta}$，为压应力。如果 $a/b\geqslant2$，则赤道处

（A 点）压应力的绝对值将大于最大拉应力。对于薄壁凸形封头在内压的作用下产生的压应力值太大的话，则可使封头受压缩而失稳，即出现失稳皱褶而被破坏。因此对于 $a/b \geqslant 2.6$ 的封头工程上一般不推荐采用。

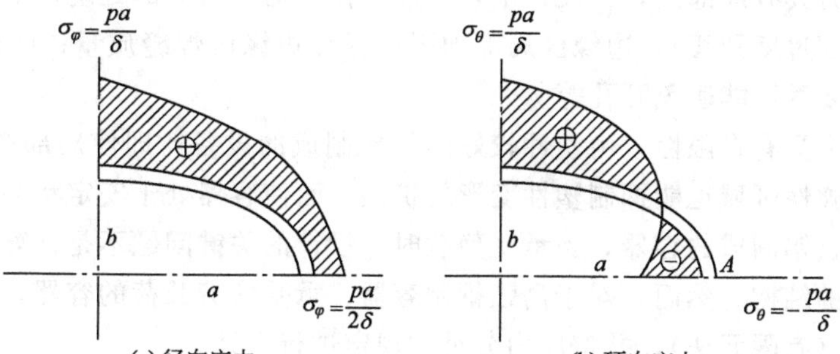

图 6-8　椭圆形封头应力分布

6.2.4　无力矩理论的适用范围

无力矩理论是一个近似理论，早在 1928 年就由拉美（Lame）等人提出，但至今仍广泛使用，这不仅是由于使用简便，而且在某些情况下忽略力矩所求得的结果，在工程应用上是足够精确的。

下面将介绍无力矩理论的适用范围。对于薄壁壳体，凡符合以下条件者可采用忽略弯矩的无力矩理论。

① 壳体的曲率半径连续无突变，壁厚无突变，材料物理性能（μ、E）相同。

② 作用于壳体上的外载荷是连续的、无突变的。壳体不能承受集中力和集中力矩。

③ 壳体边界的支承条件为自由支承，即边界处的截面转角和位移均不受约束。

总之，只有在薄壁壳体的几何形状、材料、外载荷都连续的条件下，并同时保证边界自由，这时可用无力矩理论来分析。如果其中任一条件不满足，壳体内的弯矩 M 和弯曲应力 σ_M 起的作用就十分明显，因而不能将其忽略。例如筒体和封头、法兰、加强圈的连接边缘，载荷或温度变化的分界面，支座开孔附近，都有明显的弯曲变形，因而必须按有力矩理论进行计算。对于远离以上局部区域的壳体则可用无力矩理论。

6.2.5　边缘应力

（1）边缘应力定义　实际中的压力容器多为组合壳体，当其整体承压时，连接部位产生局部弯曲，由于这种局部弯曲变形，筒壁内必然存在弯矩，局部将产生较大的弯曲应力，这种应力有时要比由于内压而产生的薄膜应力大得多。由于这种现象只发生在边缘，因而称为边缘效应或边缘问题，所产生的附加应力称为边缘应力。

（2）边缘应力特性

① 局部性。不同的连接边缘，有不同程度的边缘效应，有的边缘效应显著，其应力可达很大的数值，但它们都有一个共同的特性，其影响范围很小。这些应力只存在于连接处附近的局部区域，离开连接处稍远一些，它们就沿着圆筒的轴线呈波形衰减，并趋于零。例如，圆筒壳的边缘应力沿轴向的衰减经过一个周期后，即离边缘距离为 $2.5\sqrt{r\delta}$（r、δ 分别为圆筒半径和壁厚）处，边缘应力基本衰减至零。

② 自限性。边缘应力是由于薄膜变形不相等，以及由此而产生的对弹性变形的互相约束作用所引起的。一旦材料产生局部的塑性变形，这种弹性约束就开始缓解，应力自动消减，边缘应力也就自动限制，这就是边缘应力的自限性。

由于边缘应力具有局部性，在设计中，一般只在结构上做局部处理，如改变连接边缘结构（如锥形封头加过度圆弧），边缘区局部加强；保证边缘区焊缝质量；降低边缘区残余应力；在边缘区内要尽可能避免开孔等。

由于边缘应力具有自限性，由塑性较好的材料制成的设备，即使局部产生了塑性变形，周围尚未屈服的弹性区域也能抑制塑性变形的扩展，而使容器处于安定状态。例如，用低碳钢、不锈钢、铜、铝制成的容器，当承受静载时，设计的关键问题不是计算边缘应力，而是如何改进连接处的结构。然而，对于高强钢制容器，承受疲劳载荷的容器，则必须进行详细的边缘应力计算（有限元法），并按应力分类的规定进行设计。

综上所述，不论设计是否计算边缘应力，都要尽可能地改进连接边缘的结构，使边缘应力处于较低水平。

6.3 平板理论

6.3.1 概述

平板是锅炉、压力容器中常见的部件，如容器的平盖，方形或矩形储槽的器壁及底部、各种插板式阀门、法兰、换热器管板支座底板等均为平板结构。

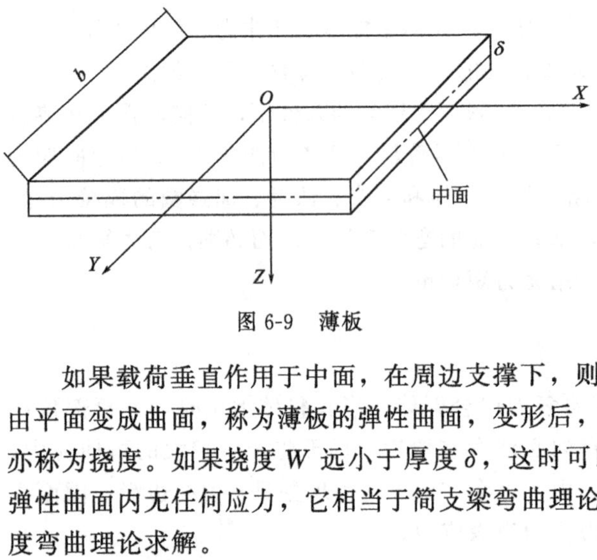

图 6-9 薄板

平板可分为厚板、薄板两种，对于一般化工设备上的平板结构来说大多属于薄板范围。所谓薄板是指板的厚度 δ 与板面的最小尺寸 b 的比值相当小的平板，见图 6-9，其范围一般为：

$$0.01\leqslant\frac{\delta}{b}\leqslant0.2$$

与板面平行并平分 δ 的平面称为中间面或中面。

如果载荷垂直作用于中面，在周边支撑下，则将引起薄板弯曲变形。薄板弯曲后，中面由平面变成曲面，称为薄板的弹性曲面，变形后，中面上的点在垂直中面的方向的位移 W，亦称为挠度。如果挠度 W 远小于厚度 δ，这时可以认为弹性曲面内任意线段长度无变化，弹性曲面内无任何应力，它相当于简支梁弯曲理论的中性层，这类弯曲问题可用薄板的小挠度弯曲理论求解。

如果 W 接近厚度 δ 量级，则弹性曲面中线段长度将发生变化，弹性曲面内将存在应力；由于挠度 W 比较大，变成几何非线性问题，这类问题应采用薄板的大挠度弯曲理论求解。

锅炉、压力容器中的圆形平板、多属于小挠度范围，所以只讨论薄板弯曲的小挠度理论。

为了使问题简化，同时又有足够的精度，通常在薄板理论中作如下基本假设：

① 弯曲变形垂直于中面的直线，变形后仍为直线，且仍垂直于弹性曲面（直线法假设）。

② 平行于中面的各层相互之间的正应力 $\sigma_z=0$，$\varepsilon_z=0$（纵向纤维之间不挤压假设）。

6.3.2 受轴对称载荷图平板应力分布

如图 6-10 所示受轴对称载荷图平板，存在环向应力 σ_θ 与径向应力 σ_r，为二向应力状态。

6.3.2.1 周边固支板应力分布

圆板外缘位移为零，即 $w=0$，转角 $\phi=0$，称为周边固支约束。
边界条件：$r=0$，$\phi=0$；$r=R$，$\phi=0$；$r=R$，$W=0$。
板的上下表面应力表达式为：

$$\sigma_r=\mp\frac{3p}{8\delta^2}[R^2(1+\mu)-r^2(3+\mu)]$$

$$\sigma_\theta=\mp\frac{3p}{8\delta^2}[R^2(1+\mu)-r^2(1+3\mu)]$$

最大应力在板边缘上（$r=R$）的径向应力：

$$\sigma_{r\max}=\mp\frac{3}{4}\left(\frac{pR^2}{\delta^2}\right)\approx\pm0.188p\left(\frac{D}{\delta}\right)^2 \tag{6-10}$$

$$\sigma_{\theta\mid r=R}=\pm0.188p\left(\frac{D}{\delta}\right)^2 \tag{6-11}$$

最大挠度：

$$w_{\max|r=0}=\frac{pR^4}{64D'} \tag{6-12}$$

式中　D'——圆板刚度；
$w_{\max}$——最大挠度；
R——圆板半径；
p——圆板受到的压力。

周边固支圆板，受轴对称均布载荷作用，其变形及下表面应力沿半径分布如图 6-11 所示，可见板的最危险点在板的下侧 A 点附近存在径向压缩应力 $\sigma_{r\max}$。

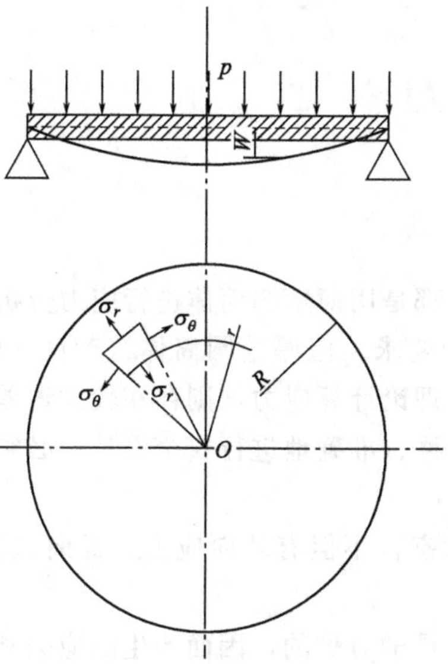

图 6-10　受轴对称载荷圆板

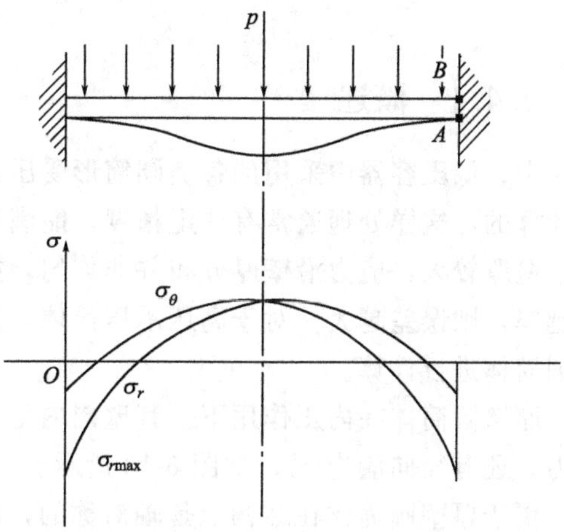

图 6-11　周边固支圆板

6.3.2.2 周边简支圆板应力分布

圆板外缘位移 $w=0$，转角 ϕ 不受约束，可自由转动，称周边简支约束。

边界条件：$r=0$，$\phi=0$；$r=R$；$W=0$；$r=R$，$M_r=0$。

板的上下表面应力表达式：

$$\sigma_r=\mp\frac{3p}{8\delta^2}(3+\mu)(R^2-r^2)$$

$$\sigma_\theta=\mp\frac{3p}{8\delta^2}[(3+\mu)R^2-(1+3\mu)r^2]$$

最大应力在板中心处（$r=0$）。

$$\sigma_{r\max}=\sigma_{\theta\max}=\mp\frac{3(3+\mu)pR^2}{8\delta^2}$$

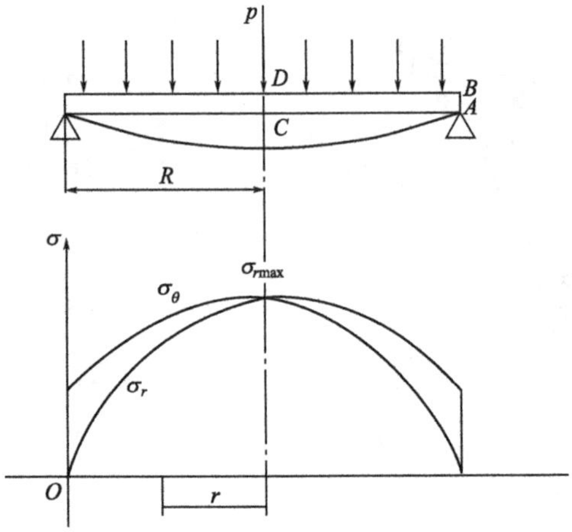

图 6-12 周边简支圆板

取 $\mu=0.3$，则

$$\sigma_{r\max}=\sigma_{\theta\max}=0.31P(D/\delta)^2$$

式中 D——圆板直径；

δ——圆板厚度。

最大挠度：

$$w_{\max|r=0}=\frac{(5+\mu)pR^4}{64\times(1+\mu)D'} \tag{6-13}$$

式中 p——布载荷；

R——圆板半径；

μ——泊松比；

D'——圆板刚度。

其变形及下表面应力沿半径分布，如图 6-12 所示。

可见板的最危险点在板的中心处（C、D 点），存在 $\sigma_{r\max}$、$\sigma_{\theta\max}$ 最大拉、压应力。

6.4 厚壁圆筒体在内压作用下的应力

6.4.1 概述

中、低压容器中采用的各类圆筒形受压元件，一般都是用薄壁圆筒体进行应力分析和强度计算的，这样处理通常有一定精度，能满足安全设计要求。但厚壁圆筒体（$\delta/D>1/10$）由于壁厚较大，应力沿壁厚分布并非均匀，如采用薄膜理论计算应力，则存在较大误差，壁厚越厚，则误差越大。对于高压承压筒体，为了更加严格、准确地进行安全设计，必须按厚壁圆筒体进行计算。

厚壁圆筒体在内压作用下，其壁向内呈三向应力状态，不但有环向应力、经向（轴向）应力，还有径向应力 σ_r，如图 6-13 所示。

由于厚壁圆筒体在结构上是轴对称的，压力载荷也是轴对称的，因而产生的应力和变形也是轴对称的，σ_θ、σ_r 不随 θ、Z 而变化，仅沿壁厚方向 R 发生变化。

6.4.2 厚壁圆筒体在内压作用下的应力分布

6.4.2.1 轴向应力

其轴向应力可用截面法求得，考虑轴向力的平衡，有：

$$\sigma_z \pi (R_0^2 - R_i^2) = p\pi R_i^2$$

$$\sigma_z = \frac{R_i^2}{R_0^2 - R_i^2} p = \frac{p}{K^2} \tag{6-14}$$

式中 R_0——外径，mm；

R_i——内径，mm；

p——内压，MPa；

K——$\frac{R_0}{R_i}$。

6.4.2.2 环向及径向应力

$$\sigma_r = \frac{p}{K^2-1}\left(1 - \frac{R_0^2}{r^2}\right) \tag{6-15}$$

$$\sigma_\theta = \frac{p}{K^2-1}\left(1 + \frac{R_0^2}{r^2}\right) \tag{6-16}$$

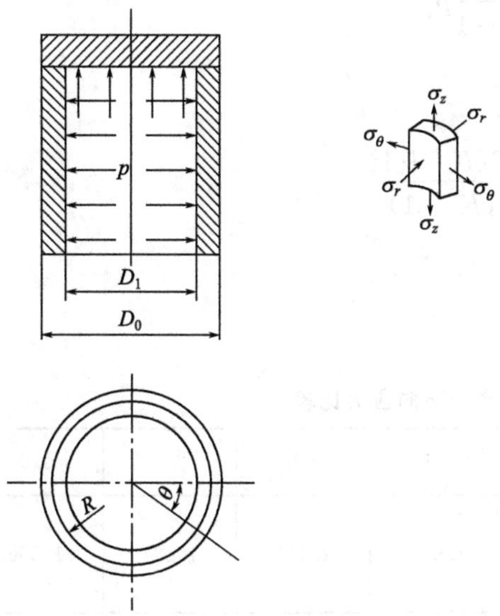

图 6-13 厚壁圆筒体

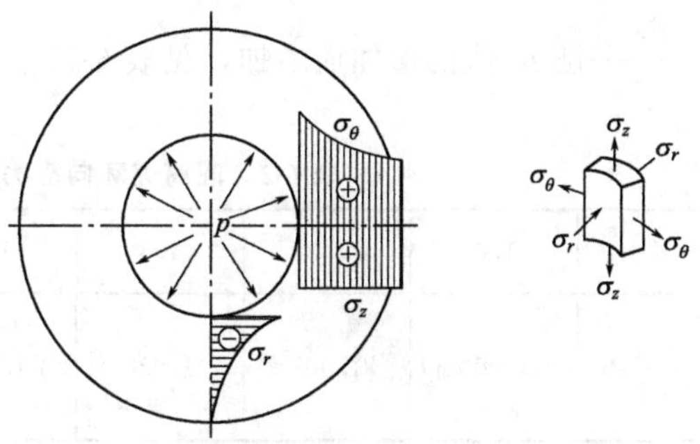

图 6-14 受内压厚壁筒应力分布

其应力分布如图 6-14 所示。应力最大点在圆筒内壁上：

$$\sigma_{ri} = -p$$

$$\sigma_{\theta i} = \frac{K^2+1}{K^2-1} p$$

$$\sigma_{zi}=\frac{1}{K^2-1}p$$

应力最小点在圆筒外壁上：

$$\sigma_{r0}=0$$

$$\sigma_{\theta 0}=\frac{2}{K^2-1}p$$

$$\sigma_{z0}=\frac{1}{K^2-1}p$$

从厚壁筒应力分布可以看出，内壁是厚壁筒的危险处，故锅炉及压力容器的检验更应该注重内壁检查。

6.4.2.3 与薄壁圆筒壳应力公式的比较

厚壁圆筒体压力计算公式可以用于任何壁厚的承压圆筒，是比较精确的公式。比较厚壁圆筒应力计算公式与薄壁圆筒壳应力计算公式，对了解圆筒壳应力计算公式的精确度和运用范围是十分有益的。

圆筒壳环向薄膜应力为：

$$\sigma_{\theta}=\frac{pD}{2\delta}=\frac{p(R_0+R_i)}{2(R_0-R_i)}=\frac{K+1}{2(K-1)}p$$

式中　R——圆筒壳平均半径，mm。

若以厚壁圆筒应力公式进行计算，其最大环向应力为：

$$\sigma_{\theta\max}=\sigma_{\theta i}=\frac{K^2+1}{K^2-1}p$$

则

$$\frac{\sigma_{\theta\max}}{\sigma_{\theta}}=\frac{\dfrac{K^2+1}{K^2-1}}{\dfrac{K+1}{2(K-1)}}=\frac{2(K^2+1)}{(K+1)^2}$$

$\dfrac{\delta_{\theta\max}}{\sigma_{\theta}}$随$K$值的增加而增加，见表6-2。

表6-2　圆筒壳环向应力与厚壁最大环向应力比较

K	1.0	1.2	1.4	1.6	1.8	2.0	2.5	3.0
$\dfrac{\delta_{\theta\max}}{\sigma_{\theta}}$	1.000	1.008	1.028	1.053	1.082	1.111	1.184	1.250

可以看出，在$K\leqslant1.2$时，用圆筒壳应力公式算得的环向应力是十分接近按厚壁圆筒应力公式算得的最大环向应力的。

6.4.2.4 单层厚壁圆筒承载的局限性

承受内压厚壁圆筒的最大应力部位在内壁处，依据工程上常用的弹性失效准则，若最大应力部位的应力达到材料的屈服限时，即认为结构失去承载能力。因而按第三强度理论建立的内壁强度条件式为：

$$\sigma_{xd}=\sigma_1-\sigma_3\leqslant[\sigma]$$

对内壁

$$\sigma_1=\sigma_{\theta i}=\frac{K^2+1}{K^2-1}p$$

$$\sigma_3=\sigma_{ri}=-p$$

$$\sigma_{xd}=\sigma_1-\sigma_3=\frac{2K^2}{K^2-1}p\leqslant[\sigma]$$

$$p\leqslant\frac{K^2-1}{2K^2}[\sigma] \text{ 或者 } p_{max}=0.5[\sigma]$$

当 $K\to\infty$时，$p_{max}=0.5[\sigma]$。

对低碳钢来说，$p_{max}\approx 56\text{MPa}$。

其含义是无论怎样增加壁厚，其元件的工作载荷必须在 56MPa 以下，否则内壁将发生屈服失效。可见用增加壁厚来增加承载能力是有限的。

6.4.2.5 热套容器及自增强理论

（1）热套容器 单层厚壁筒在内压的作用下，壁内的应力分布是不均匀的，内壁大，外壁小，随着外径与内径比 K 值的增大，内、外壁应力差值也增大，外层材料就没有发挥它的承载潜能，因此单层厚壁筒就显得不经济。如果能预先使内壁应力降低，外壁应力升高，存在预应力，在操作状态下，施加内压后，则必然会出现沿壁厚应力均匀化的受力状态，这样就提高了筒壁材料的利用率，筒体的屈服承载能力也会进一步提高。

产生预应力的原理可以用双层热套筒的应力分布加以说明，如图 6-15 所示。

两个圆筒在套合前，内筒的外径略大于外筒的内径，加热外筒体，然后松套在内筒上，待冷却后内筒受挤压，而外筒受拉伸，会产生如图 6-15 中的①所示的预应力状态。

当双套筒内升压后，在内压 p 所产生的应力分布线为图 6-15 中的②，当预应力线与工作载荷产生的应力叠加后，在双套筒内会出现图 6-15 中的③所示的应力分布状态。可见内筒和外筒的受力状态相近，可提高整个筒体的屈服承载能力，发挥材料的潜能。

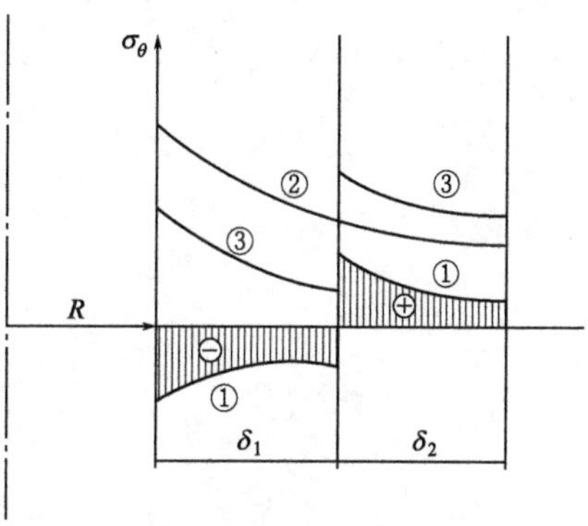

图 6-15 双层热套筒应力分布

（2）自增强理论 自增强理论的机理与热套筒体理论相似，预先在筒体内增压，使内壁产生屈服（发生塑性变形），泄压后产生筒体内侧受压，外侧受拉的残余应力状态（预应力），给定工作压力后，筒壁的应力分布趋于均匀，同样可提高筒壁的承载能力。

自增强技术出现于 20 世纪初期，国外首先用于提高炮筒的强度。第二次世界大战后，自增强技术由炮筒的设计转移到石油化工生产上来，特别是高压聚乙烯工艺、反应釜、超高压管道、超高压压缩机的气缸等都采用了自增强技术。

课后练习

1. **填空题**

(1) 压力容器中的应力可分为一次应力、________、________三大类；其中一次应力又可分为________、________、________。

(2) 薄壳是指容器的________与壳体的________满足条件________的壳体。

(3) 压力容器的边缘应力有________、________两大特性。

(4) 若要求出一内压容器的经向应力 σ_φ 与环向应力 σ_θ，需要用到________与________两个平衡方程。

2. **简答题**

(1) 试简述什么是压力容器的边界效应，并指出边界效应常发生的位置。

(2) 试简述无力矩理论在球形壳体、圆筒形壳体与锥形壳体的应用。

(3) 简述圆筒壳边缘应力的局部性。

(4) 结合常见的例子对压力容器的二次应力进行简单介绍。

(5) 简述什么是回转壳体的中间面、第一曲率半径以及第二曲率半径。

第7章 压力容器设计制造

7.1 压力容器设计要求

7.1.1 结构设计总体要求

压力容器的安全问题，涉及设计、制造、安装、使用等各个环节。在压力容器的设计环节，要保证结构的安全可靠，承压元件的强度要符合要求；要减少应力集中，如在结构的不连续部位采用光滑过渡结构，开孔、焊接等局部应力较高的部位要相互错开；还要保证压力容器的部件胀缩不受控制，如在设计时避免产生较大的刚性焊接结构；此外还要考虑元件的受力均匀等问题。

7.1.2 封头结构要求

（1）**椭圆形封头** 压力容器的凸形封头应采用标准形式的椭圆形封头；当采用非标准形式时，椭圆的长轴与短轴之比应小于等于2.6。

（2）**碟形封头** 当采用碟形封头时，为避免封头在过渡及其附近部分产生高的弯曲应力，过渡区的厚度应不小于封头厚度的3倍，转角半径不小于封头内直径的10%。

（3）**无折边球形封头** 使筒体产生较大的附加弯曲应力，因此只适用于直径较小、压力较低的容器，无折边球形封头的球面半径不能太大，若球面半径太大将与平板封头相似，产生很高的边界应力，封头与筒体必须采用保证全焊透的焊接结构。

（4）**锥形封头** 在生产工艺需要的情况下才采用。无折边锥形封头的半顶角 α 不得大于30°。半顶角 $\alpha>30°$ 时，应在有折边的锥形封头或锥体与筒体的连接处采用加强结构，以避免产生过高的附加弯曲应力。采用有折边锥形封头时，折边过渡区的转角内半径应不小于圆筒内直径的10%，且应不小于锥体厚度的3倍，采用全焊透结构形式。

（5）**平盖板封头** 锅炉集箱采用合理结构的平封头，平板角焊封头一般不宜用于压力容器，需要采用时应有足够的厚度，并采用保证全焊透的焊接结构。

（6）**用多块扇形板组拼的凸形封头** 必须具有中心圆板，中心圆板的直径应不小于封头直径的1/2。

7.1.3 焊接接头设计

压力容器大都为焊接结构，在考虑其部件结构时，必须选用合适的焊接接头形式。焊接接头的基本形式有对接接头、搭接接头、角接接头等，如图 7-1 所示。

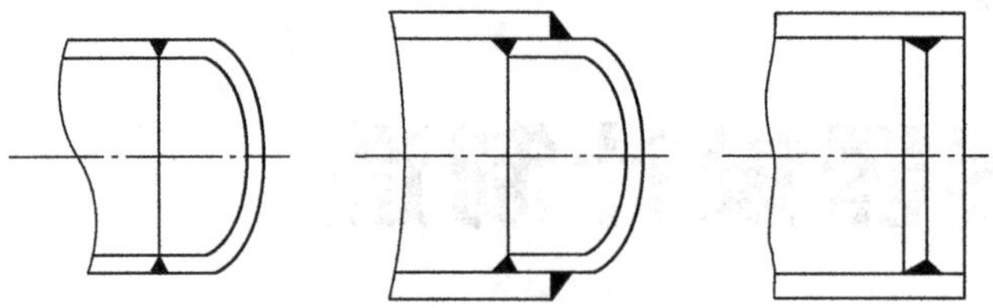

图 7-1 焊接接头形式

对接接头所形成的基本结构基本上是连续的，接头及所连接母材中的受力比较均匀，在各种焊接结构中采用最多，也是最完善的结构形式，锅炉的承压部件中大部分焊缝是对接形式。压力容器筒体的纵、环焊缝，以及封头、管板的拼接接头，必须采用全焊透的对接接头形式。

凸形封头与筒体的对接一般都采用对接接头，个别特殊情况不得不采用搭接时，应双面搭接，搭接长度不应小于封头厚度的 4 倍，且不应小于 25mm。

不同厚度的钢板对接时，应将较厚的部分削薄，削成的斜度不应小于 1∶4（锅炉）或 1∶3（压力容器），如图 7-2 所示。

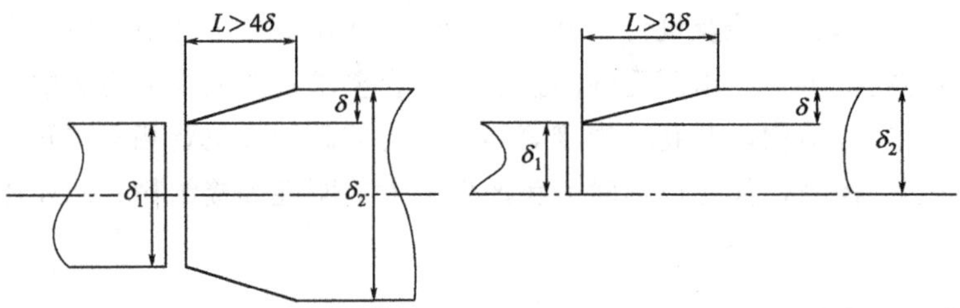

图 7-2 不同厚度的钢板对接

角焊缝、搭接焊缝及其附近受力时，应力状态比较复杂，应力集中比较严重，除了拉伸、压缩外，还有剪切应力和弯曲应力。能不用尽量不用，在无法避免时，要尽量采用全焊透结构，同时，对平封头及管板，应采用必要的加强措施，例如各种形式的拉撑板、加强板等，来提高焊缝及其所连接部位强度，降低平板及其被连接部位的应力水平，即使如此，这样的部件也只能用在低压及较低温度的场合。

7.1.4 卧式容器支座设计

化工厂的储槽、换热器等设备一般都是两端具有成型封头的卧式圆筒形容器。卧式容器由支座来承担它的重量及固定在某一位置上。常用卧式容器支座形式主要有鞍式支座、圈座和支腿三种。其中支腿的优点是结构简单，但反力给壳体造成很大的局部应力，用于较轻的小型设备；鞍式支座，通常用于较重的大型设备。对于卧式容器，除了考虑操作压力引起的薄膜应力外，还要考虑容器重量在壳体上引起的弯曲，所以即使选用标准鞍座后，还要对容器进行强度和稳定性的校核。

压力容器的支座

双鞍座中一个鞍座为固定支座，另一个鞍座应为活动支座。双鞍座卧式容器的受力状态可简化为受均布载荷的外伸筒支梁，按材料力学计算方法可知，当外伸长度 $A=0.207L$ 时，跨度中央的弯矩与支座截面处的弯矩绝对值相等，所以一般近似取 $A\leqslant 0.2L$，其中 L 取圆筒体长度（两封头切线间距离），A 为鞍座中心线至封头切线的距离。如 $A>0.2L$，则由于外伸作用而使支座截面处壳体的弯矩太大，A 最大不得大于 $0.25L$。

当鞍座邻近封头时，则封头对支座处筒体有加强作用。为了充分利用这一加强效应，在满足 $A\leqslant 0.2L$ 下应尽量使 $A\leqslant 0.5R_i$（筒体内半径）。鞍座包角 θ 的大小对鞍座筒体上的应力有直接关系，一般采用 120°、135°、150°三种。

7.1.5 减弱环节要求

锅炉压力容器部件上的减弱环节，主要指各种开孔、焊缝、形状突变、厚度突变处。这些部件会降低部件的承载能力，因此在进行部件结构和工艺设计时，一个重要原则是避免减弱环节的叠加。有关规范对锅炉和压力容器的开孔、焊缝布置做出了严格而具体的规定。

7.1.5.1 关于开设检查孔的要求

为了便于锅炉压力容器定期进行内部检验和清扫，在锅炉和容器上应开设必要的人孔、手孔、检查孔等。

内径 $D_i\geqslant$800mm 的锅筒，容器都应在筒体或封头上开设人孔，椭圆人孔的尺寸不应小于 280mm×380 mm；直径小的容器应开设手孔，手孔短轴不得小于 80mm；锅炉和工作介质为高温或有毒气体的容器，人孔、手孔盖应采用内闭式，以防介质喷出伤人。

7.1.5.2 开孔位置与尺寸限制

① 容器壳体上所开的孔其长径与短径之比应小于 2；

② 圆筒体上开椭圆孔时，孔的短径一般应设在筒体的轴上；

③ 壳体上的所有开孔应避免开在焊缝上，管孔中心与焊缝边缘的距离应不小于 $0.8d$（d 为管孔直径），且不小于 $0.5d+12$mm；

④ 在圆筒体上开孔，对于 $D_i\leqslant$1500mm 的圆筒，最大孔径不应超过筒体内径的 1/2，且不大于 520mm，对于内径 $D_i\geqslant$1500mm 圆筒，最大孔径不应超过筒体内径的 1/3，且不大于 1000mm；开孔之间应有一定距离，开孔过大、过密应按规定进行补强处理；

⑤ 凸形封头或球形容器开孔，最大孔径应不大于壳体内直径的 1/2，锥形封头的开孔最大直径应不大于孔中心处锥体内径的 1/3，平封头开孔时，中心孔的直径与封头内直径之比不应大于 0.8，平封头上任意两孔的间距不得小于其中小孔的直径，孔边缘与平封头边缘之间的距离不应小于平封头厚度的 2 倍。

7.1.5.3 关于焊缝的要求

① 焊缝与焊缝不得十字交叉；

② 错开的两纵焊缝中心线之间的外圆弧长应为较厚钢板厚度的 3 倍，并且不小于 100mm；

③ 封头、管板应尽量用整块钢板制造，必须拼接时，封头拼接焊缝离封头中心线距离应不超过 $0.3D_i$，并不得通过扳边人孔；

④ 锅壳直接受火焰加热时，纵焊缝应尽量避免布置在受火焰辐射的部位；

⑤ 在承压部件主要焊缝上及其邻近区域，应避免焊接零件。

压力容器制造的筒节焊接

7.1.6 受热部件热膨胀

① 筒体两端的支承不能同时为固定支承，至少一端自由。

② 如果两端是固定的，则部件本身应有吸收膨胀的结构，如炉胆的波形部分，管子及管道的弯曲部分。

③ 卧式锅炉的平炉胆长度一般不宜超过 2m，如两端扳边连接可放大至 3m。超过时需用膨胀环或波形炉胆。

④ 在部件的膨胀部位应留有适当的间隙。

拓展阅读

打破压力容器百年传统设计方法的创新

圆筒、椭圆/碟形封头是压力容器重要的基础件，是石化领域加氢反应器、能源领域石油及油品储罐、食品领域啤酒发酵罐、核电领域钢制安全壳、航天领域火箭液氢/氧储箱、航空领域复合材料固化用热压罐等高端装备的重要组成部分。轴压圆筒屈曲、内压椭圆/碟形封头设计方法，最早可追溯至 20 世纪初的美国机械工程师协会（ASME）锅炉压力容器规范。近百年来，中国钱学森、美国 Hutchinson、德国 Degenhardt 等学者对轴压圆筒屈曲失效，瑞士 Huggenberger 和 Höhn、英国 Galletly、美国 Kalnins 和 Miller 等学者对内压椭圆/碟形封头失效问题持续开展研究，提出了多种设计计算方法。但这些方法均基于弹性理论或理想弹塑性理论，存在失效预测精度低、设计计算复杂、冗余大等问题。

浙江大学郑津洋院士、陈志平教授带领李克明博士、焦鹏博士等团队成员，在国家科技重大专项课题、国家自然科学基金等项目及产业界的持续共同支持下，历时 13 年，利用弹塑性理论对轴压圆筒屈曲和内压椭圆/碟形封头失效全过程进行了系统深入的理论分析，开展了 100 多次工业规模轴压圆筒屈曲和内压椭圆/碟形封头破坏性试验研究，试验装置最大直径达 5000mm，探明了轴压圆筒屈曲、内压椭圆/碟形封头屈曲和塑性垮塌的失效机制和规律；提出的基于失效模式的弹塑性设计新方法，物理意义清晰、计算精度高、使用简便，在确保安全的前提下可显著减轻重量。经全国锅炉压力容器标准化技术委员会多次论证评审后，提出的设计新方法正式纳入 GB/T 150.1—2024《压力容器 第 1 部分：通用要求》、GB/T 150.3—2024《压力容器 第 3 部分：设计》和 GB/T 4732.3—2024《压力容器分析设计 第 3 部分：公式法》，替代了使用百年之久的 ASME 方法，为压力容器行业标准化贡献了力量。

国家标准是行业发展、产品升级的重要牵引，也是科技成果落地的重要标志。上述成果纳入国家标准对于提升我国压力容器设计技术水平，保障人民生命财产安全具有重要意义。

7.2 常见受压元件强度计算

7.2.1 内压薄壳强度计算

7.2.1.1 球壳

根据应力分析可得

$$\sigma_1=\sigma_2=\sigma_\theta=\sigma_\varphi=\frac{pR}{2\delta}$$

$$\sigma_3=\sigma_r=0$$

$$\sigma_{xd}=\sigma_1-\sigma_3=\frac{pR}{2\delta}\leqslant[\sigma]^t$$

令 $R=\dfrac{D_\mathrm{i}+\delta}{2}$，并考虑焊缝减弱强度，可得

$$\sigma_{xd}=\frac{p\left[\dfrac{D_\mathrm{i}+\delta}{2}\right]}{2\delta}\leqslant[\sigma]^t\varphi$$

$$\delta\geqslant\frac{pD_\mathrm{i}}{4[\sigma]^t-p}$$

$$\delta=\frac{pD_\mathrm{i}}{4[\sigma]^t-p}+C$$

式中　δ——球壳设计壁厚，mm；

p——球壳设计压力，MPa；

$[\sigma]^t$——工作温度下壳体材料的许用应力，MPa；

D_i——壳体内直径，mm；

φ——焊缝系数；

C——壁厚附加量，mm。

7.2.1.2　圆筒壳

根据应力分析可得

$$\sigma_1=\sigma_\theta=\frac{pR}{\delta}$$

$$\sigma_2=\sigma_\varphi=\frac{pR}{2\delta}$$

$$\sigma_3=0$$

$$\sigma_{xa}=\sigma_1-\sigma_3=\frac{pR}{\delta}\leqslant[\sigma]^t\varphi$$

$$\delta\geqslant\frac{PD_\mathrm{i}}{4[\sigma]^t\varphi-p}$$

$$\delta=\frac{pD_\mathrm{i}}{4[\sigma]^t\varphi-p}+C$$

7.2.1.3　椭球壳

极点应力：　$\sigma_1=\sigma_2=\dfrac{pD}{2\delta}，\sigma_3=0$

$$\sigma_{xd}=\sigma_1-\sigma_3=\frac{p(D_\mathrm{i}+\delta)}{2\delta}\leqslant[\sigma]^t\varphi$$

考虑到边缘应力的影响，取形状系数 K：

$$\frac{Kp(D_i+\delta)}{2\delta} \leqslant [\sigma]^t\varphi$$

$$\delta \geqslant \frac{pD_iK}{2[\sigma]^t\varphi - p}$$

$$\delta = \frac{pD_iK}{2[\sigma]^t\varphi - p} + C$$

为了与碟形封头计算公式一致，取

$$\delta = \frac{pD_iK}{2[\sigma]^t\varphi - 0.5p} + C$$

式中 K——椭圆封头形状系数，$K=\frac{1}{6}\times\left[2+\left(\frac{D_i}{2h_i}\right)^2\right]$，$h_i$ 为封头高，mm；

D_i——封头内径，mm。

对锅炉压力容器最常用的标准椭球头，$K=1$。

7.2.2 圆形平板封头强度计算

对承受均匀分布压力的圆形平板，平板理论一节中已导出周边固定和周边简支情况下的最大应力分别为：

周边固支：
$$\sigma_{r\max} = \pm\frac{3}{4}\frac{pR^2}{\sigma^2} = \pm 0.188p\left(\frac{D^2}{\delta}\right)$$

周边简支：
$$\sigma_{r\max} = \sigma_{\theta\max} = \pm\frac{3\times(3+\mu)pR^2}{8\delta^2}$$

取 $\mu=0.3$，则

$$\sigma_{r\max} = \sigma_{\theta\max} = \pm 0.31p\left(\frac{p}{\delta}\right)^2$$

取 $\sigma_{r\max}=[\sigma]\varphi$，则

周边固支：
$$\delta \geqslant D\sqrt{\frac{0.188p}{[\sigma]^t\varphi}}$$

周边简支：
$$\delta \geqslant D\sqrt{\frac{0.31p}{[\sigma]^t\varphi}}$$

因此平板封头厚度设计公式：

$$\delta \geqslant D_c\sqrt{\frac{Kp}{[\sigma]^t\varphi} + C}$$

式中 K——结构特征系数，根据平盖边界约束情况确定，可查有关设计手册，一般 $K=0.16\sim0.44$（GB/T 150.3）；

D_c——计算直径，可查有关设计手册（GB/T 150.3）；

$[\sigma]^t$——设计温度下许用应力，MPa；

φ——焊缝系数；

C——壁厚附加量，mm。

7.2.3 单层厚壁圆筒强度设计

锅炉中所有圆筒形元件，包括锅筒、集箱、管子等，都是按薄壁圆筒进行强度设计计算，中、低压及常用高压容器的圆筒形元件也按薄壁圆筒进行强度计算。

对厚壁圆筒，其内壁应力最大：

$$\sigma_1=\sigma_\theta=\frac{K^2+1}{K^2-1}p$$

$$\sigma_2=\sigma_\varphi=\frac{p}{K^2-1}$$

$$\sigma_3=\sigma_r=-p$$

现以第三强度理论进行设计：

$$\sigma_{xd}=\sigma_1-\sigma_3=\frac{K^2+1}{K^2-1}p-(-p)=\frac{2K^2}{K^2-1}p\leqslant[\sigma]^t$$

解得：

$$K\geqslant\sqrt{\frac{[\sigma]^t}{[\sigma]^t-2p}}$$

又

$$K=\frac{R_o}{R_i}=\frac{R_i+\delta}{R_i}=1+\frac{\delta}{R_i}$$

$$\delta=\left(\sqrt{\frac{[\sigma]^t}{[\sigma]^t-2p}}-1\right)R_i$$

$$\delta=\left(\sqrt{\frac{[\sigma]^t\varphi}{[\sigma]^t\varphi-2p}}-1\right)R_i+C$$

同理，按第一、第四强度理论分别可得出不同的厚度设计计算公式。

7.2.4 鞍式支座的强度计算

增大鞍座包角可以使筒体中的应力降低，但使鞍座相应变得笨重，同时也增加了鞍座所承受的水平推力；过分地减小包角，又使容器容易从鞍座上倾倒，因此在一般情况下建议取 $\theta=120°\sim150°$，鞍座宽度的大小，一方面决定于设备给予支座的载荷大小，另一方面要考虑支座处筒体内周向应力不超过允许值。设备给予鞍座的载荷为沿包角 θ 对应弧段的不均匀分布的径向力 q，此载荷的水平分力将使鞍座向两侧分开，故鞍座的宽度必须具有足够大小。

下式表示了半个鞍座水平分力的总和：

$$F_s=K'F$$

式中 F——支座反力，N；

K'——系数，取值见表 7-1。

表 7-1 系数 K' 取值

鞍座包角 θ/(°)	120	135	150	165
K'	0.204	0.231	0.259	0.288

若承受此水平分力的有效截面的高度为 H，最大为筒体最低点以下 $1/3R_i$ 的范围内，

此截面上的平均应力不应超过支座材料许用应力值的 2/3，即：

$$\sigma = \frac{K' F}{H_s b_0} \leqslant \frac{2}{3}[\sigma]_{sa}^{t}$$

式中 b_0——对钢制鞍座取腹板厚度；对混凝土鞍座则为鞍座宽度 b，mm；

H_s——计算高度，取鞍座实际高度与$\frac{R_i}{3}$中较小值；

$[\sigma]_{sa}^{t}$——鞍座材料的许用应力，MPa。

在大多数情况下，鞍座宽度 b 取$\sqrt{30D}$。

7.2.5 设计参数确定

（1）设计压力 p 指在相应的设计温度下，用以确定容器壳壁，计算壁厚及元件尺寸的表压力，一般取 1.0～1.1 倍的工作压力，$p=(1.0\sim1.1)p_w$（p_w 表示最高工作压力）。装有安全阀的压力容器，其设计压力应不小于安全阀的开启压力，若其部件所受的液柱静压力达到了上述计算压力的 5%时，则计算中还应加上此液柱静压力；装设了爆破片的压力容器，其计算压力应不小于爆破片的爆破压力；对于盛装液化石油气容器，在规定的安装系数范围内，其设计压力应为介质在最高温度下的饱和蒸汽压力。

（2）设计温度 T 指在壳壁和金属元件可能达到的最高或最低壁温。对于用热水、蒸汽加热的容器，取介质的最高温度；对于无保温的容器，应根据工艺操作情况，考虑环境温度影响来确定壁温；对于液化石油气容器，不管有没有保温，都应取可能达到的最高、最低温度来确定壁温。

（3）焊缝系数 φ 焊缝系数是焊缝强度和母材强度的比值，它反映了焊缝处材料强度被削弱的程度。

双面全焊透对接焊：全部探伤 $\varphi=1$，局部探伤 $\varphi=0.85$，无法探伤 $\varphi=0.7$。

单面焊（有垫板）对接：全部探伤 $\varphi=0.9$，局部探伤 $\varphi=0.8$，无法探伤 $\varphi=0.65$。

无垫板单面焊对接：局部探伤 $\varphi=0.7$，无法探伤 $\varphi=0.6$。

（4）附加壁厚 C 是考虑部件在器材、加工和使用期间器壁有可能减薄而需要增加厚度。从选定钢材最小厚度的角度要求，附加壁厚 C 应包括三部分：钢板负偏差 C_1、腐蚀裕度 C_2、加工减薄量 C_3。

① 钢板负偏差 C_1：即实际厚度与名义厚度的最大偏差，可根据钢板标准的数据选用。

② 腐蚀裕度 C_2：根据介质对部件材料的腐蚀速度和设备设计使用寿命而定。一般按经验数据选用。对碳钢和低合金钢，一般可取 $C_2 \geqslant 1$mm；不锈钢容器，取 $C_2=0$，对水管锅炉，一般取 $C_2=0.5$mm。

③ 加工减薄量 C_3：可视部件加工变形程度和是否加热而定，由制造单位依据加工工艺和加工能力进行选取。

7.3 开孔补强

根据使用要求，在锅炉压力容器上，总要开数量很多、大小不一的孔，开孔对壳体强度有一定程度的减弱，并会在开孔及管边缘造成应力集中，必须在强度计算中予以考虑。通常从两个方面来考虑补偿开孔对筒体强度的影响，其一，在计算筒体壁厚时，从整体上增加筒体的壁厚，补偿开孔对强度的削弱；其二，对个别大直径单孔进行补强计算。

7.3.1 开孔不补强最大允许直径

对圆筒形元件在内压作用下，其所需最小壁厚为（未考虑焊缝系数）：

$$\delta_{min}=\frac{pD_i}{2[\sigma]-p}+C$$

实际取壁厚 δ 一般大于最小壁厚 δ_{min}，即实际壁厚除了承压外，一般都有富余量。

开孔孔径越大，对筒体强度的减弱越厉害；孔径越小，对筒体强度的减弱越轻微。显然可以根据筒体壁厚的富余量，将开孔直径限制在一定范围，使开孔所造成的对筒体强度的减弱区将由筒体的富余量来补偿。

综上所述，一定孔径的开孔是允许的，并不会减弱筒体强度，这种不影响筒体强度的最大开孔孔径称为未加强单孔的最大允许直径 $[d]$。

圆筒体上未加强单孔的最大允许直径 $[d]$ 可按下面的经验计算：

$$[d]=8.1\sqrt[3]{D_i(\delta_e-\delta_{min})}$$

式中 δ_e——筒体有效厚度，$\delta_e=\delta-C$。

经验公式已被国外应用多年，实践证明所确定的 $[d]$ 是安全的。

7.3.2 补强有效范围

开孔接管的补强金属，只在孔边缘区域的一定范围内才能起到补强作用，应力分析和实验表明，补强的有效范围，在筒体轴线方向为 2 倍孔径，即补强有效宽度 $b=2d_i$。在孔的轴线方向，对锅炉筒体，从筒体壁面算起，当 $\delta_1/d_i\leqslant 0.19$ 时，取外部补强高度 $h_1=2.5\delta_1$ 或 $h_1=2.5\delta$（δ 为锅筒壁厚）中的较小值；当 $\delta_1/d_i>0.19$ 时，取 $h_1=\sqrt{(d_i+\delta_1)\ \delta_1}$。对压力容器而言，取 $h_1=\sqrt{d\delta_1}$ 实际外伸长度二者之中的较小值（d 为开孔直径）；当接管内伸至筒壁内部时，取内部补偿高度 h_2 为接管实际内伸高度（但不应超过 h_1）。

在图 7-3 中这个区域范围用 $ABCD$ 表示。

7.3.3 等面积补强法

我国锅炉压力容器强度设计计算中，根据“等面积补强”原则进行补强计算。如图 7-3 所示，即在有效补强范围内，筒体及补强结构除了自身承受内压所需面积外，多余的面积称为补强面积，补强面积应不小于未开孔筒体内由于开孔所减少的面积 A（A 为补强所需要的面积）。

未开孔筒体承受内压所需要的壁厚为：

$$\delta_0=\frac{pD_i}{(2[\sigma]-p)}$$

则开孔后所需要的补强面积：$A=d_i\delta_0$

补强面积包括：

① 焊缝面积 A_1。

② 接管承受内压外的多余面积 A_2。

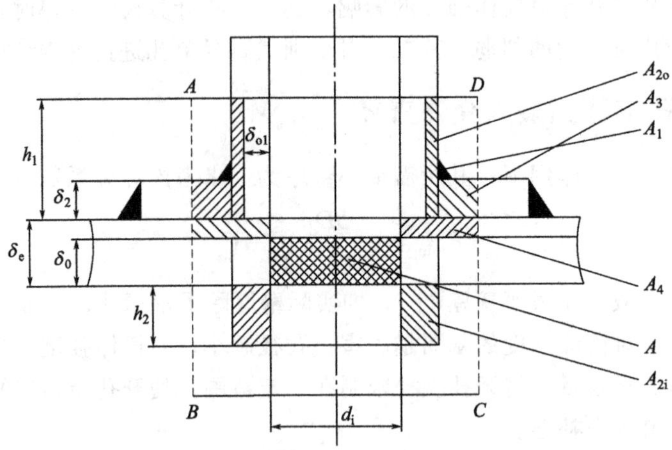

图 7-3　开孔补强

接管承受内压需要的壁厚：

$$\delta_{o1}=\frac{pd_i}{(2[\sigma]_1-p)}$$

多余面积为：

$$A_{2o}=2h_1(\delta_1-\delta_{o1})$$

内插部分不承受内压，内插部分可全部作为补强面积：

$$A_{2i}=2h_2\delta_1$$

管接头总的多余面积（不考虑腐蚀裕度 C）：

$$A_2=A_{2o}+A_{2i}=2h_1(\delta_1-\delta_{o1})+2h_2\delta_1$$

③ 补强圈有效面积 A_3。

$$A_3=\delta_2(d_i-2\delta_1)$$

实践表明，补强圈补强效果差，在计算时需乘以 0.8 折扣系数。

$$A_3=0.8\delta_2(d_i-2\delta_1)$$

④ 筒体承受内压外的多余面积 A_4。

$$A_4=(b-d_i)(\delta_e-\delta_0)=d_i(\delta_e-\delta_0)$$

式中　δ_e——筒体的有效壁厚，mm，$\delta_e=\delta-C$；δ 为筒体实际壁厚，mm。

关于上述开孔的补强条件式：

$$A_1+A_2+A_3+A_4\geqslant A$$

这种情况下即可满足补强要求。

7.4　压力容器制造

7.4.1　焊接工艺

压力容器一般都是采用焊接结构，可见焊接在压力容器制造中的重要性。焊接是一种以加热、高温或者高压的方式结合金属或其他热塑性材料（如塑料）的制造工艺及技术。按照焊接过程中母材是否熔化以及对母材是否施加压力进行分类，可以将焊接方法分为熔化焊、压力焊以及钎焊三大类。

（1）**熔化焊** 指在不施加压力的情况下，将待焊处的母材加热形成焊缝的焊接方法，其特征是焊接时母材熔化而不施加压力。根据焊接热源的不同，熔化焊又可分为电弧焊、气焊以及电渣焊等。

（2）**压力焊** 指利用摩擦、扩散和加压等物理作用克服两个连续表面的不平度，除去（挤走）氧化膜及其他污染物，使两个连续表面上的原子相互接近到晶格位置，从而在固态条件下实现的连续，其特征是焊接时通常必须加压。

（3）**钎焊** 指焊接时采用比母材熔点低的钎料，将焊件和钎料加热到高于钎粉熔点，但低于母材熔点的温度，利用液态钎料润湿母材，填充接头间隙，并与母材相互扩散从而实现连接的方法，其特征是焊接时母材不发生熔化，仅钎料发生熔化。根据使用钎料熔点不同，钎焊可分为硬钎焊和软钎焊，其中硬钎焊使用的钎料熔点高于450℃，软钎焊低于450℃。

7.4.2 热处理技术

金属材料工件热处理工艺过程主要是将某些金属材料工件内部放在一定的加热介质中进行加热以达到一个适宜的加热温度，并在此温度中保持一定加热时间，又以不同冷却速度在冷却介质中进行冷却，通过直接改变某些金属材料工件表面或内部的显微结构组织及其结构形态来从而改变其性能的一种处理工艺。

金属热处理工艺可分为整体热处理、局部热处理、表面热处理以及化学热处理等几大类。根据加热介质、加热温度和冷却方法的不同，每一大类又可区分为若干不同的热处理工艺，其中整体热处理分为退火、正火、淬火、回火以及调质。

（1）**退火** 指将工件加热到适当温度，根据材料和工件尺寸采用不同的保温时间，然后进行缓慢冷却，其目的是降低硬度，改善切削加工性，消除残余应力，稳定尺寸，减少变形与裂纹倾向，细化晶粒，调整组织，消除组织缺陷，均匀材料组织和成分，改善材料性能或为以后热处理做组织准备。根据加热温度不同，退火又可分为完全退火以及不完全退火。

（2）**正火** 是指工件加热到一定温度后，保温一定时间后，将其置于空气中冷却，其目的是细化晶粒，均匀组织，降低材料内应力，增加材料的硬度。正火较退火而言，其冷却速度较快，过冷度较大；正火后的钢强度、硬度、韧性都比退火后的高。

球罐制造过程

（3）**淬火** 指工件加热到临界温度以上，经保温一定时间后，将其浸入淬冷介质中快速冷却，其目的是提高工件的硬度和强度；经淬火后的工件金属组织脆而硬、韧性很差，内应力大，容易产生裂纹，所以通常对淬火后的工件进行二次热处理。

（4）**回火** 指将淬火后的工件加热到适当温度，保持一定时间，然后用符合要求的方法冷却（通常为空冷），以获得所需组织和性能，其目的是降低材料的内应力，提高韧性，通过调整回火温度，可获得不同硬度、强度和韧性，以满足所要求的力学性能；还可稳定零件尺寸、改善加工性能。根据经淬火后进行回火的温度范围，可将回火分为低温回火（250～350℃）、中温回火（350～500℃）以及高温回火（500～650℃）。

（5）**调质** 将淬火与高温回火相结合的热处理工艺称为调质处理，简称调质。经调制后的钢件可得到强度与韧性相配合的良好综合性能。

课后练习

1. 填空题

(1) 焊接接头的形式有________、________、________。

(2) 压力容器上的减弱环节有________、________、________、________等处。

(3) 在圆筒体上开孔，对于 $D_i \leqslant 1500$mm 的圆筒，最大孔径不应超过筒体内径的________，且不大于________mm，对于内径 $D_i \geqslant 1500$mm 圆筒，最大孔径不应超过筒体内径的________，且不大于________mm；开孔之间应有一定距离，开孔过大、过密应按规定进行补强处理。

(4) 在对压力容器进行强度设计时，需要用到设计压力 p，一般取________倍的工作压力 p_w。

(5) 在压力容器的开孔处往往会出现应力集中现象，这时需要在开孔处进行强度补偿，常用的补强方法有________、________、________。

(6) 按照焊接过程中母材是否熔化以及对母材是否施加压力进行分类，可以将焊接方法分为________、________以及________三大类。

(7) 常用的热处理工艺有________、________、________。

2. 简答题

(1) 试述热处理工艺退火、正火、淬火与调质分别是什么，以及其中的联系与区别。

(2) 试分析为什么无折边球形封头只适用于直径较小、压力较低的压力容器。

(3) 试述三种焊接接头的适用范围。

3. 计算题

(1) 现要设计一乙烯精馏塔。由工艺计算出塔体公称直径为 600mm，工作压力为 2.2MPa（不计液柱高度），工作温度为−20～−3℃，塔体保温。试确定该塔的厚度及选用的材料。

(2) 有一 ϕ89mm×6mm 的接管，焊接于内径为 1400mm，壁厚为 16mm 的筒体上，接管材质为 $10^{\#}$ 无缝钢管，筒体材料 Q345R，容器的设计压力 1.8MPa，设计温度为 250℃，腐蚀裕量 2mm，开孔未与筒体焊缝相交，接管周围 20mm 内无其他接管，试确定此开孔是否需要补强。如需要，其补强圈的厚度应为多少？

第 8 章
压力容器用钢

压力容器所盛装的介质多为高温、高压、有毒、有腐蚀性等的物质，为了保证压力容器的安全运行，必须在制造时选择合适的材料。设计人员要遵循适用、安全和经济的原则，结合压力容器的操作条件，充分考虑材料的力学性能、化学性能、冷热加工性能等，选择最合适的材料。本章主要介绍材料的力学性能、外界条件对金属材料性能的影响、金属材料的金相组织以及压力容器常用钢的分类。

8.1 金属材料性能及影响因素

材料在不同的外界条件下使用时，如载荷、温度、电场等作用下会表现出不同的行为，称为材料的使用性能。材料性能决定该材料的适用范围，主要的材料性能包括力学性能、物理性能、化学性能以及加工性能等。材料的物理性能主要有密度、熔点、膨胀系数、弹性模量以及泊松比等。实际应用中常考虑的材料化学性能有耐腐蚀性和抗氧化性；材料的加工性能包括焊接性能、热处理性能以及铸造性能等。这里主要介绍材料的力学性能。

8.1.1 材料力学性能

材料的力学性能是指材料在不同外界条件下，承受各种形式的外加载荷（拉伸、弯曲、交变应力等）时表现出的力学特征，也称机械性能。材料在不同外力作用下抵抗变形或破坏的能力即为材料的力学性能指标，常用的力学性能指标有强度、硬度、塑性和韧性等。

8.1.1.1 强度

金属材料的强度是指对金属材料施加外力时，金属抵抗自身发生永久变形和断裂的能力。如要测得金属的强度与塑性指标，则可采用金属拉伸试验这一试验方法。通过分析金属拉伸过程的四个阶段，得出屈服强度和抗拉强度这两个金属力学性能的重要指标。

屈服强度 σ_s（单位：MPa）指材料在拉伸试验中由弹性变形开始转为塑性变形时，在过渡点（即屈服点）所对应的应力。通常材料在工作时产生的变形只允许在弹性变形范围，此时则要选择 σ_s 加上适当的安全系数（$n_s=1.5\sim2.0$）作为主要依据。

抗拉强度 σ_b（单位：MPa）指材料在拉伸试验中所能承受的最大载荷对应的应力。由于抗拉强度的测定比较方便精确，或者针对没有屈服显现的脆性材料，也可直接以 σ_b 加上适当的安全系数作为设计依据。为保证运行时的安全，用抗拉强度作为设计依据时，其安全系数 n_b 应取较大的数值，一般 $n_b=2.0\sim2.5$。

8.1.1.2 塑性

材料的塑性是指材料在载荷的作用下，在其断裂前发生不可逆的永久变形的能力。衡量材料塑性的指标有伸长率和断面收缩率。

伸长率 δ 通常也称为延伸率，是指进行拉伸试验的试样拉断后，其标距部分的总伸长量 ΔL 与原标距长度 L_0 的百分比，如式（8-1）所示：

$$\delta=\frac{\Delta L}{L_0}\times100\%=\frac{L_1-L_0}{L_0}\times100\% \tag{8-1}$$

式中 L_1——拉断后试件标距长度；

L_0——试件原标距长度；

ΔL——标距部分的总伸长。

δ_s 值在25%以上的属于塑性良好的低碳钢和低合金钢，其中 δ_s 指某一金属材料短试样（即 $L_0=5d$，d 为试样底面直径）的伸长率。

断面收缩率 Ψ 是指进行拉伸试验的试样拉断后，其颈缩处横截面面积的最大缩减量与原横截面面积的百分比，其值可由式（8-2）得：

$$\Psi=\frac{\Delta A}{A_0}\times100\% \tag{8-2}$$

式中 ΔA——颈缩处横截面面积的最大缩减量；

A_0——试件原横截面面积。

8.1.1.3 硬度

硬度是指材料抵抗表面损伤或局部塑性变形的能力。通常硬度越大的材料强度也会越大，且耐磨性也较好。材料的硬度可以通过布氏硬度（HB）、洛氏硬度（HR）等方法测试出来。

8.1.1.4 韧性

韧性是指材料在冲击载荷作用下吸收塑性变形功和断裂功的能力，反映材料抵抗冲击载荷的能力。试样在冲击试验力下，一次折断时吸收的功称为冲击吸收功，而冲击试样缺口底部单位横截面积上的冲击吸收功则称为冲击韧度，用 α_K 表示，单位为 J/cm^2，用来表征材料韧性的大小。

8.1.2 元素对钢材性能的影响

钢材中的化学元素对钢材的性能有着一定的不可忽略的影响，有益元素可以对钢材起到强化作用，明显改善强度性能，或者改善韧性、焊接性、高温、低温、耐腐蚀性等性能，如Mn、Si、Mo、Nb、Cr、Ni 等合金元素；而一定含量的有害元素也会削弱钢材的性能，常见的有害元素有 S、P、H 等。

8.1.2.1 合金元素的影响

① 锰（Mn）：锰含量在0.8%以下时，一般视为杂质，是在冶炼中引入，可脱氧和减轻

硫的有害作用；含量在0.8%以上时，可以认为是合金元素，当锰含量较高时，锰能溶解于铁素体，起到强化铁素体的作用。作为合金元素时，锰可以起到的作用有：抑制 FeS 生成，防止热脆；增加淬透性，提高钢的强度，增加锰含量有利于提高低温冲击韧性。

② 硅（Si）：硅含量低于0.5%时，一般视为杂质。硅作为合金元素时，可以提高淬透性和抗回火性；增强金属在大气环境中的耐蚀性；硅含量的增加会降低钢的塑性和冲击韧性。

③ 钼（Mo）：其作用为可以提高金属淬透性；增加高温强度、硬度，细化晶粒、防止回火脆性；增强耐蚀性。

④ 铬（Cr）：可以增加金属材料的淬透性，提高高温抗氧化性以及增加热强性。

8.1.2.2 杂质元素的影响

① 硫（S）：碳钢中的硫来源于矿石和冶炼中的焦炭，以 FeS 的形式存在于钢中，FeS 与 Fe 能形成熔点低的化合物（熔点为985℃），其熔点低于钢材热加工开始温度（1150～1200℃）。在热加工时，由于低熔点化合物的过早熔化而导致工件开裂，这种现象称为“热脆性”。硫含量越高，这种热脆性越严重，通常钢中的硫含量应控制在0.07%以下。

② 磷（P）：磷来源于矿石，磷在钢中能溶于铁素体内，使铁素体在室温时的强度提高，而塑性、韧性下降，即产生所谓“冷脆性”，使钢的冷加工和焊接性能变坏。磷含量越高，冷脆性越强，故钢中磷含量一般应小于0.06%。

③ 氢（H）：氢对钢材的损害有以下几种：

a. 氢鼓泡：介质中的氢（H）原子进入金属内部，产生 H_2 分子，H_2 分子累积会导致金属表层鼓泡，在临氢介质容器常发生氢鼓泡。

b. 氢脆：如在电镀或电解中有 H 原子进入金属材料内部，可使金属变脆，机械性能下降。若能通过脱氢，可使材料恢复原来的机械性能。它是可逆过程。

c. 脱碳：高压 H_2 进入材料内部发生如下反应：

$$Fe_3C+H_2 \longrightarrow 3Fe+CH_4\uparrow$$

金属内部产生的 CH_4 使金属表面脱碳，金属性能下降。

8.1.3 温度对钢材性能的影响

8.1.3.1 温度对钢材机械性能的影响

钢材的机械性能，通常用屈服点 σ_s、强度极限 σ_b、延伸率 δ、断面收缩率 Ψ、冲击功 A_{KV} 表示。温度对钢材的机械性能有显著影响，钢材机械性能随温度的变化，如图8-1所示。

在0～250℃材料强度有上升的趋势，而塑性下降；在250℃以后的温度范围，随着温度的升高，材料温度显著下降，而塑性上升，而在250℃左右是峰值与谷底。

碳钢在200～250℃时，材料强度上升，而塑性下降的现象叫“蓝脆性”。因为在这个温度下碳钢通常呈蓝色。

8.1.3.2 高温蠕变

在高温和一定应力的作用下，经历一定时间后，材料会出现塑性变形，并逐渐增加，直至构件失效，这种现象叫材料的蠕变。大量试验表明，材料蠕变温度与材料熔点有关系，一

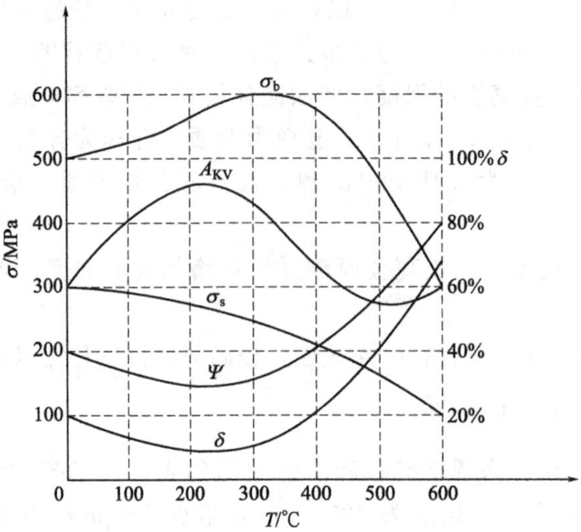

图 8-1 温度对低碳钢机械性能的影响

般情况下如式（8-3）所示：

$$T_a \approx 0.25 \sim 0.35 T_m \tag{8-3}$$

式中 T_a——材料熔点，℃；

T_m——蠕变温度，℃。

铅、锡等金属在室温下即有蠕变现象；碳钢在约350℃时开始出现蠕变；合金钢出现蠕变的温度在400℃以上。

试验表明，蠕变的快慢取决于载荷、温度、材质等因素。对一定的材质，进入蠕变温度范围后，载荷越大，温度越高，蠕变速度越快，至蠕变破坏所需时间越短。在钢材中加入Mo、W、V等元素，可以有效地降低蠕变速度，增加蠕变寿命。

通常用持久强度及蠕变极限表示钢材的高温强度即抗蠕变能力。所谓持久强度是指在一定温度下，经过10^5h，引起蠕变破坏的应力，通常以σ_D^t表示。而蠕变极限则是在一定温度下，经历10^5h，引起蠕变1%变形的应力，通常以σ_n^t表示。

8.1.3.3 低温脆性（冷脆）

压力容器广泛使用的低碳钢与低合金钢，都是由体心立方晶格的α铁构成。对具有体心立方晶格的金属来说，当温度低到一定程度时，其冲击韧性明显下降，材料突然变脆的现象，称为低温脆性。低温脆性常造成构件的脆性破坏，其破坏特点是：

① 环境温度较低，在0℃上下；

② 破坏的应力水平低于材料屈服极限，属低应力脆断；

③ 脆裂发生之前没有预兆，脆裂速度极高；

④ 脆裂的起源是构件上应力集中之处；

⑤ 发生冷脆破坏的材料，其常温塑性指标合乎要求。

锅炉和压力容器在制造和检修时要进行水压试验，试验水温过低时可能使钢材出现冷脆性；锅炉构架，特别是露天布置的钢构架在较低的温度下工作时，也可能产生冷脆现象。防范、避免冷脆破坏的方法是通过试验找出钢材的无塑性转变温度，保证钢材在制造、使用、维护中的温度高于这个温度。无塑性转变温度是指材料在温度低到某强度时（或某温度区间）材料的冲击韧性 A_{KV} 明显下降，有一突变临界温度，这一温度称为无塑性转变温度。

拓展阅读

我国压力容器典型用钢的温度下限

食品加工、液化气体储运等领域都需要在低温环境下使用压力容器，钢材的力学性能能够满足强度要求是保障安全的关键要素。我国曾沿用早期美国 ASME 规范防脆断设计理念，即基于工程经验、按“一刀切”的方法确定钢材的最低使用温度，对 Q345R 等我国压力容器典型用钢取最低使用温度－20℃，该值已经非常保守。美国 ASME 规范等以规范案例形式纳入 Q345R 等材料时，对材料最低设计温度又做了更保守的要求，无疑严重限制了材料优秀低温力学性能的发挥，压低了中国压力容器产品的国际竞争力，给产品的出口带来了极其不利的影响。

若能有综合材料类别、结构厚度、应力状态、热处理状态等因素的低温环境选材方法，将大幅拓展中国压力容器用钢在低温下的使用温度范围，从而降低产品的制造成本，对整个行业的发展将大有裨益，同时也能进一步揭示和验证中国压力容器用钢在低温下的优秀力学性能，显著提高产品的国际竞争力。

为此，国家质检公益性行业科研专项“压力容器用钢最低设计温度确定方法”等项目专门支持开展了大量试验研究，获得了中国压力容器典型用钢的低温力学性能分布规律，证实了我国 Q345R 材料具备充足良好的低温韧性，为中国防脆断相关的标准规范的制订以及提高中国压力容器典型用钢国际竞争力，在国际上获取更客观公正的认可提供了庞大可靠的数据支撑。并基于材料低温力学性能试验数据，对美国 ASME 规范豁免曲线的推导方法进行了优化改进，确定了适用于中国压力容器典型用钢的冲击试验豁免曲线和最低设计金属温度；探讨了中国材料采用主曲线方法替代夏比冲击试验来确定最低设计金属温度的可行性，揭示了基于主曲线方法的豁免曲线能进一步拓展材料的使用温度范围。

（资料来源：舒翔宇．中国压力容器典型用钢最低设计金属温度研究［D］．杭州：浙江大学，2017.）

8.1.4 应变时效

应变时效是钢材承受冷加工产生塑性变形后，如果在室温下长期放置或在高于室温的温度下短期放置，强度上升，塑性下降，冲击韧性显著下降的现象。应变时效与很多因素有关系，主要有冷加工程度、材料成分、冶炼方式、温度等。

（1）冷加工程度的影响 冷加工程度越大，时效越显著，冷加工变形量为 3%～10% 时，时效最为严重。

（2）钢材成分的影响 碳含量越低，时效越容易；含碳量高，时效倾向减小，加入 Ni 元素可降低时效；加入 Mn、Cu 等元素可增加时效。

（3）冶炼方式的影响 因 Mn 脱氧的沸腾钢易发生时效；用 Al、Mn 完全脱氧可显著降低时效倾向。

（4）温度的影响 在 0～300℃温度区间，温度升高，时效会明显加快。$T>300$℃后，温度升高会使应变时效减弱以致消失。

锅炉压力容器中不少构件是用低碳钢制成的，锅炉钢管一般是冷弯后成型的，低压锅筒及低压容器筒体是用冷卷成型的，其变形量正处于较易产生应变时效的范围，因而需要重视应变时效问题。

8.2 对压力容器钢材的基本要求

8.2.1 使用性能要求

主要包括以下几个方面：

① 钢材应具有较高的强度，包括常温及使用温度下的强度；

② 钢材应具有良好的塑性、韧性；

③ 钢材应具有较低的缺口敏感性，缺口敏感性指材料抵抗缺陷裂纹扩展的能力，可用断裂韧性 K_{IC}、裂纹尖端张开位移 δ_C(CTOD) 来衡量材料的抗断裂能力；

④ 钢材应具有良好的抗腐蚀性能。

8.2.2 加工工艺性能要求

压力容器在制造过程中，钢材要经过各种冷热加工并产生较大的塑性变形，加工后的钢材不应产生缺陷。这要靠材料的塑性来保证，通常要求锅炉钢板的延伸率 $\delta_s \leqslant 18\%$。在 TSG 21—2016《固定式压力容器安全技术监察规程》中，对碳钢、低合金钢的使用也作了限制，含碳量≤0.25%。用以保证材料有足够的塑性。

焊接是现代锅炉压力容器制造的主要工艺，焊接质量的好坏在很大程度上决定锅炉压力容器制造质量和安全性能。从材料方面说要求钢材具有良好的可焊性。

钢材的可焊性指被焊钢材获得优良焊接接头的难易程度。钢材的可焊性主要与钢材中碳含量高低有关，也与其他合金元素含量的多少有关，通常把合金元素折算成相应的碳元素，以碳当量表示钢中碳及合金元素折算的碳的总和，以碳当量的大小粗略地衡量钢材可焊性的大小。

压力容器制造的筒节卷制

碳与钢及低合金钢的碳当量，可采用式 (8-4) 估算：

$$C_{eq}=w_C+\frac{w_{Mn}}{6}+\frac{w_{Cr}+w_{Mo}+w_V}{5}+\frac{w_{Ni}+w_{Cu}}{15} \tag{8-4}$$

式中 C_{eq}——碳当量，%；

w_C、w_{Mn}、w_{Cu}——钢中碳、锰、铜等成分的含量，%。

经验表明，当 $C_{eq}<0.4\%$时，可焊性良好，焊接时可不预热；当 $C_{eq}=0.4\%\sim0.6\%$时，钢材的淬硬倾向增大，焊接时须采用预热等技术措施；当 $C_{eq}>0.6\%$时，属于可焊性差或较难焊的钢材，焊接时须采用较高的预热温度和严格的工艺措施。

8.3 压力容器常用钢材

8.3.1 压力容器用钢的金相组织

金相组织是指金属组织中化学性质、晶体结构和物理性能相同的组成，其中包括固溶体、金属化合物及纯物质。所有固态金属都是晶体，常见的金属的晶体结构有体心立方晶格、面心立方晶格以及密排六方晶格等。铁碳合金在平衡状态下的三个基本相，分别为铁素体、奥氏体和渗碳体，除此以外的金属金相组织还有珠光体、莱氏体、索氏体等等。

（1）奥氏体 指碳在γ-Fe中形成的间隙固溶体。γ-Fe为面心立方晶体，其最大空隙为0.51×10^{-8}cm，略小于碳原子半径，因而它的溶碳能力比α-Fe大，在1148℃时，γ-Fe最大溶碳量为2.11%，随着温度下降，溶碳能力逐渐减小，在727℃时其溶碳量为0.77%。奥氏体是一种塑性很好，强度较低的固溶体，具有一定韧性，可作为高温用钢；除渗碳体外，奥氏体的导热性最差，为避免热应力引起的工件变形，不可采用过大的加热速度加热；此外，奥氏体还具有顺磁性，故可作为无磁钢。

（2）铁素体 即α-Fe和以它为基础的固溶体，具有体心立方晶格结构。由于α-Fe是体心立方晶格结构，它的晶格间隙很小，因而溶碳能力极差，在727℃时溶碳量最大，可达0.0218%，随着温度的下降溶碳量逐渐减小，在600℃时溶碳量约为0.0057%，在室温时溶碳量几乎等于零，因此其性能几乎和纯铁相同，即强度、硬度不高，但具有良好的塑性和韧性。在碳钢和低合金钢的热轧（正火）和退火组织中，铁素体是主要组成相；铁素体的成分和组织对钢的工艺性能有重要影响，在某些场合下对钢的使用性能也有影响。

（3）渗碳体 铁碳合金按亚稳定平衡系统凝固和冷却转变时析出的Fe_3C型碳化物；分为一次渗碳体（从液体相中析出）、二次渗碳体（从奥氏体中析出）和三次渗碳体（从铁素体中析出）。其含碳量为6.69%；熔点为1227℃左右；不发生同素异晶转变，但有磁性转变，它在230℃以下具有弱铁磁性，而在230℃以上则失去铁磁性；渗碳体具有很高的硬度，而塑性和冲击韧性几乎等于零，脆性极大。

8.3.2 压力容器用钢分类

钢材按不同标准分为多种类型，如压力容器用碳素钢、合金钢、不锈钢、耐热钢和低温用钢等。

8.3.2.1 按品质分

① 普通钢（P含量≤0.045%，S含量≤0.050%）；

② 优质钢（P含量、S含量≤0.0035%）；

③ 高级优质钢（P含量≤0.035%，S含量≤0.030%）。

8.3.2.2 按化学成分分

① 碳素钢：

a. 低碳钢（C含量≤0.25%）；

b. 中碳钢（C含量≤0.25%～0.60%）；

c. 高碳钢（C含量≥0.60%）。

② 合金钢：

a. 低合金钢（合金元素总含量≤5%）；

b. 中合金钢（合金元素总含量≥5%～10%）；

c. 高合金钢（合金元素总含量>10%）。

8.3.2.3 按成型方法分

按成型方法分为锻钢、铸钢、热轧钢、冷拉钢。

8.3.2.4 按冶炼方法分

按冶炼方法分为平炉钢、转炉钢、电炉钢。

8.3.2.5 综合分类（按钢的质量分类，区别在于 P、S 含量）

（1）普通钢

① 碳素结构钢（Q）；

② 低合金结构钢；

③ 特定用途的普通结构钢。

（2）优质钢（含高级优质钢）

① 结构钢：优质碳素结构钢、优质合金结构钢、弹簧钢、轴承钢、特定用途优质结构钢。

② 工具钢：碳素工具钢（T）、合金工具钢、高速工具钢。

③ 特殊性能钢：不锈耐酸钢、耐热钢、电热合金钢、高锰耐磨钢。

④ 按脱氧程度和浇注制度分类：沸腾钢（F）、半沸腾钢（b）、镇静钢（Z）、特殊镇静钢（TZ）。

8.3.3 低碳钢

低碳钢中的含碳量在0.25%以下，低碳钢具有良好的塑性和韧性，便于进行各种冷热加工，可焊性良好，易于获得优质焊接接头，低碳钢强度虽较低，但采用适当壁厚可满足低、中压元件及部分高压元件对强度的要求。低碳钢价格便宜，是锅炉压力容器使用最多的钢材，如：Q235A/B/C/D，20g、20$^{\#}$钢。

8.3.4 低合金钢

（1）低温用低合金钢 工作温度≤－20℃的压力容器属于低温容器，用作低温容器的钢材必须是镇静钢。为了防止冷脆破裂，这些钢材必须在规定低温下进行低温冲击试验，其低温冲击吸收功应满足规定。常见的低温容器用钢有09Mn2VDR、06MnNbDR、10MnDR、1Cr18Ni9Ti。

（2）低合金高强钢 低合金高强钢的含碳量一般都不大于0.25%，属于低碳低合金钢。主要依靠合金元素来强化钢材，改善和提高钢材性能。主要合金元素是Mn、Mo，其他合金元素还有V、Ti、Nb等。由于强度提高，可以使承压部件的壁厚显著减小。锅炉压力部日常用的低合金高强钢有16Mn、Q345R、15MnV、18MnNb等。

8.3.5 高合金钢

8.3.5.1 不锈钢

不锈钢属于高合金钢的一种，不锈钢中合金元素总量超过2.5%并具有抵抗大气腐蚀能力。我们所讨论的是合金元素含量较高并在酸和其他强烈腐蚀化学介质中能抵抗腐蚀的不锈钢，又称耐酸钢。

不锈钢的分类：按其化学成分可分为铬钢（Cr13型）及铬镍钢（1Cr18Ni9）两大类。按金相组织分类有马氏体类、铁素体类、奥氏体类及奥氏体-铁素体双相类。马氏体类不锈钢含铬量低，含碳量高（0.15%左右），如2Cr13、3Cr3、4Cr3，高温淬火后得到马氏体，其耐蚀性差；铁素体类不锈钢则含铬量较高（13%～30%），含碳量低，加热后无相变。化学工业中使用最多的1Cr18Ni9（18-8型）铬镍不锈钢，经高温淬火得到稳定的奥氏体组织，故为奥氏体钢；铬锰氮不锈钢为奥氏体-铁素体钢，如Cr17Mn13Mo2N、Cr25Mn5N。

铬钢在浓硫酸、过氧化氢及硝酸盐、氨溶液中耐腐蚀，在大气中及其他非还原性有机介质中也稳定。铬镍钢在硝酸、苛性碱、硫酸盐、硝酸盐、硫化氢及醋酸等介质中都很稳定。铬钢和铬镍钢的耐蚀性能是因为铬和镍加入铁中形成固溶体，当铬镍含量超过一定值，则在氧化性介质中钢的表面会生成一种保护性的氧化膜，从而防腐蚀。

由上可知，不锈钢之所以“不锈”，是由于它在氧化性介质中产生钝化作用的结果，所以不锈钢的耐蚀性不是万能的，它在一些还原性介质，如盐酸、氯化物溶液、稀 H_2SO_4 中均不耐蚀。

8.3.5.2 耐热钢

锅炉压力容器中采用的耐热钢主要是Mo和Cr-Mo热强钢，用于制造和承受高温的过热器，再热器、蒸汽集箱、蒸汽管道等零部件。耐热钢除具有良好的常温机械性能和工艺性能外，还具有良好的高温性能，即在高温下有足够的强度，有一定防止氧化和腐蚀的能力，又有长期组织稳定性。

耐热钢中的合金元素除Cr、Mo外，还有V、W、B等，目前常用的钢种有12CrMo、15CrMo、1Cr18Ni9Ti等。

课后练习

1. 填空题

（1）材料常用的力学性能指标有________、________、________、________。

（2）衡量材料塑性的指标有________、________。

（3）常见的金属的晶体结构有________、________以及________等。

（4）钢材中的化学元素对钢材的性能有着一定的不可忽略的影响，如S元素会造成钢材的________，H元素会造成钢材________，P元素会造成钢材________。

（5）按照品质的好坏，碳素钢可分为________、________、________。

2. 简答题

（1）试述什么是材料的力学性能。

（2）试述什么是热脆性。

（3）试述什么是奥氏体。

第 9 章

压力容器的失效与破坏

拓展阅读

王仁东先生据理力争保障容器安全

王仁东（1908—1983），著名的应用力学家，浙江大学化工机械专业创始人，长期从事化工机械、应用力学的教学和科研。

1975 年在北京燕山筹建全国第一座大型乙烯装置时，发现从日本引进的 4 台 1900m^3 大型低温乙烯球罐有大量裂缝，日方开始以不影响安全为搪塞，年近 70 的王仁东先生作为谈判代表与日方谈判交锋。谈判开始时，日本专家趾高气扬，不可一世，在黑板上写满了两块板面，一大堆公式和数字，试图以此说明日本提供的球罐出现裂痕是完全正常的。但没想到的是王仁东先生迅速走上台，拿起粉笔打了两个大叉，随后他在黑板上写了详细的公式和数据，驳斥了日方裂缝无碍的谬论。当即，日本专家目瞪口呆，一言不发。随后他们上前对王先生鞠躬，承认这些裂纹是有问题的，同意修补并答应赔偿经济损失。

王仁东先生这一事迹体现了他坚实的理论功底和丰富的工程应用经验，不仅仅维护了设备和工厂的安全，为国家挽回了损失，还代表了中国知识分子自尊、自强、不畏强手的精神，激发了师生们的爱国热情。

9.1 失效与破坏形式

9.1.1 失效与破坏

零件失去应有的功能时，则称为零件的失效（failure），有时俗称失灵、失事、故障、不足等。压力容器失效既包括爆炸、破裂及泄漏等，也包括容器的过度变形、膨胀、局部鼓胀、严重腐蚀、产生较大裂纹、裂纹的疲劳扩展或腐蚀扩展、高温下过度的蠕变变形、几何形状受压失衡变形、金属材料长期使用的变性等。

爆炸、断裂或泄漏是最易引起灾难性事故的破坏，但这种破坏必然涉及压力容器的载荷（如压力载荷、温差载荷）、介质的腐蚀等直接因素，同时又涉及容器的设计、材料、制造、结构、操作、管理与维修等方面的因素。通过分析了解压力容器不同破坏类型的特征，有助于找到防止事故发生的方法。

在分析重大事故之后，认为压力容器和压力管道事故存在如下规律：

① 薄壁压力容器灾难性事故多数是由施工质量低劣所引起的，而厚壁压力容器事故多数是由技术上的问题造成的；

② 压力容器事故由设计原因引起的较少，而由操作错误引起的事故较多；

③ 管道、阀门等引起的事故多于压力容器。

9.1.2 失效形式

不同的标准对压力容器失效形式的分类也不同，如 GB/T 150.1—2024《压力容器 第1部分：通用要求》在技术内容提到的失效形式有脆性断裂、韧性断裂、接头泄漏、弹性或塑性失稳以及蠕变断裂这几种。ISO 16528《锅炉和压力容器》中将失效形式分为三类，第一类是短期失效模式，包括脆性断裂、韧性断裂等；第二类是长期失效模式，包括蠕变断裂、冲蚀与腐蚀等；第三类是循环失效模式，包括扩展性塑性变形、弹性应变疲劳等。

本书中对常见的几种压力容器的失效形式，即强度失效、刚度失效、失稳失效以及泄漏失效四类进行介绍。

9.2 强度失效

9.2.1 压力容器韧性破裂

9.2.1.1 压力容器韧性破裂过程

压力容器随着压力升高直至爆破的全过程可以用爆破曲线来描述。爆破曲线只有在做爆破试验时才能获得。一般可划分为以下几个阶段：弹性阶段、屈服阶段、大变形强化阶段、最高压力点、爆破阶段。爆破前所能承受的最高工作压力作为容器的爆破压力。

从许多爆破实例来看，压力容器发生爆裂的起爆点一般在容器的中间部位，因为这些部位的变形基本上不受两端封头的约束，鼓胀与减薄最为严重。而且破裂时一般从外壁开始，然后迅速向内壁向两侧扩展，其扩展的速度几乎达到声速。圆筒形容器韧性爆破时一般沿纵向裂开。

9.2.1.2 韧性破裂特征

韧性破裂的容器必然有以下的特征：

① 有明显的塑性变形。韧性破裂的容器经历了大量塑性变形之后才发生破裂，其塑性变形表现在以下几个方面：直径有明显的鼓胀；周长有明显的伸长；容积有明显的增大；壁厚有明显的减薄。

② 爆裂时一般不产生碎片。容器韧性破坏时由于材料本身具有优良的塑性与韧性，只产生一条较长的裂缝，而无碎片。有时在裂缝的终端再产生分叉，裂缝扩展的长短与张开的程度主要取决于爆破时的能量。

压力容器失效模式之韧性破坏

③ 韧性破裂断口的特征。一般断口会出现三种不同形貌的区域，即纤维区、放射纹与人字纹区、剪切唇区。其中纤维区是在压力不断提高过程中逐

渐断裂扩展而形成的断口。当纤维区扩展到一定尺寸后，容器随着压力与变形的进一步增大便发生突然的爆炸，断口迅速撕裂而形成放射纹与人字纹区，在壁厚的边缘部分则形成剪切唇，因此后两个区域是断口的快速撕裂所形成的断裂区。纤维区、放射纹与人字纹区、剪切唇区一般称为断口的三要素。

9.2.1.3 韧性破裂原因和预防

（1）容器韧性破坏原因的分析 压力容器发生韧性破断时均发生了显著的塑性变形，说明发生这种韧性破坏时容器的薄膜应力早就超过了材料的屈服点。虽然在容器上总会有不连续应力存在，局部区域的应力会高于容器上的一次薄膜应力，但由于这些不连续区域内的这种应力具有自限能力，不会像一次薄膜应力那样容易引起显著的变形，因而容器的韧性破断不是从那些存在不连续应力的地方开始的。除非结构上存在特别高的不连续应力（例如平板封头边缘处，大开孔接管根部），再碰上焊接质量不好，就有可能首先在这些部位引起破坏，但那种由于严重焊接缺陷引起的低应力破断很可能已不属于韧性破坏之列，有可能属于低应力脆性断裂之列。

容器上总会有接管或开孔，或者还有小的过渡圆角，就可能存在很高的峰值应力，叠加上薄膜应力和不连续应力之后这些区域的应力将大大超出薄膜应力值，但由于峰值应力作用的区域更小，更不会引起显著的变形。因此容器的韧性破断总不会首先从存在峰值应力的地方开始，除非这些地方还存在严重的缺陷或者存在很高的不连续应力，此时的破坏就可能是一种总体未屈服的低应力破坏，不属于韧性破坏之列。

（2）容器韧性事故的预防 由上面分析可知，能使容器发生韧性破坏的决定性的应力是一次薄膜应力。而能使薄膜应力过大的主要原因是超压。因此防止压力容器的超压使用是防止发生韧性破裂事故的主要方面。引起超压的主要因素大致有：

① 违反操作规程，操作失误；

② 仪表控制系统障碍导致超压；

③ 超压泄放装置，如安全阀失灵，爆破片选用不当，超压时不开启或膜片不破；

④ 液化气体储存容器严重超装，导致罐内压力急剧升高而超压。

因此相应的预防超压破坏的措施就是严格按规定进行操作，保证仪器仪表的状况良好与灵敏，按规定装设安全泄放装置，并保证状态完好与灵敏，严格防止液化气容器超量装载等。有时因容器使用年限较长腐蚀严重，容器大面积减薄，特别是均匀腐蚀减薄以后，即使并未超压，也可能会造成一次薄膜应力应变过大，而导致发生韧性破坏。减薄后常会首先表现出容器的鼓胀变形，如及时检查发现则可避免事故的发生。因此采取防腐蚀措施并经常进行测厚检查，保持各种仪表的完好状态，则可以人为地避免发生超压韧性破坏事故。

9.2.2 压力容器脆性破裂

压力容器的脆性破裂主要是指容器在没有发生或未充分发生塑性变形时就破裂或爆炸的破坏。容器的脆性破裂常有两种情况，一是由于材料的脆性转变而引起的容器脆性断裂；二是由于焊缝存在严重的缺陷，包括制造中带来的缺陷和使用中产生的缺陷，导致容器在低应力水平下的脆性破坏。有时也会既有严重缺陷又因材料变脆导致的脆断，但脆断的基本原因有两条，一是材料脆性，二是存在严重的制造缺陷。有时也会伴有其他的因素，如加载速度、残余应力、风雪与地震载荷、结构的严重应力集中，这些因素会加剧容器脆断事故的发生。

9.2.2.1 脆性破坏宏观特征

（1）变形量很小 压力容器的脆性破坏正是由变形量很小来定义的。这里的变形量主要是指塑性变形量，它小到几乎用肉眼从宏观上觉察不到。看不到鼓胀，几乎测量不到周长的变化，测量不出壁厚的减薄。从爆破曲线看，几乎在弹性变形的线性段即发生爆裂，爆裂时的体积膨胀量微乎其微，与韧性破裂的变形量无法相比。

（2）可能有碎片 压力容器发生脆断时经常爆裂成碎片。如果由于材料的脆性而形成容器的脆断，例如采用了脆性转变温度或无塑性转变温度（NDT 温度）较高的钢材制造低温使用的压力容器，则会引起容器的脆断。这种情况的脆断会使容器爆裂成许多碎片，这些碎片会产生相当大的危害。无疑这种容器爆裂时材料的塑性与韧性很低，爆裂之前不会有明显的塑性变形。

9.2.2.2 脆性断裂原因及断口特征

压力容器发生脆性断裂的基本原因有两大类，一类是材料脆性，另一类是存在严重的焊接缺陷，这两种不同类型的脆断，其断口的特征往往截然不同。

（1）由材料脆性引起脆断时的断口特征 一般不采用脆性材料来制造压力容器，但有时有些低温容器所选的材料不恰当，或焊接不当造成淬硬，导致低温下发生脆断。有些在南方制造的容器移至北方高寒地带使用时出现意外的低温冷脆爆裂事故。另外，还有一些铸造容器，如铸铁的造纸烘缸、铸铁的中低压阀门，这些都是受一定压力的容器或设备，材料属于脆性的，若发生爆裂事故均属于脆性破裂的事故。发生事故时不但没有明显的塑性变形或变形预兆，而且一般均有爆裂的碎片飞出，极易引起伤亡恶性后果。

宏观上观察断口时，主要是断口平齐，呈现出金属光泽，并呈结晶状，断口与最大主应力垂直。显然这种断口与呈纤维状的斜面剪切型并伴有塑性大变形的韧性断裂有非常明显区别。断口的这种宏观特征与脆性断裂的机制，即脆断的微观过程密切有关。微观上，材料发生断裂的机制是解理断裂。解理断裂是指沿晶体结构的某一结晶平面发生断裂。

一般压力容器材料不会采用异常脆性的材料。当容器因材料沿断面发生脆断时，除容器整体上没有明显的塑性变形以及甚至爆裂成碎片之外，断口上即使不是明显地带有金属光泽的结晶状特征，便也会出现明显的人字形花纹。人字形花纹在宏观上与韧性断口中的人字纹是一致的，但是也有一定的区别。

（2）由缺陷引起低应力脆断时的断口特征 断口一般不呈结晶状，显示出四个明显的区域：原始缺陷区、起裂后稳定扩展过程区（也是纤维区）、快速撕裂的放射纹及人字纹区、接近内外壁表面的边缘剪切唇区。这四个区域可以用肉眼或放大镜直接观察到。容器爆破断口的快速撕裂区的放射纹和人字纹，当材料韧性好且撕裂速度较慢时人字纹常由韧窝组成，韧性差且撕裂快时会出现解理。

9.2.2.3 压力容器脆性破裂的预防

（1）保证材料具有良好的韧性 材料的韧性至关重要，从设计时就必须考虑选择具有良好韧性的材料来制造压力容器。必要时可以放弃追求过高的强度，而韧性和塑性必须首先得到保证。

（2）降低容器的应力集中 应力集中是促成容器发生低应力脆性破坏的重要原因，特别是遇上材料韧性下降的情况。容器的接管根部是应力集中比较严重的部位，在设计时，尤其是对低温容器应尽可能采用降低应力集中的补强结构，制造时应严格按设计要求施工。尽量避免采用无过渡圆角的局部结构。

（3）消除容器的残余应力 残余应力是设计时不予考虑的应力，焊接容器中最主要的残余应力是焊接残余应力，这也是造成脆性破坏的重要原因。焊接残余应力是容器焊接过程中因加热、熔化、凝固、冷却等过程使焊接部位各点变形不一致而又要相互协调的复杂过程所造成的，随着壁厚的增大以及容器结构自身刚性的增大，焊接残余应力也愈大，测试与研究表明，焊接残余应力常会达到材料的屈服点甚至更高。因此对大型厚壁或异常重要的压力容器应采用焊后热处理以消除残余应力或部分消除残余应力，主要是退火处理。

9.2.3 压力容器疲劳破坏

如果结构所受的是交变载荷，即呈周期性变化，某些应力集中部位就可能引起疲劳破坏。对压力容器来说，压力大幅度的波动，或经常性加压卸压或开工停工，则载荷是交变的。在压力容器的结构不连续部位，尤其是结构局部不连续部位，例如接管根部小四角处，都存在较大的结构局部不连续应力或集中应力——峰值应力。如果这些部位有焊缝，而焊缝中的缺陷都加剧了应力集中的程度，因此这些部位都极易形成疲劳裂纹。在交变载荷下，这些宏观的或者显微的裂纹还要继续扩展，从而形成更为显著的宏观裂纹。当裂纹扩展至穿透壁厚时，将引起介质的泄漏，如果介质易燃易爆或有剧毒时，将造成容器爆炸并造成严重后果。

材料发生疲劳破坏的机理分为三个阶段：

① 疲劳裂纹成核阶段（或称萌生阶段）；

② 疲劳裂纹扩展阶段；

③ 疲劳断裂阶段。

9.2.3.1 压力容器疲劳破坏分类

（1）高循环疲劳问题 是指在较低的交变应力幅作用下，而导致疲劳断裂的循环次数高达 10^5 次以至接近无穷寿命的那一类疲劳问题，例如高速运转的往复式压缩机或回转式机械的许多部件就属于高循环疲劳问题。

材料的疲劳持久极限（σ_{-1}），即指经无限次循环（实际用 10^7 次）而不发生破坏的最大应力，是材料的基本性能之一。设计时为了防止发生高循环周次的断裂，应将设计压力降低，将设计应力幅控制在持久极限以下。此时的最大应力值也远低于材料的屈服点 σ_s。

（2）低循环疲劳问题 是指在使用期导致断裂的循环数在 $10^2 \sim 10^5$ 次即会发生疲劳破坏的问题。这是由于这种情况的交变应力幅值较大，致使发生破坏的交变周次较低，因此称为低循环（或低周）疲劳问题，压力容器的循环载荷一般由如下因素引起：压力的交变引起应力的交变、温度的交变引起温差应力的交变、流体扰动引起的强迫活动，或其他周期性外载引起的应力交变。

压力容器从结构上分析，总存在开孔、接管或其他局部范围的结构不连续，这些部位不可避免地存在着应力集中，按应力分类观点即存在着峰值应力。因此这些部位总的应力水平是很高的，甚至远远超出材料的屈服点应力，并会形成局部的塑性区。在应力交变过程中其交变应力幅值会很高，所以造成疲劳破坏所需要的交变周次就比较低。因此压力容器的疲劳一般都属于低循环疲劳问题，其破坏时的交变周次一般在 10^4 次以下。

9.2.3.2 容器疲劳破坏特征

(1) 压力容器最易发生疲劳破坏的部位 压力容器最易在以下两处发生疲劳破坏：第一是结构局部不连续部位，即存在应力集中的接管根部、开口边缘、过渡圆角很小的部位；第二是存在缺陷的部位，尤其是焊缝中的裂纹尖端、未焊透缺陷根部，同时这也是存在严重应力集中的部位。即使在并不太大的交变应力作用下，由于应力集中，这些部位也会产生疲劳裂纹以及裂纹的疲劳扩展而破坏，也可能以上这两种应力集中的情况存在于同一位置，如接管根部的焊缝中又存在原始裂纹，这样极易形成该部位的疲劳裂纹扩展。

(2) 压力容器疲劳破坏的基本形式 压力容器发生疲劳破坏时，主要的破坏形式是爆破和泄漏两种。如果压力容器的材料（包括焊接区）强度偏高而韧性较差时，当疲劳裂纹萌生并扩展到一定尺寸，即达到临界裂纹尺寸，就会发生突然的爆破事故，即裂纹突然以极快的速度扩展而爆炸。这是疲劳破坏中最容易造成严重后果的一种疲劳破坏形式。当交变载荷使裂纹扩展到尚未穿透壁厚时即已达到临界尺寸时突然快速爆裂。从断口上可以看到爆破前裂纹所达到的尺寸与形状。第二种破坏形式是指如果容器的材料强度较低而韧性较好时，疲劳裂纹扩展到相当大的尺寸之后即使已穿透了壁厚仍未达到临界裂纹尺寸，此时仅会发生容器内介质的泄漏而不爆破，这种被称为未爆先漏式的疲劳破坏，后果的严重性较轻。

(3) 压力容器疲劳破坏后的整体特征 由于疲劳破坏的压力容器所受的膜应力并不高，一般地都在设计的许用应力之内，即使应力集中区的应力很高，也不会引起压力容器总体范围内显著的塑性变形。因此疲劳破坏时绝不是因为载荷过大所致，而是疲劳裂纹扩展到临界值或穿透壁厚而破坏。因此压力容器疲劳破坏的整体特征没有明显的塑性变形，即不会有明显的直径增大和壁厚减薄。正是由于这一特点，从破坏时宏观变形量的大小来看常常把疲劳破坏划为脆性状态的破坏，但从断裂的机理来说却不是解理造成的脆性断裂。

9.2.3.3 压力容器疲劳断口特征

(1) 宏观特征 由于一般的疲劳破坏过程包括裂纹萌生成核、扩展及最终断裂三个阶段，相应的疲劳断口也有三个区域。不过由于裂纹萌生的阶段的寿命虽然所占比例不小，但断口的几何比例却很小。因此宏观观察到的断口最多仅可明显区分为两个部分，即疲劳扩展区和最终断裂区。

疲劳断口上的最终断裂区因缺陷造成的低应力脆性断口那样，一旦达到临界裂纹尺寸后就发生低应力脆断，从而形成最终断裂区。最终断裂区的断口也会呈明显放射纹及人字纹状，显示出快速断裂的特征。但对于不会发生爆破而仅仅会未爆破先漏的疲劳破坏容器来说，基本上不会出现最终断裂区，主要是疲劳扩展区，最多是在即将泄漏时剩余截面区域的宽度很小，或出现剪切唇。

(2) 显微特征 疲劳破坏断口需要以显微方式进行研究的是萌生区与扩展区。这部分疲劳断口在电子显微镜下的主要特征是海滩状的花样。由电镜放大至数千倍时（以至上万倍）便可观察到海滩状花样，或称疲劳辉纹。每一交变循环中均有裂纹尖端材料的滑移—钝化—反向滑移—锐化而形成扩展的过程，在断口上留下的痕迹即为海滩线。这种海滩线只有在电镜中才能观察到，在扫描电镜中可观察到海滩状花样。由上可知，断口的宏观与电镜的显微分析可有效地帮助鉴别是否疲劳破坏。

9.2.3.4 压力容器疲劳破裂预防

（1）选用合适的抗疲劳材料 由于压力容器的疲劳破坏一般均属于高应力的低循环破坏，而高应力下的低周疲劳破坏主要与塑性应变值有关。材料的低周疲劳破坏试验证实，低碳钢与碳锰钢具有较好塑性应变的能力，又同时具有较好的抗低周疲劳的能力，因此采用高韧性、高塑性而强度中等的材料较为有利。而对 10^5 次以上的高循环破坏的部件，疲劳破坏的应力幅较低，此时采用材料的抗疲劳持久极限作为设计应力幅即可。因此对高循环疲劳部件应采用较高抗拉强度，同时也对具有较高持久极限的材料是有利的。由此可见，有疲劳问题的压力容器不应该选用强度偏高的合金钢或低合金钢材料，而应采用具有较大塑性应变能力的低碳钢及碳锰钢材料。

（2）疲劳分析设计与防疲劳的结构设计 所谓疲劳分析就是用压力容器低周疲劳曲线来验算容器应力集中区的虚拟应力幅是否等于或低于由疲劳曲线所决定的安全应力幅，或者用疲劳曲线由虚拟应力幅反过来求出安全的循环次数，看其是否大于或等于使用期内的循环周次。许多国家制定了压力容器疲劳设计的规范，其中影响较大的是美国 ASME 的《锅炉及压力容器规范》第Ⅷ卷第二册。不是所有的承受交变压力载荷的容器都要进行疲劳分析，一般认为循环次数的总和超过 1000 次时才需要作疲劳分析。

压力容器设计规范通常将疲劳设计划为分析设计的范畴，并且疲劳分析方法仅指无缺陷的容器。如果在役检验中发现已存在裂纹时，以上疲劳分析方法就不再适用。此时可按断裂力学方法来计算裂纹的疲劳扩展速率及剩余的安全寿命，以决定是否返修或报废。

设计时必须注意结构的抗疲劳性能。众所周知，应力集中是引起疲劳破坏的重要因素，结构中如何消除或减少应力集中是结构设计中必须遵循的原则。容器接管根部是应力集中区，往往是产生疲劳裂纹的源区，因此必须注意接管的结构设计。那些带补强圈的接管补强的结构、未焊透的接管补强结构将会大幅度地降低容器疲劳寿命。完全焊透的插入式接管补强结构有较理想的疲劳寿命，比焊透的平齐式的接管更好。那些整体锻造的接管补强结构最为理想，不过制造成本很高，在原子能电站的核容器上应用得最多。接管的方向也有影响，垂直接管的抗疲劳性能优于斜接管，而斜接管倾斜得越多，其疲劳寿命也越低。切向接管也会对疲劳寿命有较大影响。

（3）制造与检验中应注意的事项 如果压力容器应力集中的部位的表面存在严重的缺陷，如引弧坑或焊疤，将可能成为疲劳裂纹萌生的根源。因此，在容器的表面应保持光整，进行必要的修磨或补焊填平后再磨光。

接管根部或其他连接件的焊接处不但要磨光，还要使这些填角焊接部位有较大的过渡圆角，这是十分重要的，这可以减少应力集中程度。

容器制造时，应严格进行无损检测。必须进行严格的在役定期检验。压力容器出厂检验合格并不能保证整个使用期内不再产生裂纹，特别是承受交变载荷的容器，即使原来确定没有裂纹，使用后还会产生裂纹。因此必须严格按《固定式压力容器安全技术监察规程》进行定期检验。而对焊缝，特别是对接管区的应力集中区用各种探伤手段反复仔细地进行无损检测。

9.2.4 压力容器腐蚀破坏

9.2.4.1 压力容器电化学腐蚀

① 点蚀。表面生成钝化膜而有耐蚀性的金属和合金，一旦表面膜被局部破坏而露出新

鲜表面后，这部分的金属就会迅速溶解而发生局部腐蚀。结果是金属表面出现针状或点状，有一定浓度的小孔，称为点蚀。

减少点蚀倾向的措施有：选择抗点蚀性能的材料，例如含钼的不锈钢；焊接表面进行酸洗钝化；结构设计中要避免死角，尽量使介质不处在静态。

② 缝隙腐蚀。浸在腐蚀介质中的金属构件，在缝隙和其他隐蔽的区域内常常发生强烈的局部腐蚀。这类腐蚀常和孔穴、垫片底面、搭接缝、表面沉淀物以及螺帽和铆钉下的缝隙积存的少量静止溶液有关。不锈钢对缝隙腐蚀特别敏感。

③ 电偶腐蚀。电偶腐蚀实质上是由两种不同的电极构成的宏观原电池的腐蚀。当两种不同金属浸在导电性的溶液中时，两种金属之间通常存在着电位差，如果这些金属互相接触，该电位差将使电子在金属间流动。耐蚀性差的金属成为阳极，腐蚀增加，而耐蚀性好的金属则为阴极，腐蚀减轻。这类形态称为电偶腐蚀。

减少电偶腐蚀倾向的措施有：尽量选用电位差小的金属的组合；避免小阳极，大阴极，减缓腐蚀速率；用涂料、垫片等使两种金属之间绝缘；采用阴极保护法。

④ 晶间腐蚀。金属的晶界非常活泼，在晶界或邻近区产生局部腐蚀，而晶粒的腐蚀则相对很小，这就是晶间腐蚀。晶间腐蚀使金属碎裂，同时使金属强度降低或丧失。晶间腐蚀是由晶界的杂质或晶界区某一合金元素的增多或减少而引起的。

⑤ 应力腐蚀破裂。材料在腐蚀与拉应力的同时作用下产生的破裂，称为应力腐蚀破裂(SCC)。影响应力腐蚀破裂的重要因素是温度、介质与材料成分、组织结构与应力。破裂方向一般与作用应力垂直。应力增大，则发生破裂的时间缩短。应力来源于外加应力、焊接和冷加工等产生的残余应力、热应力等。

⑥ 氢致开裂。氢致开裂的机理：当钢浸在含硫化氢的环境中，因腐蚀而产生的氢渗入钢中，原子氢扩散到非金属夹杂物等界面，在其缺陷部位转变为分子氢，提高了空洞的内压。其压力可达 10^4 MPa。在压力作用下，沿夹杂物或偏析区呈线状或台阶状扩展开裂。

⑦ 氢腐蚀和高温氢损伤。氢腐蚀是钢暴露在高温高压氢气环境中，因氢侵入，通过下式反应，伴随着脱碳的同时生成甲烷：

$$Fe_3C+4H \longrightarrow 3Fe+CH_4$$

甲烷气集聚在微小缺陷区，引起内压升高，致使产生裂纹。

⑧ 腐蚀疲劳。腐蚀疲劳是由交变应力和腐蚀的共同作用引起的破裂。许多振动部件如泵的轴和杆、螺旋轴、油气井管，以及由于温度变化产生周期热应力的换热器管和锅炉等，都容易产生腐蚀疲劳。

⑨ 磨损腐蚀。流体对金属表面同时产生磨损和腐蚀的破坏形态称为磨损腐蚀。一般是在高速流体的冲击作用下，使金属表面的保护膜破损，破损处的金属被加速腐蚀。高流速和湍流状的流体，如果其中还含有气泡或固体粒子，磨损腐蚀就会十分严重。外表特征是：呈局部性的沟槽、波纹、圆滑或山谷形，通常显示方向性。

⑩ 硫酸露点腐蚀。以重油或含硫瓦斯为燃料的锅炉和工业加热炉，常由于烟气中生成的硫酸在空气预热器、烟道等温度较低处凝聚而引起腐蚀，因此，这种现象称为硫酸露点腐蚀。

作为燃料使用的重油中，通常含有 2%～3%的硫化物，由于燃烧而生成 SO_2。大约有 1%～2%的 SO_2 受烟灰和金属氧化物等催化作用，生成 SO_3。它再与燃烧气体中所含的水分（约 5%～10%）结合生成硫酸。于烟气露点温度附近或以下，在金属表面凝结成硫酸溶液，腐蚀金属。

9.2.4.2 压力容器化学腐蚀

化学腐蚀是指材料与非导电性介质直接发生纯化学作用而引起材料的破坏。在化学腐蚀过程中，电子的传递是在材料与介质之间直接进行的，因而没有电流产生。化学腐蚀主要包括在干燥或高温气体中的腐蚀与非电解质溶液中的腐蚀。

① 高温氧化。在高温气体中，金属的氧化最初是化学反应，但膜的成长过程则属于电化学机理。因为金属表面膜已由气相变为既能电子导电，又能离子导电的半导体氧化膜。

金属在高温下和其周围环境中的氧作用，生成金属氧化物的过程称为金属的高温氧化。

氧化膜的成长机理：氧化物通常是由离子晶体组成，氧化层成长过程中要发生物质的迁移。这个生长过程有下列几种可能情况：

a. 金属离子通过氧化膜向外迁移；

b. 氧离子通过氧化膜向内迁移；

c. 在一定条件下，上述两种情况同时进行。

除氧气外，CO_2、H_2O、SO_2、H_2S也引起高温氧化。其中水蒸气具有特别强的作用，在燃烧气体中耐热钢的耐氧化性之所以恶化，主要是水蒸气和燃烧气体共存所致。若空气中混有少量上述气体，对钢铁的高温氧化作用有明显的增强，但对不同的材质的影响不一样。例如软钢与Cr18Ni8钢相差几十倍到上百倍。

② 高温硫化。金属在高温下与含硫介质（如H_2S、SO_2、Na_2SO_4、有机硫化物等）作用，生成硫化物的过程，称为金属的高温硫化。

广义上讲，金属失去电子，化合价升高的过程，叫作金属的氧化，所以硫化也是广义上的氧化，但它比氧化更显著。这是因为硫化速度一般比氧化速度高一至两个数量级；生成的硫化物具有特殊的性质，不稳定、容积比大、膜易脱离、晶格缺陷多、熔点和沸点低，易生成不定价的各种硫化物。此类硫化物与氧化物、硫酸盐及金属等易生成低熔点共晶。因此耐高温硫化材料不多。在炼油、石油化工、火力发电、煤气化及各种燃料炉经常遇到硫化腐蚀。

③ 渗碳。钢的渗碳是由于高温下某些碳化物（如CO、烃类）与钢铁接触时发生分解而生成游离碳，破坏氧化膜，渗入钢内生成碳化物的结果。在气体中有少量氧存在时，由于渗碳而形成蚀坑。腐蚀生成物是丝状的细片或粉末状的氧化物、碳化物和石墨等，在气体流速大的地方，腐蚀生成物易被冲刷掉而形成强烈侵蚀。渗碳会造成金属出现裂纹、蠕变断裂、热疲劳和热冲击。在650℃以下出现脆性断裂、金属粉化、壁厚减薄，使金属力学性能降低。

在乙烯裂解炉管、燃烧器等处渗碳破坏事故较多。

④ 脱碳。钢的脱碳是由于钢中的渗碳体在高温下与气体介质作用所产生的结果。

$$Fe_3C+O_2 \longrightarrow 3Fe+CO_2$$

$$Fe_3C+H_2O \longrightarrow 3Fe+CO_2+H_2$$

$$Fe_3C+2H_2 \longrightarrow 3Fe+CH_4$$

反应结果导致表面层的渗碳体减少，而碳便从邻近的尚未反应的金属层逐渐扩散到这一反应区，于是有一定厚度的金属层因缺碳而变成为铁素体。表面脱碳的结果造成钢铁表面硬度和疲劳极限的降低，金属内部的脱碳（氢腐蚀）引起金属的力学性能下降，进而造成氢致裂纹或氢鼓包。

9.2.4.3 压力容器应力腐蚀

(1) 应力腐蚀的选择性特点 金属在应力和腐蚀介质协同作用下发生的破裂称为应力腐蚀破裂（SCC)。在腐蚀介质不存在的条件下，只有当作用于金属上的应力超过其抗拉强度时，金属才会断裂。反之，在应力不存在的条件下，只有当金属与腐蚀性很强的介质接触时，金属才会在较短的时间内受到严重腐蚀，从而被破坏。但是，当应力和腐蚀介质共同作用时，就会出现全然不同的情况。金属的应力腐蚀破裂往往在应力远低于抗拉强度而介质腐蚀性又很轻微的情况下发生。破裂之前，金属没有显著的变形或其他明显可见的宏观征兆，因此常被忽视而疏于防范，以致酿成恶性破坏事故。

应力腐蚀破裂必须具备一定条件才能产生。影响应力腐蚀的因素有如下几个主要方面：环境因素、应力因素、冶金因素。它主要包含三个要素：

① 敏感的金属。金属的成分，组织和处理状态决定了应力腐蚀敏感性。

② 特定的介质环境。对于一定的金属来说，只有在特定的介质环境中才发生应力腐蚀破裂。

③ 金属与特定介质形成对破裂敏感的组合。处于应力状态下，必须有应力，特别是拉应力分量存在，拉应力愈大，则材料断裂所需时间愈短，断裂所需应力低于材料的屈服强度，一般约为屈服强度的70%，有时甚至低达10%。

金属材料在腐蚀介质与拉应力同时作用下不一定都会发生应力腐蚀，例如碳钢在稀硫酸中即使在拉应力作用下也不会发生应力腐蚀，只会产生极快的均匀腐蚀。这说明金属在某种介质中是否会产生应力腐蚀具有明显的选择性。

(2) 关于应力因素 应力是应力腐蚀破裂的重要因素。导致应力腐蚀破裂的应力不一定很大，试验表明，只要存在能引起滑移的很低的应力水平（奥氏体不锈钢引起滑移的应力水平为0.2～0.3MPa)，即可能促使产生应力腐蚀裂纹。应力大，破裂发生得快，而应力小，破裂时间要长一些。

应力因素十分复杂，它不是单纯指工作载荷下的拉应力，还包括残余应力、组织应力、热应力、焊接应力等。在材料加工过程中产生残余应力的加工方式主要是热状态加工、表面处理、冷成型。

热状态加工中，最常见的引起高残余应力的是焊接。表面处理造成残余应力的有电镀、电火花加工、常规车制和研磨。喷丸和碾压在金属表面上造成的是压应力，但其大小有时不足以克服极高的局部拉应力所产生的效应。冷成型的弯曲、模锻和其他形式的冷加工都可能造成高的拉应力。制造过程中的各种缺陷时常导致构件的应力腐蚀破裂。这些缺陷引起局部应力升高，它们包括以下几点：

① 由于设计不当，在构件某些部位造成应力集中；

② 机械损伤或电弧击造成的缺口；

③ 不正确的热处理和焊接产生的裂纹；

④ 夹杂物和气孔；

⑤ 研磨和粗车造成的表面不规整等。

试验结果表明，在42% $MgCl_2$ 溶液中和无外加应力条件下，仅仅由于裂纹中腐蚀产物的楔入作用，就能导致裂纹扩展，造成应力腐蚀破裂。

调查统计表明，造成应力腐蚀开裂的应力主要是残余应力，约占80%（而承载应力及热应力仅占20%），其中焊接残余应力约占30%，成型加工引起的残余应力约占45%，因此锅炉压力容器设备即使在无载荷情况下，只要有适当腐蚀介质，因为存在残余应力，也完全可能发生应力腐蚀开裂。

（3）应力腐蚀裂纹的形貌 应力腐蚀的裂纹有沿晶发展和穿晶发展两种基本途径。宏观上应力腐蚀裂纹基本上垂直于拉伸应力。一般认为，体心立方晶格（如铁素体钢材）在特定环境中的应力腐蚀是沿晶界发生与扩展的。而面心立方晶格的奥氏体不锈钢较易发生穿晶的应力腐蚀。常见的应力腐蚀裂纹的外观形貌基本上是呈分枝形或之字形，宏观上呈树根状或树枝状。除了沿晶和穿晶两种扩展型式外，有时还有混合型，既有穿晶也有沿晶扩展。

（4）应力腐蚀开裂的机理 机械化学假设是目前较为成熟的一种。该假设认为，对应力腐蚀敏感的合金，在特定的腐蚀介质中，其表面会形成一种保护膜。例如铁被氧化后表面形成一层均匀的氧化薄膜，到一定程度后可起保护作用，防止氧对铁的继续氧化，这个过程叫钝化。如果没有应力作用，就不会发生腐蚀破坏，但是如果有应力作用，特别是残余应力叠加或存在应力集中部位，就会产生局部滑移，形成滑移台阶面，破坏保护膜，露出新的金属表面。由于滑移台阶附近的滑移带中堆积了大量位错，甚至伴随着孔洞、少量合金元素原子和各杂质原子在滑移带上析出等，而使滑移台阶处金属活化，加速化学溶解，并形成电化学腐蚀的阳极，保护膜未破坏区则成为阴极。在发生表面滑移的阳极溶解时放出的电子直接流入阴极，被电解质中的H^+所吸收而成为H，这样促使电子不断流动，加快腐蚀速度，就造成吸氢腐蚀。

（5）应力腐蚀裂纹形貌特征 大尺寸的应力腐蚀裂纹在目视检查中肉眼可见，而较细小的应力腐蚀裂纹可通过磁粉探伤或渗透探伤发现，发现更微小的应力腐蚀裂纹需要采用金相检验方法，至于断口的形态，则需要采用电子显微镜才能观察到。

由焊缝表面或由射线探伤底片上观察，裂纹可能呈断续存在，近似横向居多。应力腐蚀裂纹多呈网状开裂，这是与其他类型裂纹的明显差异。

从断面金相看，应力腐蚀裂纹形态犹如树木根须，由表面向金属内部纵深发展，细长而带有分枝是其典型特征。

从断口观察，断口处仍保持金属光泽，有典型的人字纹失稳扩展的脆性断口特征，是沿晶和穿晶混合型断裂。断口上常附有各种腐蚀产物，扫描电子显微镜可以观察到次生裂纹和河流花样、羽毛状、台阶及扇形花样等各种形态。

（6）石油化工中常见的几种应力腐蚀

① 硫化氢对碳钢与低合金钢的应力腐蚀。采油、输油、炼油、石油化工、液化石油气、城市煤气等设备与管道中，所储运或加工的介质内均含有不同浓度的H_2S成分。H_2S对碳钢和低合金钢产生两种腐蚀情况。一种是在非电解质中的化学腐蚀，产生一层比较均匀的腐蚀层，疏松地覆于表面。另一种则是在潮湿环境中H_2S对钢材产生应力腐蚀。

在200℃、500℃的温度范围内，H_2S对钢的腐蚀产物是疏松易脱落的膜，脱落时会沿缝隙进行腐蚀，在拉应力作用下就会导致出现器壁上的应力腐蚀裂纹。更多的是在常温下潮湿硫化氢也会对钢材产生应力腐蚀。球罐中的应力腐蚀裂纹带有一定的规律性。一般是沿内壁赤道带环焊缝发生，纵缝上的少于环缝上的。这主要与球壳板装配先后次序所形成的装配应力有关。应力腐蚀裂纹发生在焊缝处也说明残余应力和焊缝处组织硬度增高脆性增加的影响。焊缝中应力腐蚀裂纹以横向裂开的为最多，因为这个方向受的焊接残余应力最大。

强度级别高的钢材容易形成硫化氢的应力腐蚀开裂。金相组织状态的影响相当重要，显微结构抗湿硫化氢应力腐蚀递减能力的顺序是：铁素体中球形碳化物组织—完全淬火和回火组织—正火和回火组织—正火组织—淬火后回火的网状马氏体组织或贝氏体组织。

② 奥氏体不锈钢的应力腐蚀。奥氏体不锈钢在许多介质中有耐均匀腐蚀的能力，但易发生孔蚀。而危害性最大、机会更多的则是应力腐蚀。其原因在于氯离子可以使不锈钢表面的钝化膜遭到破坏，暴露在溶液中的新鲜表面不断被腐蚀。如果奥氏体不锈钢中的含碳量偏高时，在焊缝区经敏化温度时 $Cr_{23}C_6$ 向晶界析出，出现贫铬带。在氯离子作用下就会沿晶界形成应力腐蚀开裂。奥氏体不锈钢在低温下的应力腐蚀裂纹常常是穿晶裂纹。

防止奥氏体不锈钢发生应力腐蚀的基本方法有：采用低碳与超低碳型的奥氏体不锈钢；尽量避免敏化温度；消除残余应力。除了以上方法外，目前还发展了一些新型的耐氯化物应力腐蚀的不锈钢材料，大致有三个方向：增加 Ni 含量至 45%以上，并控制钢中 P、N、Mo 杂质含量，成为高纯 Cr-Ni 不锈钢，这类钢材适用于高浓度氯化物介质；发展极低 C、N 含量的超纯铁素体不锈钢；采用新型的铁素体-奥氏体型双相不锈钢。

③ 钢在液氨中的应力腐蚀。储存与运输无水液氨的容器，包括大型球罐和卧式贮罐，国内外都发生过许多应力腐蚀失效事件。这类容器一般采用碳素钢和低合金钢制造，在其使用过程中大多含有应力腐蚀裂纹。如果钢材强度较低，在操作之前应进行消除残余应力，或者在接近大气压并接近－33℃操作时，应力腐蚀危险性降至最低。曾有人建议，水是一种很好的液氨应力腐蚀抑制剂，当液氨中加入少量水，浓度达到 0.1%～0.25%就可以使应力腐蚀开裂不再发生。这对冷冻用的液氨储罐很有意义。

液氨引起的应力腐蚀裂纹扩展途径是混合型的，既有穿晶型的，又有沿晶型的。如果在役液氨储罐发现应力腐蚀裂纹之后，除了进行返修补焊并进行消除残余应力处理之外，还可以采用特殊的表面喷涂处理，可有效地防止应力腐蚀的发生。

④ 在碱溶液中的应力腐蚀破裂。碳钢和低合金钢在苛性钠溶液中的应力腐蚀的机理，目前看法还不大一致。多数认为是阳极溶解引起的。碳钢在高温下与水蒸气产生化学反应：

$$3Fe+4H_2O \longrightarrow Fe_3O_4+4H_2$$

反应过程中，氢氧化钠起着催化作用，其过程是：

$$3Fe+7NaOH \longrightarrow Na_3FeO_3+2Na_2FeO_2+7H$$

$$Na_3FeO_3+2Na_2FeO_2+4H_2O \longrightarrow Fe_3O_4+7NaOH+H$$

$$3Fe+4H_2O \longrightarrow Fe_3O_4+4H_2$$

反应产生的 Fe_3O_4 覆盖在钢的表面，形成一层保护膜。但是在局部区域，过高的应力使这层保护膜遭到破坏，也可以是由于氢氧化钠在表面的富集，使 Fe_3O_4 被溶解，或是其联合作用，在金属表面形成初始的腐蚀——机械性裂纹。这种裂纹一经形成，进一步促使氢氧化钠在裂缝内富集，从而产生电化学腐蚀。由于稀碱溶液可以使钢钝化，加上 Fe_3O_4 的覆盖作用，金属表面及裂纹表面就成为腐蚀的大阴极，而在裂缝内的浓碱溶液能溶解 Fe_3O_4，所以裂纹的尖端区域成为小阳极。再加上拉伸应力的作用，一方面阻止在裂纹尖端区域内形成保护膜，另一方面又造成高度的应力集中，使裂纹得到迅速扩展，最后导致构件断裂。在制碱、纤维、石油化工等使用苛性碱的设备中，经常发生这种开裂事故。

⑤ 在 $CO-CO_2-H_2O$ 环境中的应力腐蚀开裂。在合成氨、制氢的脱碳系统、煤气系统、有机合成及石油气等含 $CO-CO_2-H_2O$ 的部位，曾经常发生破损事故。

碳钢、低合金钢在 $CO-CO_2-H_2O$ 环境中发生应力腐蚀的机理：CO_2 溶解于水生成碳酸，使 pH 值降低至 3.3。在该条件下通入 CO 气体，CO 吸附在金属表面而起到缓蚀剂的作用，阻止了因碳酸引起的钢的全面腐蚀。这时候，若加载应力，由于滑移而在表面生成台阶，露出新生面，金属开始溶解此新生面为阳极，其周围的 CO 吸附层为阴极，而使开裂发生。

⑥ 连多硫酸溶液中的应力腐蚀开裂。在油品加氢精制或其他含 H_2S 系统中，奥氏体不锈钢表面会生成硫化铁。当设备表面降温或停工冷却到室温时，硫化铁与水分和空气相接触，生成连多硫酸（$H_2S_xO_6$，$x=3$、4、5）。

即发生下列反应：

$$8FeS+11O_2+2H_2O \longrightarrow 4Fe_2O_3+2H_2S_4O_6$$

不锈钢在使用过程中，发生敏化的部分，或者在制造设备的过程中发生敏化的部分，其晶界上会形成贫铬区。在这种状态下，若遇到上述生成的酸，就会发生沿晶应力腐蚀开裂。可以认为，此沿晶应力腐蚀开裂的机理是贫铬区阳极溶解，阴极反应是连多硫酸的还原而引起的。

9.2.4.4 在用压力容器应力腐蚀倾向的预测与检验

在用压力容器检验中，应在两个阶段对容器应力腐蚀倾向分别做出预测。一是资料审查阶段，根据资料情况预测应力腐蚀倾向，制定有针对性的检验方案，选择适当的检测项目、方法和技术；二是在用压力容器检验中间阶段，根据前期检测结果进一步分析应力腐蚀发生的可能性，或对发现的裂纹判断是否属应力腐蚀，考虑是否需要采用新的检验项目和方法，增加检测比例和部位，以便确定应力腐蚀发生区域、程度，做出正确的检验结论。

审查资料预测应力腐蚀倾向时，应特别注意以下四个方面：

① 介质情况。介质的特征、浓度、温度和压力是否属于应力腐蚀易发生环境，有害杂质的控制情况、浓度和持续时间。

② 材料情况。根据介质情况判断选材是否合理，所用金属材料种类、强度级别，在使用环境中考虑发生应力腐蚀的可能性。

③ 热处理情况。在应力腐蚀环境中使用的压力容器，制造时是否进行了热处理，是局部整体热处理、整体热处理，还是炉内整体热处理。

④ 以往检验中是否发现过应力腐蚀。

9.3 刚度失效

刚度即构件在外力作用下保持原来形状的能力。足够的刚度可以保证在载荷作用下，构件不发生过大的变形，若刚度不足就会出现过大的变形，因此有些构件的尺寸往往决定于刚度。

容器发生过量弹性变形，在外力作用下的物体发生变形的程度超出弹性变形的范围进入塑性形变，导致运输、安装困难或丧失正常工作能力的现象称为容器的刚度失效。刚度失效一般不会引起灾害性后果，但会使容器丧失正常的功能。如法兰环由于刚度的不足变形，可能导致设备泄漏。

9.4 失稳失效

在载荷作用下，容器突然失去其原有的规则几何形状而引起的失效，导致丧失工作能力，这种情况称为失稳失效。如压杆受轴向压力后，由于以下原因会导致失稳失效：杆轴线本身不直；加载偏心；压杆材质不均匀；微风吹等外界干扰力。

外压容器存在失稳失效的可能，作用在压力容器上的外压达到一定数值时，壳体突然失去原来的形状被压瘪或出现波纹，这种现象称为外压容器的失稳。外压圆筒抵抗失稳的能力，称为该圆筒的稳定性。还有轴向受压失稳，封头过渡角失稳等。

9.5 泄漏失效

泄漏失效是容器的各种接口密封面失效或容器壁面出现穿透性裂纹发生泄漏而引起的失效。泄漏失效是压力容器及管道最常见的失效形式。容器发生少量泄漏时，较易被发现，故一般情况下危害不大。但若介质为易燃、易爆及有毒介质时，泄漏容易引发燃烧、爆炸和中毒事故，并可能造成严重的环境污染。因此，对易燃、易爆及有毒危害化学品的泄漏预防十分重要。

压力容器泄漏的可能原因有很多，例如受压部件因异常原因产生裂纹、胀接管口松动、器壁局部腐蚀减薄导致穿孔、密封面变形过大导致泄漏等，必须依据具体工况具体分析。压力容器最为常见的泄漏部位是螺纹、法兰等零部件的密封接头处，尤其是法兰密封面。

课后练习

1. 填空题

（1）常见的失效形式有________、________、________、________。

（2）强度失效是压力容器最主要的失效形式，主要包括________、________、________、________、________。

（3）断口出现四个明显的区域：原始缺陷区、起裂后稳定扩展过程区（也是纤维区）、快速撕裂的放射纹及人字纹区、接近内外壁表面的边缘剪切唇区，则该断口极可能是________。

2. 简答题

（1）简述什么是失效与破坏，以及二者的联系。

（2）断口记录了金属断裂时的全过程，即裂纹的产生、扩展直至断开，因此断口分析在断裂失效分析中占据着特殊重要的地位，试述如何进行断口分析。

（3）试述韧性破坏的特征。

IV 检测篇

案例导读

大国重器："神舟"返回舱与"蛟龙"号深潜器

从易拉罐、高压锅到万吨巨轮、深水潜艇、喷气飞机、导弹，甚至"神舟"飞船返回舱等航天设备，都属于压力容器。压力容器在承压状态下工作，并且所处理的介质多为高温或易燃易爆物质，危险性极高，因此世界各国均将压力容器作为特种设备予以强制性管理。

"神舟"返回舱是"神舟"飞船航天员往返太空时乘坐的舱段，为密闭结构，前端有舱门。返回舱承载了宇航员及大量的精密试验仪器，其成功回收是载人航天工程中至关重要的一个环节。与飞船其他载人舱段一样，返回舱有很高的密封性。但与轨道舱不同的是，返回舱在高温、高压作用下仍需保证气密性。返回舱和推进舱脱离后，返回舱返回，推进舱焚毁，轨道舱将继续在轨道上停留。神舟返回舱的设计考虑了极端的环境条件，如高速再入大气层时的高温，因此其材料和结构必须能够承受极高的温度和压力。返回舱的底部有隔热板用于抵御直接进入大气时的高温，并且由于返回舱不是纯粹的球体，在重返大气层时仍然可以获得一定的气动升力，产生减速的功能。相比之下，常见压力容器虽然也需要承受一定的压力，但其结构和材料的要求远不及返回舱严格。

"蛟龙"号潜水器是一种专门设计用于深海探索的载人潜水器，其最大设计下潜深度超过 7000m，主要用于科学研究、资源勘探等深海活动。由于深海环境的极端压力和黑暗，"蛟龙"号需要具备极高的抗压能力和稳定性，以确保科研人员和设备的安全。在材料选择上，"蛟龙"号潜水器使用了高强度的特殊材料，以抵抗深海的极端压力。这种材料需要能够承受巨大的内外压力差，同时保持结构的稳定性和安全性。相比之下，常见压力容器通常用于工业或日常生活中，面对的压力环境远不及深海环境。因此它们的结构和材料选择不需要像"蛟龙"号那样考虑极端的深海压力和黑暗环境的影响。

守卫国之重器安全的是一批"特检医生"，他们是负责对设备进行无损检测的检验员和工程师，需要在不损伤设备的前提下对设备进行检测，除了现场检测外，还要负责检测前检测工艺的制定、检测仪器及检测用试剂的选择，确保整个检测工艺参数、仪器设备等能够满足航天舱、潜水器所用特殊材料的要求，不能对航天舱、潜水器有任何伤害。使用无损检测技术可以通过对承压设备结构、材料和部件进行检测，找出潜在的缺陷和损伤，从而提供有关承压设备可靠性和安全性的重要信息。这有助于保障承压设备的可靠运行，减少风险。其中超声波检测、磁粉检测、涡流检测等无损检测技术都有广泛的应用，可以帮助工程师识别和评估承压设备的结构和材料的完整性。因此，无损检测技术在承压设备检维修中的重要性不容忽视。

第10章 承压设备的检验

10.1 检验的内容

10.1.1 外部检验

对在役承压设备的外部检验，是衡量其能否继续安全运行的重要指标，包括对其安全装置、仪表、管道、阀门以及其他附属设备进行校验和检查。

年度检验是对运行中的承压设备所实行的每年一次的检验，它存在以下这些优点：

① 较高的检验频次是其优点，有利于及时发现设备的缺陷和存在的问题；

② 检验时设备不需停止运行，所以对生产不会产生太大的影响；

③ 运行状态下会使一些问题更充分地暴露，因而有利于检出。

不同于维护人员的日常巡检，年度检验由承压设备检验专业人员完成，拥有更为全面的检验内容，对问题的处理也更加稳妥。但考虑到年度检验时设备不停止运行，检验人员无法进入设备内部，直接观测受限，很多检测方法也无法运用，所以获取的信息有限，年度检验后无法对承压设备具体的安全状况等级进行评定，只能够提出允许运行、监督允许或暂停运行的相关意见。

承压设备的年度检验的内容包括对压力容器安全管理检查、压力容器本体及运行检查和压力容器安全附件检查等。检验方法以宏观检查为主，必要时进行测厚、壁温检查和腐蚀介质含量测定、真空度测试等。

10.1.2 内外部检验

内外部检验主要是为了全面检查出承压设备经长期运行可能产生的一切缺陷，例如腐蚀、裂纹和变形。

（1）**腐蚀** 腐蚀一般可分为电化学腐蚀和化学腐蚀，是由于金属材料与周围介质发生化学和电化学反应的结果。锅炉元件上比较常见的腐蚀部位有：锅炉外部；长期漏水、漏气的部位；容易积存烟灰、炉渣处；锅炉内水位线附近；水位线以上存气空间的死角；水位线以下循环迟钝或积存泥垢较多处；受热面积有水垢处等。检查压力容器易被腐蚀的部位有容器的内壁面、外壁面，防腐层和镀层等。

（2）裂纹 裂纹是导致承压设备发生脆性破裂、疲劳破裂和腐蚀断裂的主要原因，因此它是设备中最危险的一种缺陷，一般承压设备上最容易产生裂纹的地方是焊缝和焊接热影响区以及局部应力过高处，在国内外发生的许多承压设备事故中，大部分都与裂纹有关。

按照承压设备中裂纹生成的过程，可大致将其分为原材料或设备制造中产生的裂纹和使用过程中产生或扩展的裂纹两大类。前者包括钢板的轧制裂缝、容器的拔制裂纹、焊接裂纹和消除应力热处理裂纹，而后者则包含疲劳裂纹和应力腐蚀裂纹。

（3）变形 简单来说，变形在物理学上是指物体受外力作用而产生体积或形状的改变，而具体到承压设备的变形，一般可以表现为局部凹陷、鼓包、整体扁瘪和整体膨胀等几种形式。

10.1.3 全面检验

全面检验是承压设备定期检验最重要的内容，其除了需要作内外部检验的全部项目外，还应作焊缝无损检测和耐压试验。在全面检验期间，检验人员可以进入设备内进行检验，例如凭借肉眼观察或用仪器检测设备内表面是否存在缺陷，同时，方便运用各种检测检验方式以获取更加准确的信息，从而为评定承压设备安全状况等级提供充分的依据。

但是，全面检验也存在其局限性。全面检验时必须停产，其代价很大，且现场准备和检验的工作量影响成本，如果选择检验项目过多、比例过大，将延误进度、浪费时间、增大成本，是不可取的。反之，如果选择检验项目过少、比例过小，通过检验得到的信息不充分，不能准确判断承压设备安全状况，甚至导致缺陷漏检，留下事故隐患，则更是不可行的。因此，需要配备有经验、预测判断能力较强的检测人员，并且必须对承压设备的定期检验制作出科学的检验方案，保证全面检验的合理性。

具体到全面检验的方法，以宏观检查、壁厚测定、表面无损检测为主，必要时可采用以下的检验方法：超声检测、射线检测、硬度测定、金相检验、化学分析或光谱分析、涡流检测、强度校核或应力测定、气密性试验、声发射检测以及其他检测试验方法。

拓展阅读

新型电磁超声波爬壁检测技术在保障储罐安全上的应用

在石油化工行业，储罐作为储存易燃易爆高危介质的关键设备，其结构完整性直接关系到生产安全与生态环境。因此，利用在线检测技术定期对储罐腐蚀状态进行监测尤为重要。传统检测技术在应对复杂工况时存在效率低、检测盲区多等局限，而新型电磁超声波爬壁检测技术（EMAT）凭借独特的技术优势，成为保障储罐安全的“智能卫士”。

该技术基于电磁感应与磁致伸缩效应，无需耦合剂即可在储罐金属壁面激发超声波。检测装置搭载永磁体与电磁线圈，当交变电流通过线圈时，在金属表面感应出涡流，与磁场相互作用产生高频振动，进而激发超声波。简单来说，电磁超声是靠电磁效应（磁致伸缩力、洛伦兹力）发射和接收超声波的，而压电超声换能器是利用压电晶片的压电效应发射和接收超声波的。与传统超声检测需涂抹耦合剂、依赖人工操作不同，这种非接触式检测方式可在储罐带压运行状态下开展作业，显著降低了停产检修成本与安全风险。

检测效率与覆盖范围是该技术的核心优势。通过磁吸附或真空吸附原理，检测装置能够自主攀爬储罐壁面，结合阵列式探头与自动化路径规划系统，可实现储罐焊缝、腐蚀区域的毫米级精度扫描。相比人工逐点检测，其检测速度提升3～5倍，且能通过机器人搭载实现24h连续作业，大幅缩短检测周期。

新型电磁超声波爬壁检测技术具备出色的缺陷识别能力。其发射的超声波可穿透多层金属结构，对内部裂纹、腐蚀坑、焊缝未熔合等缺陷进行三维成像。同时，检测系统集成AI算法，能够自动分析回波信号特征，将缺陷定位误差控制在±1mm以内，为储罐维护提供精准数据支撑。

随着技术的不断迭代，新型电磁超声波爬壁检测技术正朝着智能化、微型化的方向发展。未来，该技术有望与物联网结合，实现储罐健康状态的实时监测与预警，为石化行业构建更高效、安全的智能运维体系。

10.1.4 现场检验安全方面的注意事项

承压设备在进行全面检验时，被检设备、检验仪器设备及检验人员的安全是重中之重。检验单位及使用单位都需要充分重视检验中可能存在的安全问题，以周密的安全措施确保检验的安全性，防患于未然。尤其检验员进入容器内部时，一定要保证安全。

（1）隔离注意事项 隔离就是切断承压设备与外系统之间的物料、水、电、气等各个部分的联系，将被检设备与可能存在的危险因素隔绝开来。例如用拥有足够强度的盲板（以防被外管路中的介质压力破坏）隔断管路，隔断位置要明确标示出来，而不能单单依靠阀门。切断与设备有关的电源后，应挂上严禁送电的明显标志。

（2）气体安全分析注意事项 容器内部气体成分的安全分析指标主要有：

① 易燃气体含量分析。爆炸下限>4%（体积比）的易燃气体的容器内空间合格浓度应<0.5%；爆炸下限<4%的容器内空间合格浓度应<0.4%。

② 氧含量的分析。容器内部空间的气体含氧量应在18%～23%（体积比例）。容器内气体含氧量应不超过23%，必须注意，氧含量过高有助燃作用会引起火灾。

③ 有毒气体含量分析。

④ 在承压设备内有多种毒物存在的情况下，应考虑毒物的共同作用问题。

（3）用电注意事项 应使用12V或24V的低压防爆灯或手电筒在容器内进行照明。必须对电源超过36V的检测仪器和维修工具采用绝缘良好、接地可靠的胶皮护套软线。

（4）动火注意事项 例如焊接与切割、电钻钻孔、砂轮打磨等动火作业，必须在得到相关安全部门的许可后，才能继续作业。此外，任何火种都不能进入高度防火区域。

（5）其他注意事项

① 在对大型设备进行检验时，应设有多条安全通道，容器上、下部人孔都要打开；

② 进入设备检查必须保证空气的流畅，一般情况下应保证自然通风，必要时应强制通风；

③ 被检设备外必须设有专门人员监护设备内部的检验人员；

④ 进行射线探伤时，必须采取可靠的屏蔽措施，做好辐射安全防护；

⑤ 不得在升、卸压过程中进行耐压试验和气密试验；

⑥ 做易燃介质容器气密性试验时，应选择以氮气作为试验介质；

⑦ 应戴安全帽、穿工作服进入检验现场，工作服应为化纤材质，不可穿打滑或带铁钉的鞋，登高作业要系安全带。

10.2 检验周期

承压设备的检验周期一般来说是由企业根据实际情况（例如设备的制造和安装质量、使用条件、维护保养情况）自行决定的，但至少每年做一次外部检验，每三年做一次内外部检验，每六年进行一次全面检验。

根据不同情况检验周期应缩短或延长，如容器中的介质具有强腐蚀性且在运行中出现严重缺陷，则内部检验的周期应缩短为一年一次；非金属衬里的容器，其衬里完好，外壳也无任何损破，全面检验周期可适当延长，但最长不得超过八年。

对于例外情况的检验周期，压力容器停止使用满两年以上，需要恢复使用，或由外单位拆卸调入企业将安装的压力容器，或检修和改造中主要承压元件改动使强度受到影响以及内衬更换的容器在投入使用前，都应做内部检验，必要时进行全面检验。

下面依次对锅炉、压力容器（气瓶、液化石油气汽车槽车）以及压力管道的检验周期进行介绍。

10.2.1 锅炉的检验周期

锅炉应每年至少停炉一次，对锅炉进行内外部检验，水压试验约每六年进行一次。设备状态和管理工作良好的锅炉，经劳动部门同意后可每两年作一次内外部检验。对于存在以下情况的锅炉，在投入运行前应进行内外部检验和水压试验：

① 新装、移装或停运一年以上的锅炉。

② 承压元件经重大维修或改造过的，强度可能受到影响的锅炉。

10.2.2 压力容器的定期检验周期

气瓶的检验周期一般为 2～5 年，具体检验周期视盛装介质的腐蚀性而定，具体划分情况如下：

① 检验周期 2 年：氯、氨、二氧化硫、硫化氢、氟化氢等腐蚀性介质的气瓶；

② 检验周期 3 年：压缩空气、氧气、二氧化碳、氮气等一般气体的气瓶；

③ 检验周期 5 年：氦、氖、氩、氪、氙等惰性气体的气瓶。

液化石油气汽车槽车的内外部检验周期应为一年一次，全面检验的周期应为五年一次。新槽车投入使用后的第二年必须进行首次全面检验。如果在年度检验中发现严重缺陷，应提前进行全面检验。

10.2.3 压力管道的定期检验

压力管道的定期检验具体可分为工业管道、公用管道以及长输管道的定期检验。

（1）工业管道定期检验 根据《在用工业管道定期检验规程》，工业管道定期检验分为在线检验和全面检验两类。

① 在线检验：使用单位在运行条件下进行的检验，使用单位根据具体情况制定检验计划和方案，每年至少检验一次。在线检验由使用单位进行，也可委托具有管道检验资格的单位进行。

② 全面检验：按一定的检验周期，在用工业管道停车期间进行的较为全面的检验。该项检验必须由具有管道检验资格的单位进行。

工业管道定期检验结论分为 4 个安全状况等级：1～4 级。安全状况等级为 1 级和 2 级的，在用工业管道检验周期一般不超过 6 年；安全状况等级为 3 级的，检验周期一般不超过 3 年；安全状况等级为 4 级的，应判废。

中国石油化工总公司修订的 SHS 01005—2004《工业管道维护检修规程》，石化企业压力管道的定期检验分外部检验和全面检验。外部检验：每年一次，在停车时进行；全面检验：Ⅰ、Ⅱ、Ⅲ类管道 3～6 年一次。

《冶金工业压力管道管理若干规定》（2008 年版）中规定，压力管道必须定期进行无损检测方面的金属监督，特别是中温中压、易燃易爆和有毒介质的管道，压力大于 0.3MPa 的管道应与主体设备或管道的大中修同时进行无损检测的金属监督。

（2）公用管道定期检验 公用管道主要包括城镇燃气管道和热力管道，其特点是基本埋设在地下，有时甚至在道路下或穿过公路，其特点是轻易不能开挖，且管道有不易去除的防腐层和保温夹套。因此，公用管道广泛采用不开挖检验，包括管道定位、泄漏和防腐层检测、管道内检测等。目前尚无有关公用管道检验的技术规范，可参考工业管道的管理，建立巡线检查制度进行定期检验，检验周期一般不应超过 6 年。

（3）长输管道定期检验 SY/T 6186—2020《石油天然气管道安全规范》规定，管道定期检验可以采用基于风险的检验（RBI），承担基于风险的检验机构需取得基于风险的检验资质。对未按期进行检验的管道，运营单位应采取有效监控与应急管理措施。

10.3 检验方法

直观检查、量具检验和无损检测等是对承压设备进行内外部检验常用的检验方法。

10.3.1 直观检查

直观检查主要是运用检验人员的感觉器官，对设备的内外表面情况进行检验，对其存在缺陷的情况进行判别分析。肉眼检查是最为常用的一种直观检查的方式，即用肉眼直接观察设备或部件的表面情况，检查其是否有局部磨损的深沟、腐蚀深坑或斑点（用肉眼检查有怀疑的地方还可以用放大镜进一步检查），主要从以下几个方面进行观察：

① 壳体有无凹陷、鼓包等局部变形；

② 内外壁的防腐层或衬里是否完好；

③ 金属表面有无明显的重皮折叠或裂纹等缺陷。

直观检查方法不但可以直接发现较为明显的容器表面缺陷，而且对运用其他方法作进一步的详细检查也可以提供依据。不过，这种方法的检验效果相对较为考验检验人员的经验和熟练程度，需要在实践中不断进行摸索和总结。

10.3.2 量具检验

量具检验是根据实际情况，使用各种不同的工具对设备的内外表面直接进行测量，以检验设备存在的缺陷及其严重程度。常用的量具检验方法如下：

① 用平直尺或弧形样板紧靠容器的表面，测量检验容器部件的平直度或弧度，以确定它在轴间或周间的变形程度；

② 用测深卡尺直接测量被磨损的沟槽或腐蚀深坑的深度，以确定容器表面的磨损或局部腐蚀的严重程度等；

③ 在容器金属壁发生均匀腐蚀、片状腐蚀或密集斑点腐蚀时，并且在直接用测深卡尺难以测出器壁的腐蚀深度的情况下，过去经常用钻孔检查法来测量剩余壁厚及确定其腐蚀深度。但是用钻孔检查法检查测量容器的剩余壁厚比较麻烦，也影响容器的外形完整美观，除特殊情况外，目前已很少被采用，而被其他无损检测方法所代替。

10.3.3 无损检测

无损检测就是在不损坏被检对象的前提下，运用各种方法探测试件内部或表面的结构异常及所存在的缺陷，并且这些缺陷往往都是用直观检查或量具检验所不能发现或确认的。无损检测的方法很多，目前主流的无损检测方法有射线检测、超声波检测、磁粉检测、渗透检测、声发射检测、涡流检测等，在本书第 11 章将会对无损检测展开介绍。

10.4 气密性试验

气密性试验又称致密性试验，是用气体介质在设计压力下进行检漏试验以检查容器各连接部位的密封性。

（1）气密性试验方法 气密性试验只有在耐压试验合格后才能进行，通常采用如下三种方法：

① 在焊缝、法兰连接处等部位用重量比为10%的肥皂水进行涂抹，检验是否存在泄漏。

② 沉水检查：在规定的气密性试验压力下，将气瓶或容积不大的容器小心放入水中，观察有无水泡出现，以判断容器是否严密。

③ 在试验的空气中加入 1%的氨气，在容器外壁焊缝等部位贴上经过处理的纸条或绷带，观察有无颜色变化以检漏。一般用 5%的硝酸汞溶液或酚酞试剂浸润纸条或绷带。若含氨空气泄漏，前者会在纸条或绷带上呈现黑色，后者则为红色斑点。

对有特殊要求的设备，可用氦作渗漏试验，介质用氦气，检查时用氦检漏仪。

此外，致密性试验还有其他两种方法可供参考：

① 在试验介质中加入 1%（体积分数）的氨气，用 5%硝酸汞溶液浸过的纸带覆盖住被检查部位表面，对于不致密的地方，氨气就会透过而使纸带的相应部位形成黑色的痕迹。此法灵敏度较高。

② 在试验介质中充入氦气，如果有不致密的地方，就可利用氦气检漏仪在被检查部位表面检测出氦气。目前的氦气检漏仪可以发现气体中含有千万分之一的氦气存在。

（2）需要进行气密试验的容器 通常下列容器需要进行气密性试验：

① 储存介质毒性程度为极度、高度危害的容器；

② 图样规定必须进行气密试验的容器。对设计图样要求作气压试验的压力容器，气压试验后一般不需要再作气密性试验；

③ 设计上不允许有微量泄漏的压力容器。

（3）**气密性试验条件**

① 气密性试验压力：

$$p_T = \eta p = 1.00p \tag{10-1}$$

式中 p_T——气密性试验压力，MPa；

p——压力容器的设计压力（对在用压力容器为最高工作压力），MPa。

② 气密性试验温度：对碳素钢和低合金钢制压力容器，其试验用气体的温度应不低于5℃，其他材料制压力容器按设计图样规定。

③ 气密性试验升压检查程序：压力应缓慢升至试验压力后，保压 10min，然后降至设计压力，对试验系统和容器的所有焊缝和连接部位进行泄漏检查，确认无泄漏即为合格。试验完毕后开启放空阀，缓慢卸压至零。

④ 气密性试验要求：气密试验时，容器上的全部安全装置和阀门等应装配齐全。如果因故未装配齐全时，应在试验报告上注明。

（4）容器补强圈气密性试验 容器上开孔补强圈的气密试验，必须在容器耐压试验之前进行，不允许先进行耐压试验，而后再装焊补强圈的做法，以防因开孔削弱而使容器在耐压试验中过载损坏。补强圈气密试验的压力为 0.4～0.5MPa，通常涂刷肥皂水进行检查。

10.5 耐压试验

耐压试验是检验设备的整体强度和致密性的一种重要试验方法，也是承压设备定期检验的主要项目之一。绝大多数承压设备进行耐压试验时用水作为介质，故常把耐压试验叫作水压试验。耐压试验对承压设备来说是一次超压，试验时存在一定的危险性，尤其是以气体作试验介质时危险性更大，因此，充足的准备工作是确保试验的安全性的首要条件。

10.5.1 耐压试验的作用

承压设备的耐压试验是一种采用静态超载方法验证设备整体强度的，对设备质量进行综合性考核的试验。耐压试验可以防止带有严重问题或缺陷的容器投入使用。作为承压设备产品竣工验收必需的试验项目，耐压试验合格是产品出厂的前提条件。

承压设备经长时间使用后，可能会发生材质劣化、壁厚减薄、原有缺陷扩展、新缺陷产生等情况，此时需要判断承压设备能否在工艺要求的工作压力下正常运行。耐压试验的作用是其他检验方法难以替代的，具体优点如下所述：

① 使设备存在的某些缺陷因过载而及时暴露，在试验压力下产生明显的塑性变形或破裂；

② 改变设备的应力分布和改善缺陷处的应力状况。

10.5.2 耐压试验条件

10.5.2.1 耐压试验介质

耐压试验常根据使用的介质种类不同，可分为液压试验和气压试验，考虑到容器在试验压力下有很大可能发生破裂，因此常采用卸压时释放能量较小的介质作为试验介质。

① 液压试验：容器耐压试验时常采用液体（水、油）作为试验介质，即液压试验。一

般情况下常以水作为介质进行液压试验，其所用的水必须是洁净的。当某些特殊情况下无法使用水作为介质进行试验时，可采用不会导致危险的其他种类液体。另外需要注意的是，当采用可燃性液体进行液压试验时，试验温度必须低于可燃性液体的闪点，试验场地附近不得有火源，且应配备适用的消防器材。

② 气压试验：气压试验应选择干燥洁净的空气、氮气或其他惰性气体作为试验介质。必须对介质具有易燃特性的在役承压设备进行彻底的清洗和置换，否则严禁用空气作为试验介质。考虑到气体的爆炸能量比水大数百倍甚至数万倍，所以气压试验的危险性比液压试验高得多，因此对于设计采用气压试验的压力容器，需要其对接焊接接头进行100%射线或超声波检测，现场安全措施也较液压试验更多。

10.5.2.2 耐压试验温度

耐压试验介质的温度绝不容许低于设备材料的脆性转变温度，以防发生脆性破裂事故。用液体作试验介质，为了防止试验时在器壁外结露，妨碍检漏工作，液体温度不得低于大气露点；但液体温度也不能过高，当试验介质为油类易燃物质时不应高于它的闪点；介质是水时温度过高泄漏的水易挥发，也使检漏不便。

10.5.2.3 耐压试验压力

（1）内压容器

① 内压容器耐压试验的压力应符合设计图样要求，且不小于表10-1的规定。

② 对不是按内压强度计算公式决定壁厚的压力容器（如考虑稳定性等因素设计的），应适当提高耐压试验压力。

③ 对设计温度（壁温）≥200℃的钢制压力容器或大于等于150℃的有色金属制压力容器，耐压试验压力 p'_T 按下式计算：

$$p'_T=p_T[\sigma]/[\sigma]_t=\eta p[\sigma]/[\sigma]_t \tag{10-2}$$

式中 p——压力容器的设计压力（对在用压力容器为最高工作压力），MPa；

p'_T——设计温度下的耐压试验压力，MPa；

p_T——试验温度下的耐压试验压力，MPa；

η——耐压试验压力系数；

$[\sigma]$——试验温度下材料的许用应力，MPa；

$[\sigma]_t$——设计温度下材料的许用应力，MPa。

表10-1 压力容器耐压试验压力

压力容器型式	压力容器材料	压力等级	耐压试验压力($p_T=\eta p$)/MPa	
			液(水)压	气压
固定式	钢和有色金属	低压	1.25p	1.15p
		中压	1.25p	1.15p
		高压	1.25p	
	铸铁		2.00p	
	搪玻璃		1.25p	1.15p
移动式		中低压	1.5p	1.15p

注：钢制低压压力容器耐压试验压力取1.25p和（p+0.1）二者中较大值。

（2）**外压容器和真空容器**

① 液压试验压力。外压容器和真空容器按内压容器进行液压试验，试验压力 p_T 按下式确定：

$$p_T = 1.25p \tag{10-3}$$

式中　p——设计外压力，MPa。

② 气压试验压力。外压容器和真空容器按内压容器进行气压试验，试验压力 p_T 按下式确定：

$$p_T = 1.15p \tag{10-4}$$

式中　p——设计外压力，MPa。

（3）**夹套容器液压试验压力**　对于带夹套的容器，应在图样上分别注明内筒和夹套的试验压力。

① 内筒：当内筒设计压力为正值时，按内压容器确定试验压力；当内筒设计压力为负值时，按外压容器规定进行液压试验。

② 夹套：夹套内的试验压力按内压容器计算公式确定，在确定了试验压力后，必须校核内筒在该试验外压力作用下的稳定性。如不能满足稳定性要求，则应规定在作夹套液压试验时，必须同时在内筒内保持一定压力，以使整个试验过程（包括升压、保压和卸压）中的任一时间内，夹套和内筒的压力差不超过设计压差。图样上应注明这一要求，以及试验压力和允许压差。

（4）**立式容器**　因为立式容器在进行液压试验时，其底部除承受液压试验时的压力载荷外，还要承受整个容器充满液体时的重量载荷，二者的共同作用，有可能使容器底部所产生的应力超过应力校核的允许值，此时，则应适当增加底部的器壁厚度。如果立式容器卧置进行液压试验，为了使与立置试验时底部承受的载荷相同，其试验压力值应为立置时的试验压力加上液柱静压力。

10.5.3　压力试验时应力校核

压力试验时，圆筒的薄膜应力按下式计算：

$$\sigma_T = \frac{p_T(D_i + \delta_e)}{2\delta_e \phi} \tag{10-5}$$

式中　D_i——圆筒的内直径，mm；

p_T——试验压力，MPa；

δ_e——圆筒的有效厚度，mm；

ϕ——圆筒的焊缝系数。

一般情况下，在液压试验时，圆筒的薄膜应力 σ_T 不得超过试验温度下材料屈服点的 90%；在气压试验时，圆筒的薄膜应力 σ_T 不得超过试验温度下材料屈服点的 80%。

10.5.4　耐压试验注意事项

① 承压设备在试验前必须先进行单项检查和总装检查并且通过，然后须将内部的残留物清除干净，尤其是与水接触后能引起设备内壁腐蚀的物质。

② 对生产工艺系统中的在用容器进行试验时，必须用盲板与其相连的设备和管道隔断，且应挂有明显的标志，试验前应认真检查试验系统是否有泄漏。

③ 在用设备试验时，必须首先确定残留介质是否具有易燃易爆特性，在未确定之前，不得采用空气作为试验介质。

④ 试验过程中，如果发现异常响声、压力下降、受压元件明显变形、油漆剥落、安全附件失效、紧固件损坏或试验系统发生故障，压力表指示值不一致等不正常现象时，应立即停止试验，并分析原因。

⑤ 试验系统至少应有两块量程相同并经校验合格的压力表，分别置于承压设备本体上和试验系统的缓冲器上，以便观察压力变化的部位。此外，选用的压力表，必须与承压设备内的介质相适应，压力表盘刻度极限值为最高工作压力的 1.5～3.0 倍，最好选用 2 倍。表盘直径不应小于 100mm。

⑥ 容器内部有压力时，不得对受压元件进行任何维修和紧固螺栓工作，在试验压力下严禁碰撞和敲击试验容器。在确认容器内无压力后方可拆卸试验系统和临时附件。

⑦ 试验中必须关闭位于安全阀与试验容器之间的截止阀。如果安全阀直接安装在试验容器上，则应拆下安全阀，并将安全阀管口用盲板封闭，不允许采用调整螺母以压紧弹簧加载的方法将安全阀压死。

⑧ 同一设备不可多次进行耐压试验。

⑨ 耐压试验场地应设置可靠的安全防护设施，场地周围应有明显的标志，且耐压试验过程中，不得进行与试验无关的工作，无关人员不得在试验现场停留。

⑩ 设备外表面在耐压试验前应始终保持干燥状态，并应提前核查设备的支承结构是否满足灌满水后的承载要求。立式容器卧置进行试验时，还应妥善考虑支承的部位和塔体变形等问题。

课后练习

1. 填空题

(1) 承压设备检验的内容有外部检验、________、________。

(2) 容器内部气体成分的安全分析指标主要有：在承压设备内有多种毒物存在的情况下，应考虑毒物的共同作用问题，________，________以及________。

(3) 承压设备至少________做一次外部检验，________一次内外部检验以及________进行一次全面检验。

2. 简答题

(1) 如果用直观检查法对承压设备进行检验，应该从哪些方面进行观察？

(2) 简述什么是液压试验。

(3) 在进行液压试验时，试验应力校核是必要的一步，试说明应力该如何进行取值。

第 11 章

无损检测

拓展阅读

检测技术创新保障浙石化重大工程项目高质量建设

“一带一路”倡议为浙江打造全球油气交易主体聚集地提供了难得的机遇。为加快经济转型与产业升级，提高国际油气竞争能力，国家批复了浙江绿色石化项目。该项目总投资超3000 亿元，对照国际一流石化基地，从设计到施工、从工艺技术到生产装备的遴选，均参照国际先进标准执行。在承担国家重点建设项目——浙江石油化工有限公司 4000 万吨/年炼化一体化项目的监督检验工作中，浙江省特种设备科学研究院连续 4 年选派技术专家全年无休实施驻岛监督检查，创新运用新型相控阵超声检测技术，为项目高效建设提供了强有力的技术支撑。

监督检查专家在对某公司数百道焊接结构的相控阵超声检测图谱的复查中发现，当时的图谱分辨率极低，存在漏检风险，随即请建设单位委托了第四方检测公司用射线检测进行复检，发现所抽 27 道焊接接头中有 8 道口存在不合格缺陷未检测出。为此，技术专家团队连夜对图谱和复查情况进行了审查，并组织专家组进行了技术分析与反复讨论，最终认定所使用探头能量偏低、图谱分辨率极低，存在极大的风险导致缺陷检出率低，相控阵检测结果的可靠性不足以作为相关管线竣工验收依据。

因此，监督检查专家指导检测单位挑选探头、重新制定检测工艺、培训检测人员，重新进行检测。经过一系列改进举措，该检测单位的检测方法可靠性大大提高，确保了首批项目的顺利投运。后期，监检组积极协助业主、检测公司，从设备的选择、扫查面的打磨、仪器参数的设置、检测系统的设置和校准、扫查速度的确定以及人员培训等方面，深入研究相控阵检测技术，解决了大口径、大壁厚合金钢焊接检测难题，经过比对上千组检测数据，优化相控阵检测工艺，解决新技术与标准不兼容、检测力量薄弱、检测方案不全、压力管道焊接检测困难等问题，助力项目建设规避系统风险，为项目建设的本质安全保驾护航。

目前，该项目已将相控阵超声技术应用于 5 万余道焊口检测，助力缩短建设工期约 20 天，为企业节约检测成本 1000 多万元，间接创造投产效益近 1.5 亿元，同时也为相控阵检测技术在石化行业的应用积累相当珍贵的经验，推动了新技术的长远发展。

无损检测是以不损害被检测对象的使用性能为前提，应用多种物理原理和化学现象，对各种工程材料、零部件、结构件进行有效的检验和测试，借以评价它们的连续性、完整性、完全可靠性及某些物理性能。

11.1 无损检测技术概述

11.1.1 无损检测技术的发展

无损探伤（non-destructive inspection）、无损检测（non-destructive testing）、无损评价（non-destructive evaluation）是无损检测技术发展过程中出现的三个名称。一般认为，这三个名称体现了无损检测技术发展的三个阶段：

① 无损探伤：早期阶段的名称，其含义是探测和发现缺陷。

② 无损检测：当前阶段的名称，其含义不仅是探测缺陷，还包括探测试件的一些其他信息，例如结构、性质、状态等。

③ 无损评价：新发展阶段的名称，它不仅要求发现缺陷，探测试件的结构、性质、状态，还要求获取更全面、更准确、较综合的信息，例如缺陷的形状、尺寸、缺陷部位的组织、残余应力等，结合成像技术、自动化技术、计算机数据分析和处理技术，与材料力学、断裂力学等知识综合应用，对试件或产品的质量和性能给出全面准确的评价。

目前，无损检测技术已在机械制造、石油化工、造船、汽车、航空航天、核能等工业中被普遍采用。现代无损检测技术还应包括计算机数据和图像处理、图像的识别与合成及自动化检测技术。它是一门理论上综合性较强，又非常重视实践环节的很有发展前途的学科，涉及材料的物理性质、产品设计、制造工艺、断裂力学以及有限元计算等诸多方面。无损检测的目的主要有以下几个方面：确保工件或设备的质量，保证其安全运行；改进制造工艺；降低制造成本等。

11.1.2 常规的无损检测方法

无损检测的方法种类多种多样，每种方法都有其最适宜的检测对象和不足之处。一般来说，常规的无损检测方法有以下几种：射线检测（RT）、超声波检测（UT）、磁粉检测（MT）、渗透检测（PT）、声发射检测（AET）、漏磁检测（MFT）、涡流检测（ECT）、超声波衍射时差法（TOFD）等等。

从事承压设备的制造、检验、使用和安装维修等单位的无损检测人员，应根据检测对象按图样要求和国家锅炉压力容器安全监察部门的有关规定确定有效的检测方法。

11.2 射线检测（RT）

射线检测是承压设备无损检测常规方法之一，是目前焊缝检测中最常用、最主要的检测手段。射线检测一般需要 3 个工序过程，即射线通过工件后对胶片进行曝光（拍片）的过程，胶片的暗室处理过程，以及射线底片的评定过程。

11.2.1 射线检测的基本原理

各种射线检测方法的基本原理都是相同的，都是利用射线通过物质时的衰减规律，即当射线通过被检物质时，由于射线与物质的相互作用，发生吸收和散射而衰减。其衰减程度根据其被通过部位的材质、厚度和存在缺陷的性质不同而异。因此，可以通过检测透过被检物体后的射线强度的差异，来判断物体中是否存在缺陷。如图 11-1 所示为射线检测的原理图。

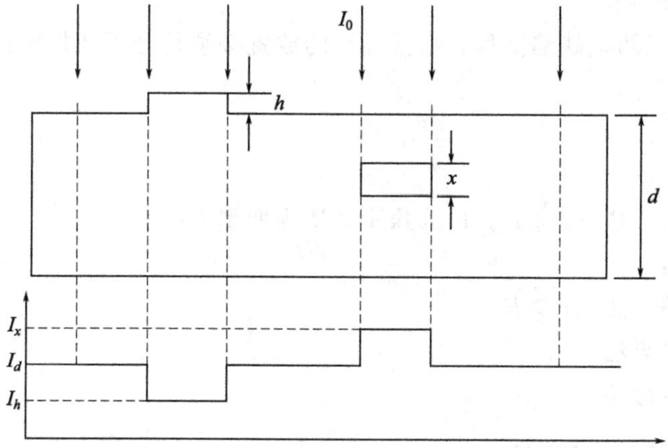

图 11-1　射线检测的原理图

当一束强度为 I_0 的均匀射线通过被检测试件（厚度为 d）后，其强度将衰减为：

$$I_d = I_0 e^{-ud} \tag{11-1}$$

式中，u 为被检物体的线吸收系数。

如果被测试件表面局部凸起，其高度为 h 时，则射线通过 h 部位后，其强度衰减为：

$$I_h = I_0 e^{-u(d+h)} \tag{11-2}$$

又如在被测试件内有一厚度为 x 的线吸收系数为 u' 的某种缺陷，则射线通过 x 部位后，其强度衰减为

$$I_x = I_0 e^{[-u(d-x)-u'x]} \tag{11-3}$$

式中，u' 为被检物体缺陷处的线吸收系数。

由于 $u \neq u'$，则由式（11-1）～式（11-3）可得

$$I_d \neq I_h \neq I_x \tag{11-4}$$

因而，在被检测试件的另一面就形成了一幅射线强度不均匀的分布图。通过一定方式将这种不均匀的射线强度进行照相或转变为电信号指示、记录或显示，就可以评定被检测试件的内部质量，达到无损检测的目的。

11.2.2　射线检测质量控制的几个问题

① 封头拼缝的检测

a. 检测比例：不管设计图样上对本台产品的各种对接焊缝检测比例作何规定（全部或局部），封头拼缝必须 100％检测。

b. 合格级别：随筒体的纵、环焊缝。

c. 检测时机：为了避免加工上的浪费，通常在压制前对平板对接焊缝做首次检测，压制成型后做最终检测。压制成型后检测是必不可少的。

② 小口径管（ϕ89mm 以下）的检测。外径≤89mm 的管子对接焊缝，应采用双壁双投

影透照技术。

③ 禁止使用荧光增感屏。虽然荧光增感屏增感系数大，最能缩短曝光时间，但由于底片图像不佳，所以压力容器行业禁止使用。

④ 环焊缝拍片次数。为保证双壁单投影法的透照质量，提高缺陷检出率，环焊缝的最少拍片次数不得少于 6 次。

⑤ 为避免透照区两端缺陷漏检，搭接标记的放置必须符合下述规定：

a. 射线源侧标记：

Ⅰ. 纵缝透照法；

Ⅱ. 环缝外照法；

Ⅲ. 环缝内照偏心法（$F \leqslant R$。F 为焦距，R 为曲率半径）。

b. 胶片侧标记：

Ⅰ. 环缝内照偏心法（$F>R$）；

Ⅱ. 环缝双壁单影法；

Ⅲ. 纵缝双壁单影法。

11.2.3 射线检测的特点

① 可以获得缺陷的直观图像，定性准确，对长度、宽度尺寸的定量也比较准确。

② 检测结构有直接记录（底片），可以长期保存。

③ 射线在穿透物质的过程中被吸收和散射而衰减，使得可检查的工件厚度受到制约，一般适宜检验厚度较薄的工件。

④ 难于发现垂直射线方向的薄层缺陷，当裂纹面与射线近于垂直时就很难检查出来。

⑤ 适宜检验对接焊缝，检验交接焊缝效果较差，不适宜检验板材、棒材、锻件等。

⑥ 对缺陷在工件中厚度方向的位置、尺寸的确定比较困难，且检测时必须能接近工件的两面。

⑦ 材质和晶粒度对检测影响不大。

⑧ 对体积型缺陷（气孔、夹渣类）检出率较高，对工件中平面型缺陷（裂纹未熔合等缺陷）也具有一定的检测灵敏度，但与其他常用的无损检测技术相比，对微小裂纹的检测灵敏度较低，如果照相角度不适当，容易漏检。

⑨ 检测费用较高，其检验周期也较其他无损检测技术周期长。

⑩ 射线对人体有害，须作特殊防护。

11.3 超声波检测（UT）

超声波检测是检测压力容器用板材、管材、锻件质量和压力容器焊接接头质量所广泛应用的无损检测主要方法之一，且目前越来越受到压力容器制造、安装、维修、检验单位的重视并予以采用。

一般情况下，用于检测的超声波，频率为 0.4～25MHz，其中用得最多的是 1～5MHz。超声波检测方法很多，目前使用最多的是脉冲反射法，在显示超声信号方面，目前用得最多且较为成熟的是 A 型显示。

11.3.1 超声波检测的方法

超声波检测的方法很多，有许多不同的分类方法。常用的超声波检测方法有：脉冲反射法、共振法、穿透法、接触法和液浸法。

（1）脉冲反射法 是目前应用最为广泛的一种超声波检测法。它的探伤原理是：将具有一定持续时间和一定频率间隔的超声脉冲发射到被测工件上，当超声波在工件内部遇到缺陷时，就会产生反射，根据反射信号的时差变化及在显示器上的位置就可以判断缺陷的大小及深度。图 11-2 为脉冲反射法原理图。

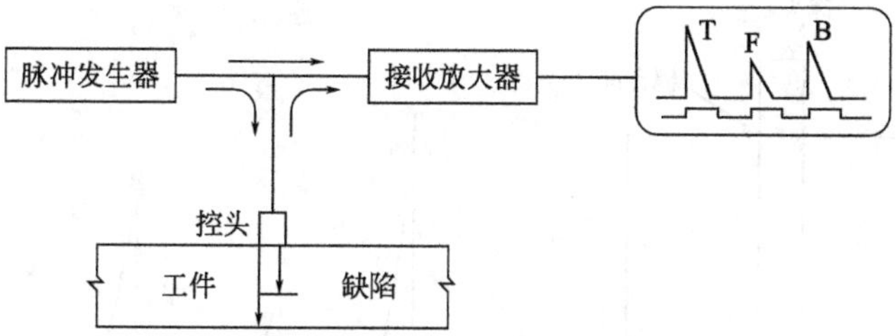

图 11-2 脉冲反射法原理图

T—发射波；F—缺陷波；B—底波

该方法的突出优点是通过改变入射角的方法，可以发现不同方位的缺陷；利用表面波可以检测复杂形状的表面缺陷，利用板波可以对薄板缺陷进行探伤。

脉冲反射法又包括缺陷回波法、底波高度法和多次底波法。

（2）共振法 若某一频率可调的声波在被测工件内传播，当工件的厚度是超声波的半波长的整数倍时，将引起共振，检测仪器会显示出共振频率。利用相邻的两个共振频率之差，按下式可计算出被测工件的厚度：

$$\delta=\frac{\lambda}{2}=\frac{c}{2f_0}=\frac{c}{2(f_m-f_{m-1})} \tag{11-5}$$

式中 f_0——工件的固有频率；

f_m，f_{m-1}——相邻两共振频率；

c——被检工件的声速；

λ——波长；

δ——工件厚度。

因此，共振法就是指当工件内存在缺陷或工件厚度发生变化时，工件的共振频率将发生改变。依据工件的共振性来判断缺陷情况和工件的厚度变化情况的方法被称为共振法。

共振法设备简单，测量精确，常用于壁厚测量。此外，若工件中存在较大的缺陷或当工件厚度改变时，将导致共振现象或共振点偏移，可利用此现象检测复合材料的胶合质量、板材点焊质量、均匀腐蚀量和板材内部夹层等缺陷。

（3）穿透法 又叫透射法，它是根据脉冲波穿透工件后的能量变化来判断工件缺陷情况的。穿透法检测可以用连续波，也可以用脉冲波，常使用两个探头，分别用于发射和接收超声波，这两个探头被放置在工件两侧。若工件内无缺陷，超声波穿透工件后衰减较小，接收到的超声波较强；若超声波在传播的路径中存在缺陷，则超声波在缺陷处就会发生反射或折射，并部分或完全阻止超声波到达接收探头。这样，根据接收到超声波能量的大小就可以判断缺陷位置及大小。

穿透法的优点是适于探测较薄工件的缺陷和检测超声衰减大的匀质材料工件，设备简单，操作容易，检测速度快；对形状简单、批量较大的工件容易实现连续自动检测。

穿透法的缺点是不能探测缺陷的深度，不能检测小缺陷，探伤灵敏度较低；对发射探头和接收探头的位置要求较高。穿透检测法灵敏度低，也不能对缺陷定位。

（4）接触法 利用探头与工件表面之间的一层薄的耦合剂直接接触进行探伤的方法。耦合剂主要起传递超声波能量的作用。耦合剂要求具有较高的声阻抗且透声性能好，一般为油类，如硅油、甘油、机油。图 11-3 为接触法探伤原理图。

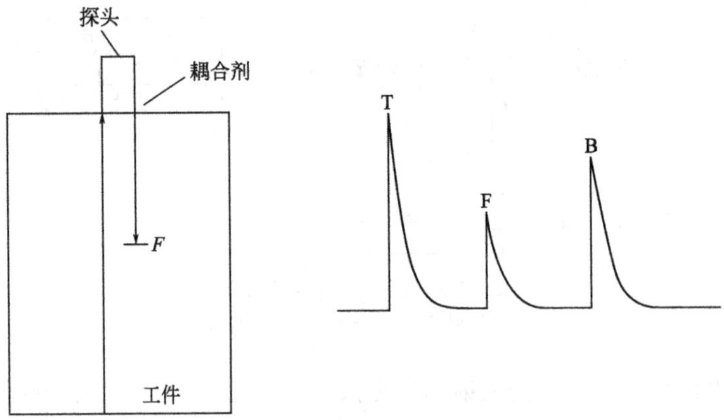

图 11-3 接触法探伤原理图

T—发射波；F—缺陷波；B—底波

接触法操作方便，但对被检工件表面粗糙度要求较严。直探头和斜探头（包括横波、表面波、板波）都可采用接触法。

（5）液浸法 将探头与工件全部浸入液体，或将探头与工件之间局部充以液体进行探伤的方法。液体一般用水，故又称水浸法。用液浸法纵波探伤时，当超声束达到液体与工件的界面时会产生界面波，如图 11-4 所示。由于水中声速是钢中声速的 1/4，声波从水中入射钢件时，产生折射后波束变宽。为了提高检测灵敏度，常用聚焦探头。

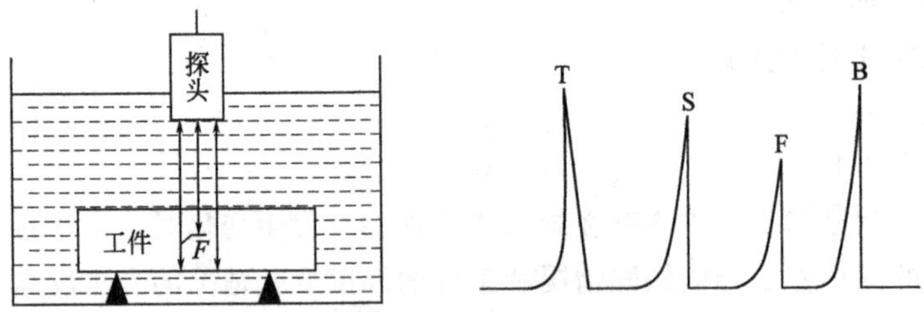

图 11-4 液浸法探伤

T—发射波；S—界面波；F—缺陷波；B—底波

液浸法还适用于横波、表面波和板波检测。由于探头不直接与工件接触，因而易于实现自动化检测，提高了检测速度，也适用于检测表面粗糙的工件。

另外，超声波检测方法还可按所采用的波形分为纵波法、横波法、表面波法、板波法和爬波法；还可按所采用探头数目分为单探头法、双探头法和多探头法。

11.3.2 超声波检测的适用范围

① 钢板：适用于直接接触法纵波直探头和双晶探头探测厚度6～250mm的碳素钢或奥氏体不锈钢钢板，以及总厚度8mm以上的复合钢板。

② 锻件：适用于直接接触法纵波直探头和双晶探头以及横波斜探头，探测碳素钢和低合金锻件；不适用于奥氏体钢等粗晶材料锻件的检测，以及内外半径之比小于80%的环形和筒形锻件的周向横波检测。

③ 钢管：适用于液浸法或直接接触法，探测外径12～480mm、壁厚大于或等于2mm的钢管，外径12～160mm，壁厚为2～10mm的不锈钢管；不适用于钢管中分层缺陷的检测，也不适用于内外半径之比小于80%的钢管的周向横波检测。

④ 高压螺栓：适用于直径大于M36的高压螺栓件；不适用于奥氏体钢螺栓件的检测。

⑤ 焊缝：适用于直接接触法横波斜探头探测母材厚度6～400mm全焊透熔化焊对接钢焊缝；不适用于铸钢及奥氏体钢焊缝，外径小于159mm的钢管对接焊缝，内径小于等于200mm的管座角焊缝，也不适用于外径小于250mm或内外半径之比小于80%的纵向焊缝检测。

⑥ 不锈钢堆焊层：适用于直接接触法双晶探头，直探头和纵波斜探头探测不锈钢堆焊层中的堆焊缺陷和未贴合缺陷。

11.3.3 超声波检测的特点

① 对危害性较大的裂纹、夹层等面积型缺陷的检测灵敏度高，而体积型缺陷的检出率较低。

② 检测厚度大，对缺陷在工件厚度方向上的定位较准确。

③ 适用于各种试件，包括对接焊缝、角焊缝、T形焊缝、板材、管材、棒材、锻件、复合材料等。

④ 检验成本低、速度快，检测仪器体积小、重量轻，现场使用较方便，但检测结果无直接见证、记录。

⑤ 试件的几何形状（尺寸、外形、表面粗糙度、复杂性及不连续性取向）不合适以及不良的内部组织（晶粒尺寸、结构孔隙、夹杂物含量或细小弥散的沉淀物）会影响检测的精度和可靠性。

11.4 磁粉检测（MT）

磁粉检测是无损检测常规检测方法之一，是表面检测中用得最多、最成熟的方法。它是利用缺陷处漏磁场与磁粉相互作用的原理，用于检测铁磁性材料表面或近表面缺陷的一种无损检测方法，磁粉检测法对找出表面缺陷，保障压力容器安全运行是极为重要的。磁粉检测法的适用范围是：使用干磁粉、湿磁粉、荧光和非荧光磁粉探测铁磁性材料制成的压力容器表面和近表面缺陷。

11.4.1 磁粉检测的基本原理

磁粉检测是将铁磁性金属制成的工件置于磁场内，则工件将被磁化，其磁感应强度为

$$B=\mu H \tag{11-6}$$

式中 B——工件的磁感应强度；

H——外加磁场（磁化磁场）的强度；

μ——材料的磁导率。

磁感应强度 B 的大小，不但决定着工件能否进行磁粉检测，而且会对检测灵敏度产生很大的影响。铁磁性物质的磁导率很大，能产生一定的磁感应强度，因而能进行磁粉检测，并能获得必要的灵敏度。铁磁性材料的磁导率 $u\gg1$，磁导率高的物质具有低顽磁性，容易被磁化；磁导率低的物质具有高顽磁性，难被磁化。

磁场检测的三个必要步骤为：

① 被检验的工件必须得到磁化；

② 必须在磁化的工件上施加合适的磁粉；

③ 对任何磁粉的堆积必须加以观察和解释。

当材料或工件被磁化后，若在工件表面或近表面存在裂纹、冷隔等缺陷，便会在该处形成一漏磁场。此漏磁场将吸引、聚集检测过程中施加的磁粉，从而形成缺陷显示。

因此，磁粉检测首先要对被检工件加外磁场进行磁化，工件被磁化后，在工件表面上均匀喷洒微颗粒的磁粉（磁粉平均粒度为 5～10μm），一般用四氧化三铁或三氧化二铁作为磁粉。如果被检工件没有缺陷，则磁粉在工件表面均匀分布。当工件上有缺陷时，由于缺陷（如裂纹、气孔、非金属夹杂物等）内含有空气或非金属，其磁导率远远小于工件的磁导率，因此，位于工件表面或近表面的缺陷处产生漏磁场，形成一个小磁极，如图 11-5 所示。磁粉将被小磁极所吸引，缺陷处由于堆积较多的磁粉而被显示出来，形成肉眼可以看到的缺陷图像。

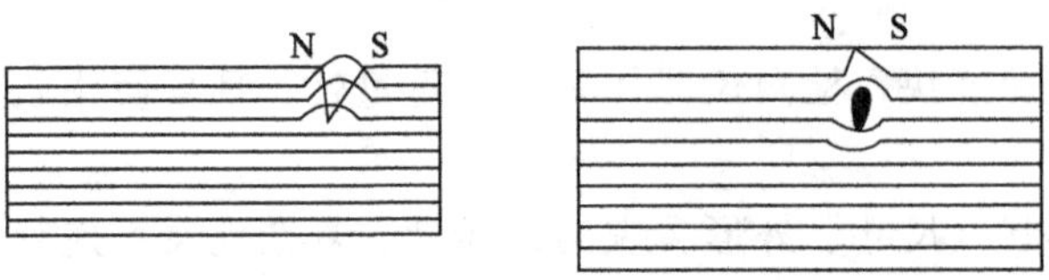

(a) 表面缺陷　　(b) 近表面缺陷

图 11-5　缺陷漏磁场的产生

为了使磁粉图像便于观察，可以采用与被检工件表面有较大反衬颜色的磁粉。常用的磁粉有黑色、红色和白色。为了提高检测灵敏度，还可以采用荧光磁粉，在紫外线照射下使之更容易观察到工件中缺陷的存在。

最后需要对检测过程中出现的磁粉堆积加以观察并做出合理的解释。另外，要增强磁粉检测的有效性，还应安排好磁粉检测的时机。一般来说，磁粉检测时机的安排应遵循以下原则：

① 磁粉检测工序应安排在容易产生缺陷的各道工序（如焊接、热处理、机加工、磨削、矫正和加载试验）之后进行，但应在涂漆、发蓝、磷化等表面处理之前进行。

② 对于有产生延迟裂纹倾向的材料，磁粉检测应安排在焊接完 24h 后进行。

③ 磁粉检测可以在电镀工序之后进行。对于镀铬、镀镍层厚度大于 50μm 的超高强度钢

(抗拉强度等于或超过 1240MPa)的工件,在电镀前后均应进行磁粉检测。

11.4.2 磁粉检测的质量控制要点

① 程序控制

a. 磁化。考虑到工件的多个方向上都有存在缺陷的可能性，所以必须在至少两个（两次磁力线方向互相垂直）或多个方向上进行磁化，同时，为了正确检测到缺陷的存在，必须覆盖适当充足的磁化区域，并且施加合适的磁场强度。

b. 施加磁粉。磁粉需要满足导磁性适当、粒度适当、密度小等要求，并且磁粉颜色与被探工件表面颜色差别要大。

磁悬液的浓度应经由离心管测定，且需要严格按照标准进行质量控制试验，以保证磁悬液质量。对于触头法和磁轭法，要用系统性能测试板测试磁粉材料和系统灵敏度；对中心导体法，要用人工缺陷试件检查磁粉材料和系统灵敏度。检测人员要通过大量实践，提高辨别真（相关显示，由缺陷引起）、伪（无关显示）磁痕的能力。

② 工件准备

a. 待测部位表面应始终保持清洁、干燥，保证没有油脂、铁锈等杂物。

b. 应首先通过外观检查对待测部位表面进行检验，合格后可再进行磁粉检测，及时修磨粗劣焊坡，使工件露出金属光泽。

③ 试件表面场强和磁场方向可经由磁场指示器反映，当磁场指示器上没有形成磁痕或没有在所需的方向形成磁痕时，应改变或校正磁化方法。

11.4.3 磁粉检测的特点

① 只适用于检测铁磁性材料及其合金，不能用于非铁磁材料检测。

② 检测灵敏度很高，可以发现极细小的裂纹以及其他缺陷。

③ 检测成本很低，速度快。

④ 仅局限于对铁磁材料的表面和近表面缺陷进行检测，不能用于内部缺陷检测。

⑤ 单一的磁化方法检测受工件几何形状影响（如键槽），会产生非相关显示。通电法和触头法磁化时，易产生打火烧伤。

11.5 渗透检测（PT）

考虑到设备上的表面裂纹比内部裂纹具有更大的危险性。因此，为确保承压设备的可靠性，表面裂纹的检测是十分有必要的。渗透检测同样是广泛应用的一种表面检测方法，且相对于目视检测、磁粉检测有其独特之处。

液体渗透检测是检测非松孔性固体材料表面开口缺陷的一种无损检测方法。对于渗透检测适用范围，即使用荧光和渗透方法探测金属材料制成的压力容器及其零部件表面开口缺陷。

11.5.1 渗透检测的基本原理

渗透检测的原理是：利用渗透液的润湿作用和毛细现象而在被检材料和工件表面上浸涂

某些渗透力比较强的渗透液，将液体渗入孔隙中，然后用水和清洗剂清洗工件表面的剩余渗透液，最后再用显示剂施加在被检工件表面，经毛细管作用，将孔隙中的渗透液吸出来并加以显示。渗透作用的速度和深度与渗透液的表面张力、内聚力、黏附度以及渗透时间、材料表面状态、缺陷的类型与大小等因素有关。

11.5.2 渗透检测的程序

① 表面准备和预清洗：表面准备包括清理铁屑、铁锈、积炭层、熔渣、粗劣焊坡等杂质，应达到露出金属光泽和焊接接头平滑过渡的程度。

预清洗是去除表面油污之类，必要时应进行酸洗和碱洗。清洗后要注意吹干，以保证可能渗入缺陷中的水分蒸发干净。

② 渗透：一般采用加载荷、敲击振荡、适当加热等方式以检测出细微的裂纹。

③ 去除表面多余的渗透剂：采用擦洗的方式，将表面多余的渗透剂清洗干净，又不能将已渗入缺陷中的渗透剂清洗出来，禁止采用喷洗的方式，从而保证在得到合格的显影前提下，取得最高的检测灵敏度。

④ 干燥：一般采用溶剂去除法，不必进行专门的干燥处理，但需要尽量在较短时间内完成风干工作。

⑤ 显像：要注意在喷涂前摇匀。喷涂时，要调节到边喷边形成显像剂薄膜的程度。切忌显像剂喷涂过多，导致掩盖微小的缺陷显示。

显像须控制好合适的时间，否则缺陷显示会比较模糊，一般规定 10～15min。

⑥ 检验：着色检验在白光下进行，被检部位上的照度应至少达到 1000 勒克斯（lx）以保证细微缺陷能被检查到。

11.5.3 渗透检测的特点

① 除疏松多孔性材料外任何种类的材料，其表面开口缺陷都可以用渗透检测，形状复杂的部件也可以用渗透检测。

② 不需要携带大型设备，携带式喷罐着色渗透检测，不需要水电，便于现场使用。

③ 试件表面粗糙度影响大，检测结果往往容易受操作人员水平的影响。

④ 可以检测出表面张口的缺陷，但对埋藏缺陷或闭合型的表面缺陷无法检测出。

⑤ 检测程序较为烦琐，检测时间较长。

11.6 声发射检测（AET）

11.6.1 声发射检测的基本原理

声发射检测是通过接收和分析材料的声发射信号来评定材料性能或结构完整性的一种无损检测方法。材料中因裂缝扩展、塑性变形或相变等引起应变能快速释放而产生的应力波现象称为声发射。声发射检测是一种动态无损检测方法，而且，声发射信号来自缺陷本身，因此，用声发射法可以判断缺陷的严重性。与其他无损检测方法相比，声发射技术具有两个基本差别：

① 检测动态缺陷，是缺陷扩展而不是检测静态缺陷；

② 缺陷本身发出缺陷信息，而不是用外部输入对缺陷进行扫查。

11.6.2 声发射检测技术应用范围

① 压力容器的安全评价。压力容器数量巨大，相当部分有质量问题，需要开发可靠性高、速度快、费用低的检测方法。

② 机械制造过程的监控。车刀破损检测系统和钻头折断报警系统。准确率可达99%。

③ 油田应力测量。人工压裂裂纹沿最大水平方向扩展，油井、水井不应沿该方向排列。

④ 复合材料特性研究。检测纤维丝束的断裂及载荷分布。可区分复合材料层板不同阶段的断裂特性，如基体开裂、纤维与树脂界面开裂、裂纹层间扩展和纤维丝断裂等。

⑤ 结构完整性评价。用声发射检测 F-15 和 F-111 飞机疲劳裂纹及结构完整性。

⑥ 焊接结构疲劳损伤检测诊断。

⑦ 泄漏检测。泄漏产生的声发射信号比较大，其频谱有较大峰值，通过相关分析，可确定泄漏点位置。

11.6.3 声发射信号的特征

① 它是上升时间很短的振荡脉冲信号，上升时间为（10～4）～(10～8)s，信号的重复速度很高。

② 声发射信号有很宽的频率范围，从次声波到30MHz。

③ 信号是不可逆的，具有不重现性。同一试件在同一条件下产生的声发射只有一次(Kaiser 效应)。

④ 信号不仅与外部因素，而且与内部因素有关，具有随机性。

⑤ 频率范围很宽，信号具有模糊性。

11.6.4 声发射检测的特点

① 声发射是一种动态无损检测诊断技术，内部缺陷在外力作用下本身能动地反射声波来判断反射地点的部位和状态；

② 声发射检测几乎不受材料限制；

③ 声发射检测灵敏度高；

④ 可实现在线检测，能够减少停产的损失。

11.7 漏磁检测（MFT）

漏磁检测是指铁磁材料被磁化后，因试件表面或近表面的缺陷而在其表面形成漏磁场，人们可以通过检测漏磁场的变化进而发现缺陷。所谓漏磁场就是，当材料存在切割磁力线的缺陷时，材料表面的缺陷或组织状态变化会使磁导率发生变化，由于缺陷的磁导率很小，磁阻很大，使磁路中的磁通发生畸变，磁感应线流向会发生变化，除了部分磁通会直接通过缺陷或材料内部来绕过缺陷，还有部分磁通会泄漏到材料表面上空，通过空气绕过缺陷再进入材料，于是就在材料表面形成了漏磁场。

11.7.1 检测原理

将被测铁磁材料磁化后，若材料内部材质连续、均匀，材料中的磁感应线会被约束在材料中，磁通平行于材料表面，被检材料表面几乎没有磁场；如果被磁化材料有缺陷，其磁导率很小、磁阻很大，使磁路中的磁通发生畸变，其感应线会发生变化，部分磁通直接通过缺陷或从材料内部绕过缺陷，还有部分磁通会泄漏到材料表面的空间中，从而在材料表面缺陷处形成漏磁场。利用磁感应传感器（如霍尔传感器）获取漏磁场信号，然后送入计算机进行信号处理，对漏磁场磁通密度分量进行分析能进一步了解相应缺陷特征比如宽度、深度。

11.7.2 漏磁检测的特点

漏磁检测是用磁传感器检测缺陷，相对于渗透、磁粉等方法，有以下几个优点：

① 容易实现自动化。由传感器接收信号，软件判断有无缺陷，适合于组成自动检测系统。

② 有较高的可靠性。从传感器到计算机处理，降低了人为因素影响引起的误差，具有较高的检测可靠性。

③ 可以实现缺陷的初步量化。这个量化不仅可实现缺陷的有无判断，还可以对缺陷的危害程度进行初步评估。

④ 对于壁厚 30mm 以内的管道能同时检测内、外壁缺陷。

⑤ 因其易于自动化，可获得很高的检测效率且无污染。

漏磁检测技术也不是万能的，有其局限性：只适用于铁磁材料。因为漏磁检测的第一步就是磁化，非铁磁材料的磁导率接近 1，缺陷周围的磁场不会因为磁导率不同出现分布变化，不会产生漏磁场。

11.8 涡流检测（ECT）

利用铁磁线圈在工件中感生的涡流，分析工件内部质量状况的无损检测方法称为涡流检测。涡流检测是以电磁感应为基础的无损检测，只适用于导电材料。主要应用于金属和少数非金属材料（如石墨、碳纤维复合材料）的无损检测。

11.8.1 检测原理

当载有交变电流的检测线圈靠近导电试件时，由于线圈磁场的作用，试件会产生涡流。

涡流的大小、相位及流动性受到试件导电性能的影响，而涡流的反作用又使检测线圈的阻抗发生变化。因此，通过测定检测线圈阻抗的变化（或线圈上感应电压的变化），就可探知被检材料有无缺陷。

11.8.2 检测线圈分类

① 穿过式线圈：工件插入线圈内部进行检测。可用于检测管材、棒材、线材等可以从线圈内部通过的试件。易于实现批量、高速、自动检测。

② 内通过式线圈：将线圈插入工件内部进行检测。

③ 放置式线圈：线圈放在工件表面检测。具有磁场聚焦的性质，灵敏度高，适用于板材、带材、棒材的表面检测，还能对形状复杂的工件某一区域进行局部检查。

11.8.3 涡流检测应用范围

① 能测量材料的电导率、磁导率、检测晶粒度、热处理状况、材料的硬度和尺寸等。

② 检测材料和构件中的缺陷，如裂纹、折叠、气孔和夹杂等。

③ 金属材料或零件的混料分选。通过检查其成分、组织和物理性能的差异而达到分选的目的。

④ 测量金属材料上的非金属涂层、铁磁性材料上的非铁磁性材料涂层和镀层的厚度等。

⑤ 在无法进行直接测量的情况下，可用来测量金属箔、板材和管材的厚度，测量管材和棒材的直径等。

11.8.4 涡流检测的特点

① 特别适用于薄、细导电材料，对于粗、厚材料只适用于表面和近表面的检测。

② 不需要耦合剂，非接触检测。

③ 速度极快，易于自动化，可以在线检测控制产品质量。

④ 可用于高温检测。高温下，导电试件仍然导电。

⑤ 可用于异型材和小零件的检测。

⑥ 不仅适用于导电材料的缺陷检测，还可能检测其他特性，只要该材料对涡流有影响。

课后练习

1. 填空题

（1）最常用的五大无损检测方法为________、________、________、________、________。

（2）________可用于检测体积型缺陷，________可用于检测面积型缺陷。

2. 简答题

（1）试说明声发射检测的检测原理。

（2）简述射线检测的特点。

参考文献

[1] GB/T 150.1—2024，压力容器　第1部分：通用要求．
[2] GB/T 4732.1～4732.6—2024，压力容器分析设计．
[3] GB 50235—2010，工业金属管道工程施工规范．
[4] JB 4732—1995，钢制压力容器分析设计标准．
[5] TSG D0001—2023，压力管道安全技术监察规程——工业管道．
[6] TSG 21—2016，固定式压力容器安全技术监察规程．
[7] 孔凡玉．锅炉压力容器安全技术．北京：中国计量出版社，2008.
[8] 蒋军成，王志荣．工业特种设备安全．2版．北京：机械工业出版社，2019.
[9] 陈钢，谢铁军．压力容器与管道安全评价．北京：机械工业出版社，2022.
[10] 沈功田．承压设备无损检测技术及应用．北京：科学出版社，2020.
[11] 闫志勇．锅炉原理．北京：中国电力出版社，2020.
[12] 于洁．锅炉运行与维护．北京：北京理工大学出版社，2014.
[13] 宋健斐．压力容器与压力管道技术基础．北京：中国石化出版社，2020.
[14] 李志安．压力管道设计．北京：中国石化出版社，2019.
[15] 喻健良．压力容器安全技术．北京：化学工业出版社，2018.
[16] 李建国，王学生．承压设备设计与安全技术．北京：化学工业出版社，2021.
[17] 李邦宪．压力容器检验与检测技术．北京：化学工业出版社，2021.
[18] 薛明德．承压设备强度分析与安全评定．北京：清华大学出版社，2021.
[19] 张延丰．承压设备安全管理与事故预防．北京：中国石化出版社，2021.
[20] 林玉娟．压力容器设计基础．北京：中国石化出版社，2016.
[21] 沈鋆．压力容器分析设计方法与工程应用．北京：清华大学出版社，2016.
[22] 王海舟．承压设备先进制造与智能运维．北京：机械工业出版社，2023.
[23] 崔政斌，王明明．压力容器安全技术．3版．北京：化学工业出版社，2020.
[24] 王学生．压力容器．上海：华东理工大学出版社，2018.
[25] 程真喜．压力容器材料及选用．2版．北京：化学工业出版社，2016.
[26] 吴广河．金属材料与热处理．北京：北京理工大学出版社，2023.
[27] 朱保国．压力容器设计知识．北京：化学工业出版社，2016.
[28] 邢晓林．化工设备．2版．北京：化学工业出版社，2019.
[29] 陈长宏．压力容器安全与管理．北京：化学工业出版社，2016.
[30] 谭蔚．化工设备设计基础．4版．天津：天津大学出版社，2021.
[31] 郑津洋．过程设备设计．5版．北京：化学工业出版社，2021.
[32] 闫绍峰．过程设备设计．沈阳：东北大学出版社，2016.
[33] 王纪兵．压力容器检验检测．2版．北京：化学工业出版社，2016.
[34] 张乃禄．安全检测技术．3版．西安：西安电子科技大学出版社，2018.